刘师培国学讲论丛书

国学发微（外五种）

◎刘师培 著

万仕国 点校

广陵书社

图书在版编目（CIP）数据

国学发微：外五种 / 刘师培著 ；万仕国点校. --
扬州：广陵书社，2013.12
（刘师培国学讲论）
ISBN 978-7-5554-0043-1

Ⅰ．①国… Ⅱ．①刘… ②万… Ⅲ．①国学－研究
Ⅳ．①TB324

中国版本图书馆CIP数据核字(2013)第290562号

书　　名	国学发微(外五种)
著　　者	刘师培
点　　校	万仕国
责任编辑	方慧君　王　丽
出 版 人	曾学文
出版发行	广陵书社

扬州市维扬路 349 号　　　邮编　225009
http://www.yzglpub.com　　E-mail:yzglss@163.com

印　　刷	扬州市机关彩印中心
开　　本	720 毫米 × 1020 毫米　1/16
印　　张	17.25
字　　数	270 千字
版　　次	2013 年 12 月第 1 版第 1 次印刷
标准书号	ISBN 978-7-5554-0043-1
定　　价	42.00 元

《刘师培国学讲论》编辑缘起

国学乃"中国固有之学术",即中华民族传统学术文化之总称。国学经典包罗经史子集诸门类,内涵丰富,博大精深,凝聚了民族先哲的创造和智慧,是中华文明传承与发展的源源不竭的精神动力。当今国学复兴,国人研读国学经典的兴趣持续不减。我社在编辑出版国家重点规划项目《仪征刘申叔遗书》时,考虑到作者在国学研究方面的独特成就与影响,以及整理者对于原著校勘整理的规范与严谨,决定同时编辑出版一套更接近原著风貌的刘师培国学经典普及本,以供国学爱好者之用。

刘师培(1884—1919),字申叔,号左盦,江苏仪征人。刘氏家学渊源深厚,他的曾祖父刘文淇、祖父刘毓崧、伯父刘寿曾,都是精通汉学的知名学者。浓郁的学术氛围加上他的刻苦自励及学术上的兼容并包,致使他最终成为一代名家。刘师培一生著述繁富,内容涉及经学、小学、校雠学、文学、史学乃至伦理学、教育学等诸多方面,承前启后,多有创获。他的《中国中古文学史讲义》《经学教科书》等著作被一些高等院校列为专业教学参考书,影响广泛。

此次选编刘师培著作之精华,大致可分为四类:一为论经学,二为读书札记,三为论文学,四为教科书。丛书共六册。第一册《国学发微》《周末学术史序》《群经大义相通论》等六种,以论经学为主。第二册《读书随笔》《读书续笔》《左盦题跋》等六种,基本为读书札记。第三册《中国文学讲义概略》《中国中古文学史讲义》,附录《论文杂记》,三者为刘师培文论之核心,故以《中国文学讲义》为名。其中《中国文学讲义概略》本系单独成书，所述内容在专讲魏晋六朝文学的《中国中古文学史讲义》之前，两者之间又有一定的联系，且其书除《刘申叔遗书补遗》中收录外，传本罕见，价值颇高。第四册为《中国历史教科书》。第五册为《中国地理教科书》。第六册为《经学教科书》《伦理教科书》。清末民初，各类学校相继成立，代替古代书院，这是教育史上的一大变革，故教材的编纂相当重要。刘师培所编诸种教材，贯通古今，兼容并蓄，贡献颇大，今天仍有学习、借鉴之价值。

丛书以钱玄同编、南桂馨于民国二十六年印行的《刘申叔先生遗书》为校对底本。原本有明显错误，且今可确定者，改其正文，不出校记，存疑处以括号形式随文附注。书中一般使用通用简体汉字，少量人名、地名保留异体字。每册书前约请《仪征刘申叔遗书》整理者万仕国先生撰一前言，以为导读之用。

学术需要不断传承，经典需要时常研习。刘师培之国学论著虽曾偶有出版，但流传不广。希望这套丛书的出版发行，能为读者朋友学习研究国学精粹提供便利。

广陵书社编辑部

二○一三年十二月

前　言

在西学东渐、各种思潮相互激荡的 20 世纪初,以刘师培、邓实、黄节为代表的一批青年才俊,以"研究国学,保存国粹"为宗旨,在上海发起成立国学保存会,揭起"保存国粹"的旗帜,发行机关刊物《国粹学报》,并迅速汇聚成为反清革命队伍中独树一帜的力量。

(一)

本册共收录刘师培的著作 6 部,包括《国学发微》《周末学术史序》《群经大义相通论》《两汉学术发微论》《汉宋学术异同论》和《南北学派不同论》,均为研究古今学术风尚变迁之作。

《国学发微》作于 1905—1906 年间,刊载在《国粹学报》第一至十四期、十七期和二十三期,共 38 条,是刘师培为赓续章学诚《文史通义》所作的一部读书札记,所论以中国经学史为主,兼及诸子百家之学。章学诚是对刘师培影响较大的学者之一。刘师培少读其书,对《文史通义》《校雠通义》非常精熟。在《理学字义通释》《近儒学术统系论》《清儒得失论》《编辑乡土志序例》《书法分方圆二派考》《文例举隅》《校雠通义笺言》等文章中,或引用其说,或考其得失,都比较客观公正。尤其在《中国民约精义》中,刘师培曾引章学诚《文史通义·内篇原道上》"三人居室"一节,认为:"谓道形于三人居室,则与民约之旨相同。""章氏知立国之本,始于合群;合群之用,在于分职;而分职既定,然后立君。与子厚《封建论》所言,若合一辙。""章氏所言,殆能识'君由民立'之意与?"在《国学发微·序》中,刘师培说:"彦和《雕龙》,论文章之流别;子玄《史通》,溯史册之渊源。前贤杰作,此其选矣。近儒会稽章氏作《文史通义》内、外篇,集二刘之长,以萃汇诸家之学术,郑樵以还,一人而已。"给予了较高的评价。

《周末学术史序》作于 1905 年,发表在《国粹学报》第一至第五期,共 17 篇。篇首冠以《总序》,然后从心理学、伦理学、论理学、社会学、宗教学、政法学、计学、兵学、教育学、理科学、哲理学、术数学、文字学、工艺学、法律学、文章学 16 个侧面,对比分析了儒家、墨家、道家、名家、法家、阴阳家、纵横家和孔子、孟子、荀子等人的学术异同,全面总结了中国先秦学术的成就和特点,指明了其对后世学术的影响。

《群经大义相通论》作于 1905 年,发表在《国粹学报》第十一至十四期、十六期和三十一期;后又发表在 1906 年《北洋学报》第三十七期,改题"群经大义相通总论"。刘师培认为,"非通群经,即不能通一经",于是"汇齐学、鲁学之大义,辑为一编,庶齐学、鲁学之异同,辨析昭然"。全书前有序,继以 8 篇,主要摘取群经大义,证明《公羊》与《孟子》《齐诗》《荀子》,《毛诗》《左传》《榖梁》与《荀子》,《周官》与《左传》,《周易》与《周礼》,其大义均为相通,强调"仅通一经,确守家法者,小儒之学也;旁通诸经,兼取其长者,通儒之学也"。[1]

《两汉学术发微论》作于 1905 年,发表在《国粹学报》第十至十二期,其中《两汉伦理学发微论》又刊载于 1906 年《北洋学报》第三十六、三十七期。此书前有《总序》,后分三篇,即《两汉政治学发微论》《两汉种族学发微论》《两汉伦理学发微论》。刘师培认为,汉人经术,约分三端:"或穷训诂,或究典章,或宣大义微言。而宣究大义微言者,或通经致用。"汉儒说经,迷于信古,援引经义,折衷是非,且饰经文之词,以寄引古匡今之意,所以,"思想、学术,悉寓于经说之中,而精理粹言,间有可采。"[2]

《汉宋学术异同论》作于 1905 年,发表在《国粹学报》第六至八期。首为《总序》,继以《汉宋义理学异同论》《汉宋章句学异同论》《汉宋象数学异同论》和《汉宋小学异同论》,以为汉儒治学之方,必求之事类,以解其纷;立为条例,以标其臬,因而"同条共贯,切墨中绳,犹得周末子书遗意"。宋儒说经,侈言义理,又缘词生训,故创一说,或先后互歧;

立一言,或游移无主。但是,宋学并非完全空疏。汉儒经说,虽有师承,然胶于言词,立说或流于执一;宋儒著书,虽多臆说,然恒体验于身心,或出入老、释之书,故心得之说亦间高出于汉儒。[3]

《南北学派不同论》作于 1905 年,发表在《国粹学报》第二、六、七、九期。此书首列《总论》,次分《南北诸子学不同论》《南北经学不同论》《南北理学不同论》《南北考证学不同论》和《南北文学不同论》5 篇。刘师培接受了《那特硁政治学》的影响,认为"学术互异,悉由民习之不同"。山国之地,地土硗瘠,阻于交通,故民之生其间者,崇尚实际,修身力行,有坚忍不拔之风;泽国之地,土壤膏腴,便于交通,故民之生其间者,崇尚虚无,活泼进取,有遗世特立之风。[4]因此,"三代之时,学术兴于北方,而大江以南无学。魏、晋以后,南方之地学术日昌,致北方学者反瞠乎其后。"[5]

(二)

关于"国学"的界说,刘师培本人并未作过明确的阐述,但从其运用"国学"一词的具体语境看,他是把"国学"等同于"中国固有学术"的。[6]这与《国粹学报》同仁的阐述基本一致。1905 年《国粹学报》第一期《发刊辞》中,明确交待了"研究国学,保存国粹"宗旨提出的背景:"海通以来,泰西学术,输入中邦,震旦文明,不绝一线。无识陋儒,或扬西抑中,视旧籍如苴土。"黄节在《国粹学报叙》中指出:"夫国学者,明吾国界以定吾学界者也。痛吾国之不国,痛吾学之不学,凡欲举东西诸国之学以为客观,而吾为主观,以研究之,期光复乎吾巴克之族、黄帝尧舜禹汤文武周公孔子之学而已。然又慕乎科学之用宏,意将以研究为实施之因,而以保存为将来之果,悬界说以定公例,而又悲乎言之无文,行而不远,意将矫象胥之失,而不苟同伊缓大卤之名,期光复乎吾巴克之族、黄帝尧舜禹汤文武周公孔子之学而已。"[7]

国学以什么为研究范围?邓实 1906 年所撰《国粹学报第一周年纪念辞并叙》中对《国粹学报》讨论范围的概括,可以看作是对这一问题的回答。这就是:一曰政,"经义治事,远师湖州之名斋;文事武备,近法博野之讲学"。就是通过对中国传统政治经济制度的研究,探求符合人类社会发展的普遍规律,用以指导当代国家治理的社会实践。二曰史,"本麟经之正谊,传信史于千秋"。即通过对中国儒、道、佛、诸子百家学说的研究,探明中国传统思想的源流关系,取其精华,辨明史实,重建符合历史发展规律的当代道德伦理规范。三曰学,"一物不知,儒者之耻;四郊多垒,大夫之辱。学以救国,是在吾党矣"。即通过对中国历代"艺术"(包括技艺、博物、天文、历法等)的研究,实现"学以救国"的人生目标。四曰文,"大夫之为病,未能焉,而救民以言,亦下士之责也"。[8]即充分发挥文学艺术的宣传鼓动作用,在唤醒民众、启发民智、汇聚民心方面尽到知识分子的社会责任。正因为他们的理想与当时的社会变革紧密结合,所以,在研究方法上,他们赞颂"阳明授徒,独称心得;习斋讲学,趋重实行;东原治经,力崇新理。椎轮筚路,用能别辟途径,启发后人",认为当今"承学之士,正可师三贤之意,综百家之长,以观学术之会通"。[9]而刘师培在《国学发微》中,运用西学体系,分析和研究中国传统学术的理论贡献和兴替规律,则在实际操作层面作出了回应。

(三)

1904—1906年期间,是刘师培国学研究的第一个高潮。其国学研究主要呈现以下一些特点。

坚持国学一源论。刘师培认为,古学均出于史官,[10]六艺是群经、诸子的共同源头,因此,其核心观点是相通的。例如,《公羊》得子夏之传,《孟子》得子思之传。《中庸》多《公羊》之义,则子思亦通《公羊》学矣。子思之学,传于孟子,故《公羊》之微言,多散见于《孟子》之中。[11]后来诸家均为其"流",其学术各有侧重,各有所长。西汉经学,初无今、古文之争,只有齐学、鲁学之异。凡数经之同属鲁学者,其师说必同;凡数经之同属齐学者,其大义亦必同。故西汉经师,多数经并治。盖齐学详于典章,而鲁学则详于故训,故齐学多属于今文,而鲁学多属于古文。[12]汉儒治经,分为传经(互相授受,不事述作)、解经(以经解经,不立异说)、明经(援引故训,证明经义)、说经(发挥经义,成一家言)、拟经(有志之士,拟经为书)五派,经生有仅通一经的利禄之徒,也有兼通数经的通儒。到东汉时,因争立学官,今、古文之争起,谶纬之学盛行,上以伪学诬其民,民以伪学诬其上。帝王利用经术,化武臣悖乱嚣陵之习,鼓民众尊君亲上之心,诱经生以利途而弭思乱之心。汉初之时,师学、家学相传不绝,均为私学,重师法;汉武立博士,易私学为官学;东汉官学益盛,家法成为功令。但经生虽守家法,然杂治今、古文者占多数。汉末之时,治经学者悉奉郑玄为大师,而众家之说以沦。[13]

等儒学于诸子,反对儒学宗教化、孔子神圣化。刘师培认为,孔子非宗教家,儒家学说乃诸子学说之一端。[14]六艺之学,始于唐虞之世,是“古圣王之旧典”;孔子“述而不作”,以六艺为教材,教育学生,集六艺之大成,所以司马迁称“六艺折衷于夫子”。孔子虽为儒家,但兼通九流、术数诸学,讲明“心性之传”,兼师、儒之业,所以,汉学、儒学,均为孔子所传。东周之时,九流之说并兴,然各尊所闻,各欲措之当代之君民,皆学术而非宗教。周末诸子之学,也多与西儒学术相符。西汉之时,诸子之学未沦;东汉之初,经生咸能洞悉其微;东汉末年,诸子之学甚至出现过短暂的“朋兴”现象。[15]在《周末学术史序》中,他始终把儒家与其他诸子平等对待,进行对比研究,考究其得失。

十分重视传统文化的源流和传承关系。“夫学问之道,有开必先。”[16]任何学术都不是凭空产生的,必有其所自来。在讨论古代纵横家文章学时,刘师培指出,纵横之学,出于行人。考《周礼·秋官》,凡奉使、典谒之职,主于大、小行人;司仪、象胥诸官,皆典谒四方之宾客者也;行夫、掌交诸官,皆奉使四方之地者也。然协词命者属行人,读誓禁者属讶士,则使臣之职,首重修辞。且小行人之官,周悉万民利害,勒之书册,以反命天王,乃文之施于敷奏者也,后世表、章、笺、启本之。掌交之官,巡邦国、诸侯,以及万民之聚,谕以天王之德义,以亲睦四方,乃文之施于谕令者也,后世诰、敕、诏、命本之。象胥之官,掌传王言于夷使,使之谕说和亲;入宾之岁,则协礼以传词。此文之施于通译者也,后世国书、封册本之。[17]他认为,汉儒论个人伦理,约分五端。一曰中和,所以欲人之无所偏倚也。二曰诚信,所以欲人之真实无妄也。三曰正直,所以欲人之不纳于邪也。四曰恭敬,所以戒人身心之怠慢也。五曰谨慎,所以戒人作事之疏虞也。即言语、容貌之微，亦使之各循秩序，以省愆尤。推之，卫身垂训，养气垂箴，莫不上撷儒书，下开宋学。[18]

注重用归纳的方法界定概念范畴。刘师培非常重视对概念的内涵和外延的界定，认为，"立名为界，则易于询事考言；立名为标，则便于辨族类物。是则责实由于循名，辨名基于析字"。[19] 只有在既定的概念范畴内讨论问题，才能真正把问题研究清楚而不至于歧误。他把"学"与"术"区分为两个概念："学也者，指事物之原理言也；术也者，指事物之作用言也。学为术之体，术为学之用。"将学又分为"下学"（人伦日用之学）与"上达"（穷理尽性之学）两个层面。他把战国兵家学术区分为"兵法学"与"战法学"两类："兵法学者，兵家之原理及兵家之权谋也；战法学者，用兵之法及攻守之方也。"[20] 在以"道学"统该宋儒之学问题上，刘师培认为，宋儒之学，所该甚博，不可以一端尽之。道也者，所以悬一定之准则，而使人民共由者也。"'道学'之名词，仅可以该伦理。宋儒之于伦理，虽言之甚详，然伦理而外，兼言心理，旁及政治、教育，范围甚广，岂'道学'二字所能该乎？故称宋学为'道学'，不若称宋学为'理学'也。"[21] 刘师培继承了阮元《论语论仁论》《孟子论仁论》的观点，从"相人偶"为"仁"出发，认为"人与人接，伦理以生"。古代伦理规范强调的是"以中矫偏，易莠为良"。东周以后，孔子以"仁"为指归，以"忠恕"为极则；孔门绪论，不外修、齐，由亲及疏，由近及远，重私恩而轻公谊，与宗法制度相适应。墨子唱兼爱，老聃贱道德，庄、列明自然，杨、朱言"为我"，也与当时的社会现状相呼应，"立言不同，未可以一端论也"。[22]

坚持用辩证的观点分析历史现象。《正义》行而旧注亡，是包括刘师培曾祖刘文淇在内的乾嘉学者的共同感叹。刘师培认为，唐初为《五经》撰《正义》，为注疏统一之始，然两汉、魏晋、南北朝之经说，凡与所用之《注》相背者，其说亦亡。故《正义》之学，乃专守一家、举一废百之学也。废黜汉注，固为唐人《正义》之大疵，然其所以贻误后世者，则专主一家之故也。"夫前儒经说，各有短长。汉儒说经，岂必尽是？魏、晋经学，岂必尽非？即其书尽粹言，岂无千虑而一失？即其书多曲说，亦岂无千虑而一得乎?"[23] 宋代心性之学发达,后人常用"宋学空虚"来加以指责。刘师培引用宋儒的著作为证,指出,宋儒经学,亦分数派:或以理说经,或以事说经,或以数说经。以理说经者,多与宋儒语录相辅;以事说经者,多以史证经,或引古以讽今;以数说经者,则大抵惑于图象之说。三派而外,宋儒说经之书,有掊击古训、废弃家法者,有折衷古训者,复有用古训而杂以己意者,并非一无是处。"若夫毛晃作《禹贡指南》、王应麟辑《三家诗》、李如圭作《仪礼释宫》,虽择言短促,咸有存古之功,则又近儒考证学之先声也。"[24] 充分肯定了宋儒经学对乾嘉学派形成的启迪作用。在讨论元代学术成就时,刘师培指出,"元代之学术,亦彬蔚可观"。除了尚心得、重考证的经学成果外,元代学术影响后世者,一为理学,一为历学,一为数学,一为音学,一为地学。加上中西交流带来的文化互动,使中国学术受其影响,颇改旧观,成为"中国学术迁变之关键"。[25]

高度重视学术间的比较研究。刘师培的国学比较研究,既有纵向的比较,也有横向的比较,更有中外的比较。汉学、宋学之争,是中国经学史上的焦点之一。刘师培在客观分析汉学与宋学优劣的基础上,明确指出,就章句学而言,"汉儒说经,恪守家法,各有师承。或胶于章句,坚固罕通。即义有同异,亦率曲为附合,不复稍更。然去古未遥,间得周、秦古义。且治经崇实,比合事类,详于名物、制度,足以审因革而助多闻。宋儒说经,不轨家法,土苴群籍,悉凭己意所欲出,以空理相矜,亦间出新义;或谊乖经旨,而立说至精"。[26] 就象数学而言,"汉儒之学,多舍理言数;宋儒之学,则理、数并崇,而格物穷理,亦间迈汉儒"。[27] 在《周末学术史序·文章学史序》中,刘师培纵向分析了墨家、纵横家文章学的传承所自及其对后世的影响,对比分析了墨家、纵横家文章学的主要特点,指出:"墨家之文尚质,纵横家之文尚华;墨家之文以理为主,纵横家之文以词为主。故春秋、战国之文,凡以明道阐理为主者,皆文之近于墨家者也;以论事骋辞为主者,皆文之近于纵横者也。若阴阳、儒、道、名、法,其学术咸出史官,与墨家同归殊途,虽文体各自成家,然悉奉史官为矩矱。后世文章之士,亦取法各殊,然溯文体之起源,则皆

墨家、纵横家之派别也。"在论及中国传统伦理思想时,刘师培指出:
"自《大学》一书,于伦理条目,析为修身、齐家、治国、平天下四端,与
西洋伦理学,其秩序大约相符。故汉儒伦理学,亦以修身为最详。"他
认为,"修身"为对于己身之伦理,"齐家"为对于家族之伦理,"治国、
平天下"为对于社会及国家之伦理。[28]

　　尝试西方社会学方法与传统国学研究方法的结合。刘师培的《周
末学术史序》,以中国传统文化史料为基础,放弃了"以人为主"的传
统"学案之体",而代之"以学为主,义主分析"的全新结构,引入西方
学科分类的心理学、伦理学、论理学(即逻辑学)、社会学、宗教学、政法
学、计学(财政学)、兵学、教育学、理科学、哲理学、术数学、文字学、工
艺学、法律学、文章学等概念范畴,重新挖掘其中的学术价值,不仅在当
时令人耳目一新,即使在百年后的今天,读来仍觉新意迭出。这种深厚
国学根底与全新科学视角的全新融合,由全新的视角带来的全新认识,
是刘师培能够在短暂一生中取得丰硕学术成果的重要因素之一。他在
《社会学史序》中,引入"动社会学"与"静社会学"概念,并与《周易》
"藏往察来""探颐索隐"相联系,认为"藏往基于探赜,以事为主,西人
谓之动社会学;察来基于索隐,以理为主,西人谓之静社会学"。以《周
易》为理论基础的道德、阴阳二家,也与西方社会学中的归纳派、分析
派相当,只是"道德家言,多舍物而言理;阴阳家言,复舍理而信数,此
其所以逊西儒也"。[29]刘师培吸收了威尔巽《历史哲学》关于图画、符
号、拟声三分文字的学说,认为中国文化与埃及同源于西亚,所以,中国
文字出于巴比伦锲文,造字以象形为祖,继之以指事、形声,而会意、转
注、假借则为用字之法。秦、汉以降,小学日沦。惟许君《说文》,据形
系联,条牵理贯。古代六书之精义,赖以仅存。[30]他通过汉字字形的分
析,考证游牧时代、耕稼时代之先后,论证古代用具由骨角羽革而草瓠
竹木、由瓦石而铜铁的进化过程,论述古代工与巫的关系,[31]在当时都
富于启发意义。

(四)

　　刘师培早期国学研究的成果,在当时产生了巨大的影响。杨赞襄

说:"与陈衡山先生阅《国粹学报》,至仪征刘申叔所撰《南北学派不同论》,未尝不叹息,想见其为人。因昉康成笺《诗》之意,作《考证学书后》,以志景仰。"[32] 黎锦熙也说:"余年甫成童,尚乡居读书,由宋、明义理之学,径溯周、秦诸子,每苦漫漶;又粗涉新籍,谓学宜成科,思分别钞系,起周、秦,历汉、晋、六朝、唐,仍逮宋、明,以迄于今,渐成专史。适睹《国粹学报》,知刘君已先我而为之矣,所谓《周末学术史序》也,用是大乐,逐篇手钞,镌骨簪为圈点,以上等印油施之行间。又即其自注而为之疏,凡所引书,皆探其原,不合者校订之。眉端广长,批以蝇头小字,有时尚不能容也。旋入校,则于课余或寒暑假期为之,迄岁己酉,积成一册。自是,遂坐待刘君本书之成,忽忽垂十年。"[33] 钱玄同在回忆自己学术经历时也曾经说过:"乙巳,读刘君之《国学发微》《周末学术史序》《两汉学术发微论》《汉宋学术异同论》《南北学派不同论》《古政原始论》《群经大义相通论》《小学发微补》《理学字义通释》《国学教科书》及《国粹学报》中其它诸文,又读夏君穗卿之《中国古代史》,于是始知国学梗概。"[34] 以钱玄同"对于申叔实不愿太挢谦也"[35] 观之,此言也是实心之论,绝非过誉之辞。

【注】

1　刘师培《群经大义相通论·公羊荀子相通考》。
2　刘师培《两汉学术发微论·总序》。
3　刘师培《汉宋学术异同论·总序》。
4　刘师培《南北学派不同论·南北诸子学不同论》。
5　刘师培《南北学派不同论·总论》。
6　刘师培使用"国学"这个概念,除专指国家学府外,主要指"中国固有学术",略同于"国粹"。如1904年《近儒学案序目》:"光汉研究国学,粗有心得。拟仿黄氏《明儒学案》之例,为《近儒学案》一书。"(《左盦外集》卷十七)1905年《论文杂记》:"故近日文词,宜区二派:一修俗语以启瀹齐民,一用古文以保存国学。"1905年《汉宋学术异同论·序》:"故荟萃汉宋之说,以类区别,稽析异同,讨论得失,以为研究国学者之一助焉。"1906年《伦理教科书》第一册《凡例》:"此册所言,虽以国学为主,然东西各书籍,亦为参考之资。"《劝各省州县编辑书籍志启》:"修述故业,发明光大,以与皙种之学术争驰比斩。保存国学,意在斯乎?"《论中国宜建藏书楼》:"故国学式微,由于士不悦学。""国学保存,收效甚远。"(《左盦外集》卷十二)
7　黄节《国粹学报叙》,《国粹学报》第一期,1905年。广陵书社影印本第3册,第10页。

8　邓实《国粹学报第一周年纪念辞并叙》,《国粹学报》第十三期,1906 年,广陵书社影印本第 5 册,第 1444—1446 页。

9　《国粹学报发刊辞》,《国粹学报》第一期,1905 年,广陵书社影印本第 3 册,第 2 页。

10　刘师培《古学出于史官论》,原载《国粹学报》第一期,1905 年,收入《左盦外集》卷八。

11　刘师培《群经大义相通论·公羊孟子相通考》。

12　刘师培《群经大义相通论·序》。这一观点,又见于《国学发微》。

13　15　21　23　24　25　刘师培《国学发微》。

14　参见刘师培《论孔子无改制之事》,《左盦外集》卷五;《论孔教与中国政治无涉》《读某君孔子生日演说稿书后》《孔学真论》,《左盦外集》卷九。在 1904 年发表于《警钟日报》的《甲辰自述诗》中,刘师培也明确地说:"祭礼流传自古初,尼山只述六经书。休将儒术侪耶佛,宗教家言拟涤除。"参见《刘申叔遗书补遗》上册,第 380 页,广陵书社,2008 年。

16　刘师培《汉宋学术异同论·汉宋义理学异同论》。

17　刘师培《周末学术史序·文章学史序》。

18　28　刘师培《两汉学术发微论·两汉伦理学发微论》。

19　刘师培《周末学术史序·论理学史序》。

20　刘师培《周末学术史序·兵学史序》。

22　刘师培《周末学术史序·伦理学史序》。

26　刘师培《汉宋学术异同论·汉宋章句学异同论》。

27　刘师培《汉宋学术异同论·汉宋象数学异同论》。

29　刘师培《周末学术史序·社会学史序》。

30　刘师培《周末学术史序·文字学史序》。

31　参见刘师培《周末学术史序·工艺学史序》。类似方法,在《左盦外集》卷六《论小学与社会学之关系三十三则》等文中表现更为突出。

32　杨赞襄《书南北考证学派不同论后》,《雅言》第 1 卷第 7 期,1914 年。杨氏称此文为"丙午旧作",则作于 1906 年。

33　黎锦熙《刘申叔先生遗书·序》,《刘申叔先生遗书》卷首。

34　钱玄同《刘申叔先生遗书·序》。

35　钱玄同《致郑裕孚》(六十九),1938 年 3 月 1 日,《钱玄同文集》第六卷《书信》,第 300 页,中国人民大学出版社,2000 年。

目　录

国学发微

序曰：诠明旧籍，甄别九流，庄、荀二家尚矣。自此厥后，惟班《志》集其大成。孟坚不作，文献谁征？惟彦和《雕龙》，论文章之流别；子玄《史通》，溯史册之渊源。前贤杰作，此其选矣。近儒会稽章氏作《文史通义》内、外篇，集二刘之长，以荟汇诸家之学术，郑樵以还，一人而已。予少读章氏书，思有赓续。惟斯事体大，著述未遑。近撰一书，颜曰"国学发微"，意有所触，援笔立书。然陈言务去，力守韩氏之言，此则区区之一得也。

（一）近世巨儒，推六艺之起原，以为皆周公旧典。章氏实斋之说。吾谓六艺之学，实始于唐虞。卜筮之法，出于《周易》，而《虞书》有言："枚卜功臣。"又曰："卜不袭吉。"则《易》学行于唐虞矣。夫子删《书》，始于唐虞，即《尧典》以下诸篇是也，则《尚书》作于唐虞矣。《息壤》之歌，作于尧世；《南风》之曲，歌于舜廷，则《风诗》赓于唐虞矣。虞舜修五礼，即后世吉、凶、军、宾、嘉之礼也；伯夷典三礼，即后世天、地、人之礼也，则古礼造于唐虞。后夔典乐教胄，特设乐正专官，而《韶乐》流传，至周未坠，则乐舞备于唐虞。《周礼·外史》："掌三皇五帝之书。"五帝之书，即唐虞之史也，则《春秋》亦昉于唐虞。盖孔子者，集六艺之大成者也；而六艺者，又皆古圣王之旧典也，岂仅创始于周公哉？

（二）《史记》言，孔门弟子，通六艺者七十二人。又曰："世之言六艺者，折衷于夫子，可谓至圣矣。"夫"六艺"者，孔子以之垂教者也。然例之泰西教法，虚实迥别，学者疑焉。予谓六艺之学，即孔门所编订教科书也。孔子之前，已有《六经》，然皆未修之本也。自孔子删《诗》《书》，定《礼》《乐》，赞《周易》，修《春秋》，而未修之《六经》易为孔门编订之《六经》。且《六经》之中，一为讲义，一为课本。《易经》者，哲理之讲义也；《诗经》者，唱歌之课本也；《书经》者，国文之课本也；

兼政治学。《春秋》者，本国近事史之课本也；近日泰西各学校，历史一科，先授本国，后授外史，而近代之事较详，古代之事较略。孔子为鲁国人，故编鲁史，且以隐公为始也。《礼经》者，伦理、心理之讲义及课本也；《仪礼》为古礼经，大抵为孔门修身读本，而《礼记·礼运》《孔子闲居》《坊记》《表记》诸篇，则皆孔门伦理学、心理学之讲义也。《乐经》者，唱歌之课本此乐之属于音者。及体操之模范也。此乐之属于舞者。是为孔门编订之《六经》。然《六经》之书，舍孔门编订诸本外，另有传本，如墨子等所见之《六经》是也。见《墨子》书中。至于秦、汉所传《六经》，悉以孔门删订本为主，故史公言"六艺折衷于夫子"也。"折衷"者，即用孔子删定本之谓也。自孔子删订之本行，而《六经》之真籍亡矣。

（三）孔子学术，古称儒家。然九流、术数诸学，孔子亦兼通之。观《汉书·艺文志》之叙名家也，引孔子"必也正名"之语；叙纵横家也，引孔子"诵《诗》三百，使于四方，不能专对"之言；叙农家也，引孔子"所重民食"之词；叙小说家也，引孔子"虽小道，必有可观"之文；叙兵家也，引孔子"足食足兵"之说，以证诸家之学，不悖于孔门。然即班《志》所引观之，可以知孔子不废九流矣。且孔子问《礼》于老聃，则孔子兼明道家之学；作《易》以明阴阳，则孔子不废阴阳家之学；言"殊涂同归"，则孔子兼明杂家之学；言"审法度"，则孔子兼明法家之学；韩昌黎言"孔、墨兼用"，则孔子兼明墨家之学。故孔学末流，亦多与九流相合。田子方受业于子夏，子方之后，流为庄周，而孔学杂于道家；禽滑釐为子夏弟子，治墨家言，而孔学杂于墨家；告子尝学于孟子，见赵岐《孟子注》。兼治名家之言，而孔学杂于名家；荀卿之徒，流为韩非、李斯，而孔学杂于法家；陈良悦孔子之道，其徒陈相，有为神农之言，而孔学杂于农家；曾子之徒，流为吴起，而孔学杂于兵家。由是言之，孔门学术，大而能博，岂儒术一家所能尽哉？昔南郭惠子告子贡曰："夫子之门，何其杂也！"呜呼！此其所以为孔子欤？

（四）古代学术，操于师、儒之手。《周礼·太宰职》云："师以贤得名，儒以道得名。"是为师、儒分歧之始。仪征阮先生云台曰："孔子以王法作述，道与艺合，兼备师、儒。"《国史儒林传序》。吾谓阮说甚确。孔子征三代之礼，订《六经》之书，征文考献，多识前言往行。凡《诗》、

《书》、六艺之文,皆儒之业也。孔子衍心性之传,明道艺之蕴,成一家之言,集中国理学之大成。凡《论语》《孝经》诸书,《论语》《孝经》,皆孔子伦理学、政治学之讲义也。皆师之业也。盖"述而不作"者,为儒之业;自成一书者,为师之业。曾子、子思、孟子,皆自成一家言者也,是为宋学之祖;立身、行道,曾子之学也。君子不可以不修身,思修身,不可以不事亲,传为子思之学。事孰为大?事亲为大;守孰为大?守身为大,传为孟子之学。《曾子》十篇,存于《大戴礼》;《中庸》《坊记》《缁衣》存于《小戴礼》,取之以合《孟子》,而孔、曾、思、孟之传定矣。此宋儒学术之祖也,然皆曾子之传。子夏、荀卿,皆传六艺之学者也,是为汉学之祖。故孔学者,乃兼具师、儒之长者也。孟子言"孔子集大成",殆以此与?

（五）班氏之言曰:"时君世主,好恶无方。是以九家之说,蜂起并出。"由班《志》所言观之,则诸家学术,悉随时势为转移。昔春秋时,世卿擅权,诸侯力征,故孔子讥世卿,见《公羊》。恶征伐。如《春秋》于诸侯征伐,必加讥贬是也。墨子明《尚贤》,著《非攻》,皆救时之要术,而济世之良模也。虽然,孔、墨者,悲天悯人之学也,殆其说不行,有心人目击世风日下,由是"闵世"之义,易为"乐天",如庄列、杨朱之学是也。及举世浑浊,世变愈危,忧时之士,知治世之不可期,由是"乐天"之义,易为"厌世",如屈、宋之流是也。而要之,皆周末时势激之使然。虽然,此皆学术之凭虚者也。有凭虚之学,即有征实之学。战国之时,诸侯以并吞为务,非兵不能守国,由是有兵家之学;非得邻国之援助,则国势日孤,由是有纵横家之学;非务农积粟,不能进攻,由是有农家之学。是则战国诸子,皆随时俗之好尚,以择术立言。儒学不能行于战国,时为之也;法家、兵家、纵横家行于战国,亦时为之也。《墨子》言:"国家昏乱,则语之尚贤、尚同;国家贫,则语之节用、节葬;国家喜音沉湎,则语之非乐、非命;国家淫僻无礼,则语之尊天事鬼;国家务夺侵陵,则语之兼爱、非攻。"此战国学术之最趋时者也。然学术之趋时者,亦不仅墨学一家也。古人谓学术可以观时变,岂不然哉?

（六）宋儒陆子静有言:"独立自重,不可随人脚根,学人言语。"而周末学术,则悉失独立之风。古《礼》有言:"必则古昔,称先王。"儒家者流,力崇此说。如孔子曰:"述而不作,信而好古,非先王之法言不敢道。"《中庸》曰:"仲尼祖述尧、舜,宪章文、武。"《孟子》曰:"遵先王之法而过者,未之有也。"即诸子百家亦然。如《墨子》托言大禹,《庄子》称,墨子之言曰:"不以自苦为极者,非禹之道。"孙渊如作《墨子序》,亦言墨学出禹。《老子》托言黄帝,故世并称"黄老"。许行托言神农,以及兵家溯源于黄帝,医家托始于神农,与儒家托言尧、舜者,正相符合。盖讳其学术所自出,而托之上古神圣,以为名高。此虽重视古人之念使然,亦由中国人民喜言皇古,非是,则其说不行。自是以还,是古非今,遂成习尚矣。

(七)《韩非子·显学篇》有言:"孟、墨之后,儒分为八,墨分为三。"而《荀子·非十二子》所言,有子游氏之贱儒,有子夏氏、子张氏之贱儒。《庄子·天下篇》亦云:"相里勤之子弟、五侯之徒,南方之儒者苦获、己齿、邓陵子之属,俱诵《墨经》,而倍谲不同,相为别墨。"又言:"以坚白同异之辩相訾,以觭偶不忤之辞相应。"观于诸子之言,则儒、墨之道,源远益分,失孔、墨立言之旨。即有之勿失者,亦鲜发挥光大之功。此学术之所以益衰也。

(八)《荀子·非十二子篇》,论诸子学派颇详。即《荀子》所言观之,知周末诸子之学派,多与西儒学术相符。比较而观,可以知矣。《荀子》之言曰:"纵情性,安恣睢,禽兽行,不足以合文通治,然而其持之有故,其言之成理,足以欺惑愚众,是它嚣、魏牟也。"案,它嚣、魏牟,盖道家之派也,而尤近于庄、列。《荀子》称其"纵情性,安恣睢",其语虽为过实,然足证此派学术,以趋乐去苦、逍遥自适为宗,故流为放浪。吾观希腊人伊壁鸠鲁创立学派,专主乐生,以遂生行乐、安遇乐天为主,而清净节适,近于无为。近世英人边沁继之,遂成乐利学派,殆它嚣、魏牟之流亚也。《荀子》又曰:"忍情性,綦溪利跂,苟以分异人为高,不足以合大众,明大分,然而其持之有故,其言之成理,足以欺惑愚众,是陈仲、史鰌也。"按,陈仲、史鰌,盖墨家、道家二派相兼之学也。"忍情性,綦溪利跂",近于墨子之自苦;"以分异人为高",则又与《墨子》兼爱相违,而近于杨朱"为我"、庄列"遁世"之说矣。至若以溪刻自处,尤与关学一派相同。吾观希腊人安得臣,倡什匿克学派,以绝欲遗世、克己励行为归,贫贱骄人,极于任达;而印度婆罗门教,亦以刻厉为真修,殆陈仲、史鳅之流亚也。《荀子》又曰:"不知壹天下、建国家之权称,上功用、大俭约而僈差等,曾不足以容辨异、县君臣,然而其持之有故,其言之成理,足以欺惑愚众,是墨翟、宋钘也。"按,墨翟、宋钘,皆墨家之派也。"上功用、大俭约而僈差等",即尚贤、节用、尚同、兼爱之说。吾观西人当希腊、罗马时,有斯多噶学派,以格致为修身之本,以"尚任果、重犯难、设然诺"教人,与《墨子》首列《修身》诸篇,而复列《经》上、下各篇者,同一精义,而墨子弟子亦流为任侠,尤与斯多噶同。至佛教众生平等之说,耶教爱人如己之言,亦墨翟、宋钘之流亚也。《荀子》又曰:"尚法而无法,下修而好作,上则取听于上,下则取从于俗,终日言成文典,反纠察之,则偶然无所归宿,不可以经国定分,然而其持之有故,其言之成理,足以欺惑愚众,是慎到、田骈也。"按,慎到、田骈,皆由道家入法家,所谓"老庄之后为申韩"也。其曰"尚法而无法,偶然无所归宿"者,指法家未成学派时言也。然观"终日言成文典"一言,则已近于申韩任法为治者矣。吾观西人之学,以法律学为专门。奥斯丁之言曰:"法律者,主权命令之最有势力者也。"而德国政治家,亦多倡以法制国之说。殆慎到、田骈之流亚也。《荀子》又曰:"不法先王,不是礼义,而好治怪说,玩琦辞,甚察而不惠,辨而无用,多事而寡功,不可以为治纲纪。然而其持之有故,其言之成理,足以欺惑愚众,是惠施、邓析也。"案,惠施、邓析,皆名家之派也。"治怪说,玩琦辞",即公孙龙"藏三耳"诸说;"辨而无用,多事而寡功",即"山渊平、齐秦袭"之说。吾观希腊古初,有诡辩学派。厥后,雅里斯德勒首创论理之学,德朴吉利图创见尘非真之学,皆与中国名家言相类。若近世培根起于英,笛卡耳起于法,创为实测内籀之说;穆勒本其意,复成《名学》一书,则皆循名责实之学,较之惠施、邓析,盖不同矣。又,《荀子》于十子之外,复举子思、孟子,以为失孔子之正传。夫子思、孟子一派,为中国儒教之宗,与希腊苏格拉第之学相近,亦诸子学术之合于西儒者也。

(九)周末诸子之书,有学有术。"学"也者,指事物之原理言也;"术"也者,指事物之作用言也。学为术之体,术为学之用。今西人之画,皆分学与术为二种。如阴阳家流,列于九流之一,此指阴阳学之原理言也。阴阳若五行、卜筮、杂占,列于术数类中,则指其作用之方法言矣。又如《管子》《墨子》各书,卷首数篇,大抵皆言学理,而言用世之法者,则大抵列于卷末,亦此义也。若《商君书》诸书,则又舍学而言术者矣,《韩非子》则言法律之理。故于《管子》不同。此亦治诸子学不可不知者也。

(十)张南轩之言曰:"上达不言加功,圣人告人以下学之事。下学功夫寝密,则所为上达者愈深。非下学而外,又别有上达也。"其说甚精。盖"下学"者,人伦日用之学也,亦即威仪文辞之学也;"上达"者,则穷理尽性之学也。子贡曰:"夫子之文章,可得而闻也;夫子之言性与天道,不可得而闻也。"盖可得闻者,为下学之事;不可得闻者,为上达之事。下学,即西人之实科,所谓形下为器也;上达,即西儒之哲学,所谓形上为道也。《大学》言"格物致知",亦即此意。其曰"致知在格物"者,即上达基于下学之意也。宋儒高谈性命,盖徒知上达而不知下学者也,此其所以流为空谈与?

(十一)自秦焚书,《五经》灰烬。汉除挟书之禁,老师宿儒,始知服习经训,以应世主之求,然传经之家,互有不同。近代学者,知汉代经学有今文家、古文家之分。如惠氏学派大抵治古文家言,常州学派则治今文家言。吾谓西汉学派,只有两端:一曰齐学,一曰鲁学。治齐学者,多今文家言;治鲁学者,多古文家言。如《易经》一书,有田氏学,为田何所传,乃齐人之治《易》者也;见《汉书·儒林传》中。有孟氏学,为孟喜所传,乃鲁人之治《易》者也。大约京房为齐学一派,喜言灾异;而东汉所传,则大抵为鲁学一派,亦有卦气、爻辰之说。是《易》学有齐、鲁之分。济南伏生,传《尚书》二十八篇于晁错,乃齐人之治《尚书》者也;是为今文《尚书》。鲁恭王坏孔子宅,得《尚书》十六篇,孔安国以今文《尚书》校之,乃鲁人之治《尚书》者也。是为古文《尚书》。史公从安国问故,故《史记》多引古文《尚书》。是《书》学有齐、鲁之分。《齐诗》为辕固所传,匡衡诸人传之,《汉书·匡衡传》所释《诗经》,皆《齐诗》也。乃齐人之治《诗》者也;《鲁诗》为申公所传,楚元王等受之,刘向诸人述之,《列女传》所引之《诗》,皆《鲁诗》之义也。乃鲁人之治《诗》者也。是《诗》学亦有齐、鲁之分。《公羊》为齐学,董仲舒传之，著有《春秋繁露》诸书；《繁露》一书，纯公羊家之言。西汉以《公羊》立于学官，故儒者多治之。《穀梁》为鲁学，刘向传之，时与子歆相辩难。见《汉书·刘向传》。故《新序》《说苑》诸书，亦多穀梁家言，而《汉·五行志》所言刘向述《春秋》，皆《穀梁》义也。是《春秋》学亦有齐、鲁之分。西汉之时，传《礼》学者，以孟卿为最著，此齐学也；而鲁恭王坏孔子宅壁，兼得《逸礼》，见《儒林传》及刘歆《让太常博士书》。而古《礼》复得之淹中，亦鲁地。则鲁学也。是《礼》学亦有齐、鲁之分。《齐论》多《问王》《知道》二篇，而音读亦与《鲁论》大异。如"瓜祭"作"必祭"之类是。若萧望之诸人，则皆传《鲁论》，见《汉书》本传。至张禹删《问王》《知道》二篇，合《鲁论》与《齐论》为一，而《齐论》以亡。近儒戴子高《论语注》，则参用齐学。是《论语》学亦有齐、鲁之分。《孝经》亦然。所谓今、古文《孝经》，古文即鲁学，今文即齐学也。要而论之，子夏传经，兼传齐学、鲁学者也；荀卿传经，则大抵多传鲁学。而齐学昌明，则由秦末儒生，抱残守阙；鲁学昌明，则由河间献王、河间献王为鲁学之专家，观戴东原《河间献王传经考》可见。刘歆见《让太常博士书》。之提倡。齐学尚新奇，故多灾异、五行之学，《齐诗》五际等说，皆齐学之嫡派也。鲁学多迂曲。如《穀梁》诸经是也。近世齐学大昌，治经之儒，遂欲尊今文而废古文，如魏默深、龚定庵、刘申受、宋于庭是也。然鲁学之中，亦多前圣微言大义，而发明古训，亦胜于齐学，岂可废哉？然齐、鲁二派，则固判然殊途者矣。

（十二）西汉之初，儒学虽萌芽于世，然九流之说，犹未尽沦。贾生传《春秋》《三礼》之学，然《过秦论上篇》以仲尼与墨翟并言，其言曰："陈涉才能不及中庸，非有仲尼、墨翟之贤。"而史书复称其明申韩之术，如言"削诸侯，抑商贾"，皆近于法家言。姚姬传有《贾生明申韩论》。则贾生非仅治儒术矣。司马迁受《易》于唐何，问《尚书》于孔安国，复仿《春秋》之义，以作《史记》。皆见《太史公自序》中。然幼时曾习黄老家言，亦见《太史公自序》。故班氏称其"先黄老而后《六经》"，则史迁亦非仅治儒术矣。盖西汉之时，治诸子之学者，虽不若东周之盛，然《淮南子》一书，道家之嫡派也；亦间有儒家之言及阴阳家之言。而刘向、杨雄，亦崇黄老。刘向少信丹鼎之学，故进淮南王《鸿宝》《秘书》于汉帝。杨雄喜言清净寂寞，殆深有得于老学者，故《太玄》多参用《老子》；又喜从严君平游,严亦治《老子》之学者也。此汉代道家之学也。邹阳之说梁王,见《邹阳传》。枚乘之说吴王,见《枚乘传》。以及贾山之《至言》,见《贾山传》。东方朔之滑稽,见《东方朔传》。司马相如之讽谏,词赋之体,多出于纵横家。此汉代纵横家之学也。公孙臣之杂占,公孙卿之望气,皆见《史记·封禅书》中。以及京房、刘向、眭孟之说经,汉人治经,多喜言灾异,且多引谶纬,近于阴阳家言。京房传《易》学于焦延寿,焦著有《焦氏易林》,而京亦作有《易注》。此阴阳家言之参入《周易》者也。刘向之说《尚书》也,作《洪范五行传》,《汉书·五行志》多引之。此阴阳家言之参入《尚书》者也。翼奉治《齐诗》,发明五际六情之说,见《汉书·列传》。此阴阳家言之参入《诗经》者也。董仲舒作《春秋繁露》,喜言灾异；厥后眭孟之徒踵之,悉以天变验人事。此阴阳家言之参入《春秋》者也。公玉带之言明堂,儿宽之言封禅,此阴阳家言之参入《礼经》者也。足证《六经》之中,咸有阴阳家言。此汉代阴阳家之学也。推之,晁错、张汤之明律,法家之遗意也；出于申韩。杨王孙之裸葬,墨家之遗意也；亦兼师黄老玩世之意,而参用墨家之节葬。氾胜之明农,见《汉书·艺文志》"农家类"。今安邑宋氏辑其遗文,名《氾胜之遗书》。农家之遗意也。盖西汉之初兴,黄老之学最盛。曹参师盖公,陈平治《老子》,以及田叔、郑庄之流,莫不好黄老之学。皆见《汉书》本传。甚至帝王、皇后,如文帝及窦太后之好黄老是也。亦尊崇黄老之言。至武昭以后,黄老渐衰。一由辕固与黄生之争论。黄生明黄老之术,辕固明儒家之术,而其论汤武受命也,说各不同。景帝迫于太后之命,虽暂抑辕固,然已深明儒家之有益于专制政体矣。见《史记·儒林传·辕固生传》。其故一。一由武帝与汲黯之争论。汲黯之言曰："陛下内多欲而外施仁义,奈何欲效唐、虞之治乎？"盖黯治黄老家言,故不喜儒术。武帝知道家崇尚无为,与好大喜功者迥异,故抑黄老而崇《六经》。其故二。有此二故,此儒术所由日昌,而道家所由日衰也。至于东汉,诸子之说,治者愈稀。然崔寔《政论》,法家之言也；为曹魏治制所本。王充《论衡》,名家之言也；喜言诡辩。王符《潜夫论》,仲长统《乐志论》,则又以儒家而兼道家者也。魏、晋之降("之降",据文意疑当作"以降"),学术日衰,而诸子之学真亡矣。惜哉！

（十三）西汉之时,治经者共分五派。诵读经文,互相授受,不事作述,始也凭口耳之传,如伏生受《书》于晁错是也。而《公羊》自公羊高以后,不著竹帛,凭口耳之授受者,共传五世,然后笔之于书。继也则著之竹帛。此一派也。此派最多。《汉书·儒林传》所刊之经师,半属此派。以经解经,不立异说,使经义自明,如费氏之注《周易》是。见《汉书·艺文志》及《儒林传》。此一派也。此派在汉时,舍费氏外,甚为希见。援引故训,证明经义,语简而不烦,意奥而不曲。如毛公之《诗传》,孔安国、夏侯氏、欧阳氏之《书注》,孔安国之《论语注》,犍为舍人之《尔雅注》是也。此又一派也。此派之书,必附丽经文,不能单行。发挥经义,成一家言。其体出于韩非《解老》《喻老》,尤与《韩诗外传》相符。如董仲舒《春秋繁露》、伏生《尚书大传》是也。而京房之释《易》,亦可自成一言者也。合之则与经相辅,离经亦别自成书。此又一派也。去圣久远,大道日漓,有志之士,拟经为书,如《焦氏易林》之拟《易》,杨雄《太玄经》亦然。杨雄《法言》之拟《论语》,此又一派也。此派颇为当时学者所非,故《汉书·杨雄传赞》曰:"雄非圣人而拟经,盖诛绝之罪也。"西汉之世,五派并行,故说经之儒,无复迂墟之见。东汉以降,说经之书,不外证明经训,即援引故训,证明经义之一派也。而说经之途日狭矣,此微言大义所由日晦也。可不悲哉!

(十四)西汉经生,有仅通一经者,有兼通数经者。通一经者,大抵为利禄计耳,而当世之通儒,莫不兼涉数经。如贾生传《春秋左氏传》,然《新书》之中,多洞明礼制之言;如论冠礼、论学制是也。董仲舒治《春秋公羊传》,然《天人三策》,兼引《诗》《书》;如引《太誓》及《诗》"贻我来牟"是。刘向治《春秋穀梁传》,然兼治《鲁诗》,且兼通《左氏》章太炎书中已言之。《公羊》如《说苑》中论郑弃其师及春王之义,皆本《公羊》之说。予尝著《说苑中有公羊义》一篇。二《传》,孰非通儒兼治群经之证乎?又考之《汉书·儒林传》,则匡衡兼治《论语》《齐诗》,韩婴兼明《韩诗》《周易》,后苍兼治《齐诗》《古礼》,张禹兼治《论语》《孝经》,皆见《儒林传》中。足证西汉耆儒,治《经》之长,非一端所能尽。古人有言:"非兼通群经,不能专治一经。"其说信哉!

(十五)两汉经师,说经之书以百数,而立名各不同。一曰故。"故"者,通其怡义也。《书》有《夏侯解故》,《诗》有《鲁故》《后氏故》《韩故》《毛诗故训传》。见《汉·艺文志》。"故"与"诂"通。见邵晋涵《尔雅正义·释诂》。西汉作"故"，东汉作"诂"，如何休《公羊解诂》，见《后汉书·何休传》。卢植《三礼解诂》，见《后汉书·卢植传》。翟酺《援神》《钩命解诂》见《后汉书·翟酺传》。是也。颜师古注《艺文志》"鲁故"云："今流俗《毛诗》，改'故训传'为'诂'字，失真耳。"则以"诂"与"故"为二。不知古代"诂""故"二字通用也。一曰章句。《尚书》有欧阳、大小夏侯《章句》，《春秋》有《公羊》《穀梁章句》。见《汉书·艺文志》。至于东汉，则章句之学愈昌。如卢植《尚书章句》、见《卢植传》。赵岐《孟子章句》、程曾亦有《孟子章句》。郑兴《左氏章句》、刘表《五经章句》、锺兴《春秋章句》，皆见本传。以及牟马《尚书章句》，景鸾《月令章句》，句桓郁大、小《太常章句》见《后汉书·儒林传》。是也。一曰传。当西汉时，《易》有周氏、服氏、杨氏、蔡公《传》，《诗》有《后氏传》《孙氏传》。见《汉书·艺文志》。至于东汉，如服虔《左氏传解》，荀爽《礼传》《易传》《诗传》皆见本传。是也。一曰说。《书》有《欧阳说义》，《诗》有《鲁说》《韩说》，《礼》有《中庸说》，《论语》有《齐说》《夏侯说》，《孝经》有《长孙氏说》《江氏说》《翼氏说》《后氏说》。皆见《汉书·艺文志》。而东汉之时，亦有马融《三传异同说》。见《后汉书·马融传》。一曰微，如《春秋》有《左氏微》、《铎氏微》、《张氏微》、虞卿《微传》是也。一曰通，如洼丹《易通论》，《后汉书·洼丹传》云："名曰洼君通"。杜抚《诗题约义通》见《杜抚传》。是也。一曰条例，如郑兴、颍容《左氏条例》，荀爽《春秋条例》见本传。是也。而说经之书，又有郑康成《毛诗笺》、谢该《左氏释》，溯其体例，与"传""诂"同。又如荀爽作《尚书正经》、赵晔作《诗细》、何休《公羊墨守》、《左氏膏肓》、《穀梁废疾》，立名虽殊，同为说经之作。要而论之，"故""传"二体，乃疏通经文之字句者也；"章句"之体，乃分析经文之章节者也；见赵氏《孟子章句》，于每章之后，必条举其大义，此其证也。又如，夏侯治《尚书》，既有《章句》二十九卷，复有《解故》二十九篇，亦"章句"与"解故"不同之证。"说""微""通"三体，"条例"亦然。乃诠明全经之大义者也。《白虎通德论》亦"通"类也。近世以来，陈氏《毛诗疏》、孙氏《尚书疏》，沿古代古（"古"，据文意，疑当作"诂"）传之体；王氏《尚书后案》，沿古代章句之体；魏氏《诗古微》《书古微》,沿古代"说""微""通"之体。此两汉经师说经之大凡,而为后儒所取法者也,故特论之。

（十六）西汉之时,经学始萌芽于世。武帝虽表章经术,如延文学、儒者以百数,公孙弘以治《春秋》为丞相,置博士官。然宣帝即位,重法轻儒。如宣帝谓:"俗儒不达时宜,好是古非今,使人眩于名实,不知所守,何足委任!"又,匡衡为平原文学,人多荐衡。萧望之、梁丘贺亦以衡经术精习,而宣帝不甚用儒,遣衡归故官,见《匡衡传》,皆宣帝不重儒术之确证也。说经之儒,犹抱遗经,拳拳勿失,故今文、古文之争未起。自河间献王、孔安国明古文学,为古文学与今文并行之始。自刘歆移书太常,为古文竞胜今文之始。新莽篡汉,崇尚古文。以用刘歆之故。东汉嗣兴,废黜莽制。五经博士,仍沿西汉之规。《后汉书·儒林传》言:"光武中兴,立五经博士,各以家法教授。《易》有施、孟、梁丘、京氏,《尚书》欧阳、大小夏侯,《诗》齐、鲁、韩、毛,《礼》大、小戴,《春秋》严、颜,凡十四博士,皆今文之学也。惟《毛诗》为古学,与西汉时差异耳。"而在野巨儒,多明古学,故今文、古文之争,亦以东汉为最著。韩歆请立《左氏》博士,而范升力争。及陈元上书讼《左氏》,始以李封为博士官,卒以群儒廷争,未久即罢。见《范升传》。其证一。李育以《左氏》不得圣人深义,作《难左氏义》四十一事。及诸儒讲论白虎观,育以《公羊》义难贾逵。见《儒林传·李育传》。其证二。许慎作《五经异义》,右古文而抑今文。郑康成驳之,以今文之义难古文。其证三。何休作《公羊解诂》,又以《春秋》驳汉事六百馀条,妙得《公羊》本义。见《何休传》。服虔作《左氏传解》,又以《左传》驳何休所驳汉事六十条。见《服虔传》。其证四。此皆今、古文相争之证也。盖东汉之初,今文之学盛行;中叶以后,则今文屈于古文。西汉末年,《易》有施、孟、梁丘、京氏学,皆属今文。惟费直传《易》于王璜,号"古文《易》"。东汉之初,若刘昆治《施氏易》,洼丹、任安治《孟氏易》,范升、杨正、张兴习《梁邱易》,戴凭、魏满、孙期习《京氏易》,为《周易》今文学盛行之世。自陈元、郑众传《费氏易》,马融、荀爽作《传》,郑康成作《注》,而费氏古文《易》以兴。是古文《易》学兴于汉末也。郑康成《易注》虽用古文,然爻辰、纳甲之说,亦多今文家言。西汉末年,《书》有欧阳、大小夏侯之学,皆属今文,而古文《尚书》学,未立学官。东汉之初,若丁鸿、桓荣、欧阳翕、牟长、宋登习《欧阳尚书》,张驯、牟融治《大夏侯尚书》,王良治《小夏侯尚书》,咸教授数千人,为《尚书》今文学盛行之世。自孔僖、周防、杨伦习古文《尚书》,而扶风杜林复得古文《尚书》于《漆书》中,贾逵作《训》,马融作《传》,郑康成作《注解》,而古文《尚书》大明。此非伪古文也。伪古文兴于魏、晋,与此不同。魏默深《书古微》疑《漆书》古文为伪,非也。是古文《尚书》兴于汉末也。西汉末年,《诗》有鲁、齐、韩三家,而《毛诗》未大显。东汉之初,若高栩、包咸、魏应治《鲁诗》,伏恭、任末、景鸾治《齐诗》,薛汉、杜抚、召驯、杨仁、赵晔治《韩诗》,为《诗经》今文学盛行之世。自卫宏作《毛诗序》,而郑众、贾逵咸传《毛诗》,马融作《传》,郑康成作《笺》,咸引《毛诗》之义。是古文《诗》学兴于汉末也。西汉末年,《礼》有大戴、小戴、庆氏三家,而孔安国所献《礼古经》五十六篇即今《仪礼》。及《周官经》六篇,咸未立博士,故古文学未昌。东汉之初,曹充、董钧习《庆氏礼》,而大、小戴博士亦相传不绝,为《礼经》今文学盛行之世。及郑众传《周官经》,马融作《传》,以授郑康成。康成作《周官经注》,又以《古礼经》校《小戴礼》,作《仪礼》即《古礼经》。《汉·艺文志》"《古礼经》七十篇",乃"十七篇"之误。《礼记》即《小戴礼》。注,而《三礼》之学大明。是古文《礼》学兴于汉末也。西汉末年,《春秋》有严氏、颜氏学,皆属《公羊》家言;《穀梁》仅立博士,《左传》未立学官。东汉之初,丁恭、周泽、锺兴、楼望、程曾咸习《严氏春秋》,张玄、徐业咸习《颜氏春秋》,而范升、李育之徒,时以《公羊》屈《左氏》,为《春秋》今文学盛行之世。自贾逵著《左传章句》,而服虔、颍容、谢该咸治《左传》,郑、康成,初为《左传》作注,后授服虔。许见《说文》《五经异义》。大儒,亦喜《春秋》古文学。是古文《春秋》兴于汉末也。盖东汉初年,古文学派皆沿刘歆之传,如杜子春、郑众,皆受业于刘歆。虽为今文学所阨,未克大昌,然片语单词,已为学士大夫所崇尚。后经马、卢、郑、许诸儒之注释,流传至今,而今文家言之传于世者,仅何休《公羊解诂》而已,馀尽失传。此今文学所由日衰,而古文学所由日盛也。是则经学显晦之大略也。

　　(十七)东汉之时,经生虽守家法,然杂治今、古文者,亦占多数。

如孙期治《京氏易》，兼治古文《尚书》；张驯治《左氏传》，兼治《大夏侯尚书》。一为今文，一为古文。郑兴治古文学，而早年亦治《公羊》；尹敏治《欧阳尚书》，复治古文《尚书》，兼通《毛诗》《穀梁》《左氏》之学；而郑康成治经，亦兼通《京氏易》《韩诗》《公羊春秋》。此汉儒所由称通儒也。若郑众、贾逵，则专治古文；何休、李育，则专治今文，皆守家法者也。盖东汉经师，大抵实事求是，不立门户。许叔重治古文学，而《说文》之释姓氏也，则言"圣人无父而生"，若古文家，则言圣人有父而生。用今文家说；《毛诗》为古文学，而郑康成作《诗笺》，则多采三家之说。无识陋儒，斥为背弃家法，岂知说经贵当，乃古人立言之大公哉？且当此之时，经师之同治一学者，立说亦多不同。如郑、荀同学《费易》，立说不同；郑从马学，而与马不同；焦、京同源，而《卦林》《灾异》又不同。马、郑同治《古文尚书》，而注各不同；郑《笺》伸毛，而与毛《传》不同；贾、服同治《左氏》，而所注各殊；郑康成注《周官经》，多改前郑之说，皆其证也。即郑康成注经，亦彼此互易（"互易"，据文意，疑当作"互异"）。盖康成杂治今、古文，故《驳五经异义》以斥古文学，复攻《墨守》、起《废疾》、发《膏肓》，以斥今文学也。及东汉季世，师法愈严。范《书》谓"分争王庭，树朋私里，繁其章条，穿求崖穴，以合一家之说"，又谓"书理无二，义归有宗，而硕学之徒，莫之或徙，故通人鄙其固"。见《儒林传赞》。此皆斥汉儒之固守家法也，其旨深哉！

（十八）自汉武表章《六经》，罢黜百家，托通经致用之名，在下者视为利禄之途，在上者视为挟持之具。如尊君抑臣等说，必托之于经谊。降及王莽，饰奸文过，引经文以济己私。王莽居摄时，使群臣奏曰："周成王幼小，不能修文、武之烈。周公摄政则周道成，不摄则恐失坠。故《君奭篇》曰：'后嗣子孙，大不克共上下，遏佚前人光，在家不知天命不易。天难谌，乃其坠命。'此言周公服天子衮冕，南面朝群臣，发号施令，常称王命也。"又，"《康诰》曰：'王若曰：孟侯，朕其弟，小子封。'此周公居摄称王之文也。"又以汉高祖为文祖庙，取《虞书》"受终文祖"之义。此皆援《尚书》以行事也。又引《礼记·明堂位》，谓此乃周公践位，朝诸侯、制礼作乐也；又考《孝经》"况于公侯伯子男"之文，定侯伯、子男为两等。此引《礼记》《孝经》以文其奸也。又引孔子作《春秋》，至于哀公十四年而一代毕，协之于今，亦哀之十四年也。此引《春秋》以文其奸也。馀证甚多。由是崇古文而抑今文，以古文世无传书，附会穿凿，得随己意所欲为。昔周末之时，诸侯恶周制之害己，至并其籍而去之；见《孟子》。西汉之时，天子喜经文之利己，遂并其籍而崇之，而六艺遗文，遂为君主藏身之窟矣。降及东汉，谶纬勃兴。考《后汉·张衡传》，谓谶纬始于哀、平。《张衡传》云：汉以来，并无纬书。刘向父子领校秘书，尚无谶录，则知起于哀、平之际也。然考《隋书·经籍志》，则西汉之世，纬学盛昌，非始于哀、平之际。《经籍志》云："汉世，纬书大行。言《五经》者，皆为其学。惟孔安国、毛公、王璜之徒犹非之，相承以为怪妄，故因鲁恭王、河间献王所得古文，参而考之，以成其义。"是谶纬流传，远出诸儒笺故学之前矣。盖铜符、金匮，萌于周、秦。秦俗信巫，杂糅神鬼。公孙枝之受册书，见《史记·秦本纪》（"秦本纪"，疑当作"赵世家"）。陈宝之祀野鸡，见《史记·封禅书》。胡亥之亡秦祚，见《史记·秦始皇本纪》。孰非图箓之微言乎？若夫董安于之册，"三户亡秦"之兆，苌弘狸首之射，则图箓之学，渐由秦国播他国矣。周、秦以还，图箓遗文，渐与儒、道二家相杂。入道家者为符箓，入儒家者为谶纬。见第三册《术数学史序》。董、刘大儒，竞言灾异，实为谶纬之滥觞。董仲舒为弟子吕步舒告发，睚孟以泰山石立，请昭帝让位贤人；又，《路温舒传》云："温舒从祖父受历数、天文，以为汉厄三七之期，乃上封事以预戒。"皆其证也。哀、平之间，谶学日炽。《汉书·李寻传》云：成帝时，有甘忠可者，造《天官历包元太平经》十二卷，言汉家当更受命，以其学授夏贺良等。刘向奏其妖妄，甘忠可下狱死，贺良等又私相传授。哀帝建平中，贺良上言赤精子之谶，汉家历运中衰，当再受命，故改号曰太初元年，称陈圣刘太平皇帝。是为朝廷信谶之始。而王莽、公孙述之徒，亦称引符命，惑世诬民。《汉书·王莽传》云：莽以哀章献《金匮图》，有"王寻"姓名，使寻将兵。又以刘伯升起兵，乃引《易》"伏戎于莽，升其高陵，三岁不兴"，谓莽为己名，升为伯升，高陵为高陵侯翟义，言伯升、翟义皆不能兴。又按《金匮图》，拜王兴、王盛数十人为官，以示神。此王莽信纬之证。《后汉书·公孙述传》云：述引谶记，谓"孔子作《春秋》，为赤制以断十二公，明汉当十二世而绝"，又引《箓运法》曰："废昌帝，立公孙。"故光武与述书曰："图谶言'公孙'，即宣帝也。代汉者当涂高，君岂高之身耶？"此公孙述信纬之证也。及光武以符箓受命，《后汉书·邓晨传》云："光武微时，襄有蔡少公者学纬，云：'刘秀当为天子。'或曰：'是国师公刘秀耶？'光武曰：'安知非仆？'"《李通传》云："通父说谶，谓'刘氏复兴，李氏为辅'，故通与光武深相结。"《光武本纪》云：

"强华自长安奉《赤伏符》来,曰:'刘秀发兵捕不道,四夷云集龙斗野,四七之际火为主。'群臣以为受命之符,乃即位于鄗南。"而用人、行政,悉惟谶纬之是从。如光武据《赤伏符》"王梁主卫"之文,拜王梁为大司空;据谶文"孙咸征狄"之文,拜孙咸为大司马。此据谶书用人者也。因《河图》有"赤九会昌"之文,而立庙止于元帝,复以谶文决灵台处所。此据谶书行政者也。明帝以下,莫不皆然。由是以谶纬为秘经,《杨厚传》云:"杨春卿善图谶,曰:'吾绵帙中有先祖所传秘记,为汉家用。'"苏竟与刘龚书曰:"孔子秘经,为汉赤制。"郑康成亦曰:"吾睹秘书纬术之奥。"颁为功令。《樊英传》"河洛七纬",章怀《注》以《易纬》《书纬》《诗纬》《礼纬》《乐纬》《孝经纬》《春秋纬》释之。是每经各有纬书。稍加贬斥,即伏非圣无法之诛。桓谭论谶书之非,帝以为非圣无法,欲斩之;帝令尹敏校图纬,敏言"纬非圣人所作",帝不听;郑兴对帝曰:"臣不学谶。"帝终不任用,皆其证也。故一二陋儒,援饰经文,杂糅谶纬,献媚工谀。朱浮云:"臣幸,得与讲图谶。"贾逵欲尊《左传》,乃奏曰:"《五经》无证图谶以刘氏为尧后者,惟《左传》有明文。"遂得选高才习之;而何休注《公羊》,亦以获麟为汉受命符。虽何、郑之伦,且沉溺其中而莫反。康成于纬,或称为"传",或称为"说",且为之作《注》。是则东汉之学术,乃纬学盛昌之时代也。观《东平王传》,谓"正《五经》章句,皆命从纬",可以知矣。夫谶纬之书,虽间有资于经术,如律历之积分,典礼之遗文,六书之旧训,秦火之后,或赖纬书而传。然支离怪诞,虽愚者亦察其非。如张满之反乱,王刘之惑众,袁术之称帝,皆据谶文。是谶书所以召乱也。而汉廷深信不疑者,不过援纬书之说,以验帝王受命之真,而使之服从命令耳。所谓"称天以制民"也。上以伪学诬其民,民以伪学诬其上,又何怪贿改《漆书》者接踵而起乎?《儒林传》云:"党人既诛,其高名善士,多坐流废,后遂至忿争。亦有私行金货,定兰台《漆书》,以合其私文者。"此伪学所由日昌也。悲夫!

(十九)东汉帝王,表章经术,厥意甚深。光武以儒生跻帝位,光武少时,往长安受《尚书》,通经义。及为帝,数讲诸经义。而佐命功臣,亦咸通经谊。如邓禹受业长安,能诵《诗》;寇恂性好学,受《左氏春秋》。冯异通《左氏春秋》,贾复习《尚书》,祭遵少好经书,李忠少好《礼》,郑兴好经书,而朱祐、王霸、耿纯,咸游学长安。故天下既定,托掩武修文之说,慕投戈讲艺之风,以削武臣之兵柄。《贾复传》云:"知帝不欲武臣典兵柄,乃与邓禹去甲兵,敦儒术。"此语最明。邓禹有子十三人,使各习一艺;窦融疏言:"臣子年十五,教以经艺。"皆以避祸也。而羽林之士,亦习《孝经》。见《儒林传》。盖光武御才,以《诗》《书》《礼》《乐》之文,化其悖乱嚣陵之习;以名分尊卑之说,鼓其尊君亲上之心。是犹朝仪既定,高祖知皇帝之尊也。及太学既设,诱以利禄之途,萃集儒生,辨难经谊,使雄才伟略,汩没于章句、训故之中,而思乱之心以弭。可参观龚氏《京师乐籍说》。是犹学士登瀛,太宗喜英雄之入彀也。及党人论政,清议日昌,然大抵尊君抑臣,斥权奸以扶王室,而典兵之将,息其问鼎之谋。范《书·儒林传论》谓"人识君臣父子之纲,家知违邪归正之路",又谓"权强之臣,息其窥盗之谋;豪杰之夫,屈于鄙生之议"。盖汉主表章经谊之心,至是而其效悉著矣。经术所以愚民。其术深哉!

(二十)两汉之时,经学之授受各殊。一曰官学,一曰师学,一曰家学。西汉之初,经师辈出,如田何之《易》,渊源于商瞿;毛公之《诗》,权舆于子夏;申公之《鲁诗》,贾生之《左传》,并溯沿于荀卿。推之,伏生传今文,先秦之博士也;高堂传《士礼》,鲁国之老生也。以七十二子之微言,历四百馀年而不绝,此当时之师学也。寿敢口授《公羊》,公羊氏五世皆口传《公羊》。安国世传《尚书》,此当时之家学也。由是言之,西汉初年,说经之儒,皆私学而非官学。及文帝设立诸经博士,如《尔雅》《孟子》,皆立博士。而汉武之时,仿秦人以吏为师之例,颁《五经》于学官,而今文家言,咸立博士。宣、成之际,博士益增。见《前汉书·儒林传》。光武中兴,好爱经术,于是立五经博士,各以家法相教授。《续汉书·百官志》云:"博士十四人:《易》四,施、孟、梁邱、京氏是也;《尚书》三,欧阳,大、小夏侯氏是也;《诗》三,鲁、齐、韩氏是也。《礼》二,大、小戴氏是也。《春秋》二,严氏、颜氏是也。"博士既立,而经学之家法益严。"家法"者,从一家之言,以自鸣其学之谓也。《后汉书·左雄传》《注》云:"儒有一家之学,故称家法。"吾观西汉之时,凡儒生之肄经者,大抵游学京师,受经博士,如翟方进之类是也。馀见《汉书·儒林传》中。而私学易为官学。东汉之时,益崇官学。凡举明经、察孝廉,咸以合家法者为中选。《质帝纪》:"本初元年四月,令郡国举明经,年五十以上、七十以下,诣太学。自大将军至六百石,皆遣子受业。四姓小侯先能通经者,各令随家法。"是汉举明经,亦严家法也。《左雄传》云："雄上言：郡国所举孝廉，请皆诣官府，诸生试家法。"是汉举孝廉，亦试家法也。是东汉之家法，犹之后世之功令也。特西汉之时，多言师法；东汉之时，多言家法。师法者，溯其源；家法者，衍其流。有所师，乃能成一家之言。自人主崇尚家法，而学术定于一尊。观《前汉书·外戚传》："定陶丁姬，《易》祖师丁将军之玄孙。"师古《注》云："祖，始也。"《儒林传》云："丁宽，《易》家之始师。"盖有始师，而后有师法也。《张禹传》云："萧望之、张禹说经，精习有师法。"是守师法，方可得显官也。《翼奉传》云："奉对，引师法。"《五行志》："李寻引师法以对。"是守师法者，兼可议政事也。此皆西汉崇师法之证。至于东汉，则家法益严，不复有淆杂之说矣。复以博士为民帅，而家法之明，明于博士。故刘歆之责太常博士也，言"是末师而非往古"；徐防之责博士弟子也，以为"不修家法"。诚以修明家法，本博士责也。与周代官师合一之法，大约相符。官学既崇，由是学术之行于民间者，亦谨守师法，解释经文，以求合帝王之功令。吾考两汉之时，累世传经者，孔氏而外，自孔鲋为陈王博士，鲋弟子襄，汉惠帝时为博士。襄孙安国，安国兄子延年，武帝之时，咸以治《尚书》为博士。延年生霸，亦治《尚书》，昭帝时为博士；宣帝时，授皇太子经。霸生光，尤明经学，时会门下诸生，讲问疑难。至东汉时，孔僖世传《尚书》《毛诗》，其子长彦、季彦，皆守家学。霸七世孙昱，少习家学，征拜议郎。此孔氏家学之源流也。厥惟伏、桓二家。伏氏自伏胜以《尚书》教授，其裔孙理，为当世名儒。子湛，少传家法，教授数百人。湛弟黯，明《齐诗》，改定《章句》。湛玄孙无忌，当顺帝时，奉诏与议郎黄景，校定中书《五经》、诸子百家；又采集古今，删著事要，号曰《伏侯注》。此伏氏家学之源流也。桓荣以明《尚书》，授明帝经。其子郁，又为章帝师。和帝即位，郁复侍讲禁中，共治《尚书》，有《帝君》，大、小太常《章句》。郁中子焉，亦为安、桓、顺帝师。此桓氏家学之源流也。然孔氏世为博士，桓氏世为帝师，而伏氏亦屡典秘籍，皆见前。则传家学者，固未尝背官学也。东汉之世，经学盛昌，一经教授恒千百人。如曹曾受欧阳《尚书》，门徒三千；见《曾传》。魏应经明行修，弟子自远方至者，著录数千人；见《应传》。张兴弟子，著录万人；见《兴传》中。蔡玄弟子，著录者万六千人。见《玄传》。学术广被，远迈西京。馀见《后汉书·儒林传》及汉碑者，不具引。然弟子受经卒业者，咸任博士、议郎之职，则传师学者，固未尝背官学也。由是言之，两汉儒生之传经，固不啻受教法于博士矣。周代乡大夫，受教法于司徒；两汉经生，亦受教法于博士。是当时所谓私学者，非民间私授之学也，所以辅博士教授所不及耳。故学业既成，即可取金紫如拾芥。其有不守师法者，则咸见屏于朝廷。观赵宾变"箕子"之训，而《易》家证其非；焦赣本隐士之传，而光禄明其异，则屏斥私学，夫固始于西汉中叶矣。自家法既严，由是说经之士，或引师说以说经，如毛公引仲梁子、高子、孟仲子之说以说《诗》，康成引杜子春、郑司农之说以说《周官》是也；《公羊传》引子沈子诸人之言，亦引师说说经者。或立条例以释经，如贾徽《左氏条例》，颍容《左氏条例》，何休《公羊条例》，刘陶、荀爽《春秋条例》是也；若三国之时，虞翻、王弼之说《易》，晋杜预之注《春秋》，皆另有条例。或执己说以斥他说，如服虔之驳何休言汉事，虔以《左传》驳何休之所驳汉事，凡六十馀条云。康成之《发墨守》《箴膏肓》《启废疾》是也。他如西汉王式、江翁之辨论，而东汉之时，复有陈元、范升、李育、贾逵之徒，辩论古文、今文。推之，马融答北地太守刘环，康成驳叔重《五经异义》，皆固执己说者也。及东汉末叶，异家别说，亦自谓源出先师，荀悦《申鉴·时事篇》最详。而家法以淆。观永元十四年徐防所上疏可见。盖当时之博士，亦渐失家法矣。惟康成说经，集今、古文说之大成，不守一先生之言，以实事求是为指归，与汉儒之抱残守缺者迥然不同，故康成之书，皆以师学代官学者也。自是以降，郑学益昌，而东京博士之家法废矣，惜范《书》语焉不详耳。两汉经学之家法，具见于《前汉书》《后汉书·儒林传》，《隋书·经籍志》，陆德明《经典释文》以及近人《传经表》中，故不具引。

（二十一）西汉之时，诸子之说未沦。降及东京，九流之书日出。如徐幹《中论》，儒家之流也；荀悦《申鉴》、王符《潜夫论》、崔寔《政论》、仲长统《昌言》，法家之流也；王充《论衡》、应劭《风俗通》，名家之流也；张衡《灵宪》、刘陶《七曜论》，阴阳家之流也；牟融《牟子》、阳成子长《乐经》，道家之流也；崔寔《四民月令》，农家之流也。惟九流之说日昌，故说经之儒亦间援九流释六艺。试详考之。卦气创于孟喜，纳甲始于京房，京房以《易》六十四卦直日用事，风雨、寒湿，各有占候。爻辰阐于康成，消息明于虞翻。溯厥源流，咸为《易》学之支派。推之，刘向说《书》，则以"五行"说《洪范》；刘向治《穀梁》，数其祸福，传以《洪范》。翼奉上疏，则以"五际"阐《齐诗》。董生治《春秋》，则详言灾异；康成注《三礼》,则兼引纬书,经之以八卦,纬之以九畴,测之以九宫,验之以九数,上探象纬,下明人事。此以阴阳家之言说经者也。董生以《公羊》决狱,傅饰经义,得数百条;张汤为廷尉,傅古义以决大狱,以治《尚书》《春秋》者补廷尉史,奏疑谳。而隽不疑、龚胜、毋将隆之流,亦援引《春秋》《论语》,以证臣罪之当诛。石显罪贾捐之、杨兴,亦引《王制》。东京中叶,若马融、郑康成之俦,咸洞明律法,决事比例,必以经义为折衷;而应劭所著书,复有《尚书旧事》《春秋断狱》,莫不舍理论势,尊君抑臣。此以法家之言说经者也。汉儒释经,或衷《雅》诂,或辨形声,研《六经》从文字入,研文字从形声入。或改正音读,如某字读若某字、某字当作某字是也。或援据古文,莫不分析条理,辨物正名。而许慎《说文》、张揖《广雅》、刘熙《释名》,虽为小学之专书,实则群经之津筏。此以名家之言说经者也。董生解《公羊》而兼言仁义,赵岐解《孟子》而兼论性才;馀如荀氏《易注》、伏生《尚书大传》、《毛传》、《韩诗外传》以及何氏《公羊解诂》,包氏、周氏《论语章句》,咸有粹言,大抵与儒家之言相近。番禺陈兰甫先生《汉儒通义》引之最详,今不具引。而许、郑之书,诠明义理,醇实精深。孔门微言,赖以不堕。近世常熟有潘任者,编《郑君粹言》《说文粹言》二书,皆取许、郑之言近于儒家者。此以儒家之言说经者也。杨雄作《太玄经》,魏伯阳作《周易参同契》,咸溯源老氏,成一家言。降及汉末,而王弼、何晏之流,注释《易经》《论语》,咸杂糅庄、老,大畅玄风。王弼注《周易》,舍象论理,自得之语甚多,不可因范宁之言而斥之。此以道家之言说经者也。若夫服氏之难何休、郑君之穷许慎,辨难经义,驳诘不穷,此纵横家之遗风也;曹褒《五经通义》、刘辅沛《王道论》,旁征博采,不主一家,此杂家之馀习也。而康成博学多闻,迥出诸儒之表。释《尚书》,则兼注《中候》,此术数家之言也;注《天官》,则诠明医理,此方技家之言也。推之,注《夏官》,则旁及兵法;注《地官》,则博引农书,此兵家、农家之言也。足证两汉诸儒,于九流诸子之言,咸洞悉其微,与后儒专尚儒术者不同。三国以降,九流式微,而说经之范围愈趋愈狭矣。

(二十二)东汉末年,诸子之术朋兴。治儒家者有徐幹,治阴阳家者有管辂,治医家者有华佗,治兵家者有魏武、注《孙子》《吴子》。诸葛亮、作《八阵图》。王昶，注兵书。然以法家学术为最昌。自王符、崔寔、阮武、姚信之徒，以法家辅儒学，而魏武治邦，喜览申韩法术，以陈群、锺繇为辅弼。诸葛亮治蜀，亦尚刑名。盖汉末之时，纲纪废弛，浸成积弱之俗。欲矫其弊，不得不尚严明。又以处士议政，国柄下移，民气渐伸，为人君所不利，非修申韩之术，不足尊君而抑臣。有此二因，遂宗法学。观杜恕上疏，谓："今之学者，师商、韩而上法术，竞以儒家为迂阔，不周世用。"魏代学术，观此可知。是犹东周衰弱，而管、商以法律矫之也。至于正始，而老庄之术复昌。盖两汉之时，竞崇黄老；至于东汉，桓帝尊崇黄老，而张角亦以黄老惑民。惟马融不应邓骘之命，自悔非老庄之道，《后汉书》。是为"庄老"并称之始。及王弼、何晏，祖述老庄。晏言"圣人无喜怒哀乐"，王弼不以为然。此即李习之《复性书》所本。弼言"天地万物，以无为本"，见《锺会传》《注》及《世说》。而王弼复注释《周易》，间以庄老之说释经，并作《老子注》诸书。而阮籍之徒，口谈浮虚，排斥礼法；嵇康亦喜读《庄》《老》，与刘伶、向秀、阮咸、王戎、山涛，并称"竹林七贤"，遂开晋人放旷之风。自是以后，裴遐善言玄理，卫玠雅善玄言，王衍为当世谈宗，乐广亦宅心事外，而阮瞻、刘恢、王濛、潘京之流，莫不崇尚清谈，而胡毋辅之、谢鲲、光逸、张翰、毕卓之徒，又竞为任达；崔谯、向秀、司马彪、郭象之辈，又咸注《老》《庄》。若孙登、葛洪之俦，则又侈言仙术，以隐伏自高。虽刘颂、屡言治道。裴颜、作《崇有论》。江惇、作《通道崇检论》。卞壸、以王澄、谢鲲悖礼教。干宝、作《晋纪》。其《序论》一篇，力斥清谈放达者之误国。陈頵、斥庄老之俗，又以败国由于此。陶侃以老庄无益实用。诸人，危言正论，力挽颓波，而习尚已成，莫之能革。后之论者，莫不祖述范宁之论，以王、何为罪人。然一代学术，必有起原。三国之时，柄国钧者，大抵苛察缴绕。王嫉其苛，非崇尚无为清净，不足以安民，故杜预、言"拟议于心，不泥于法"。荀勖言"省官不如省事，省事不如省心"。之徒，皆以无为辅治术，刘伶亦陈"无为"之论。盖当世学术思想，大抵如此。与王、何之论暗符。且法家严贼寡恩，漓于天性，已开放弃礼法之先。故阮籍之徒，不重丧礼也。又，魏、晋之际，战争频烦，民罹屠毒，无乐生之心，如羊祜言"不如意事，十常八九"，阮籍亦悲途穷是。故或托任达以全生，或托隐沦以避世。有此三因,此老庄之说所由盛于魏、晋也。夫宅心高远,遗弃事功,置治乱兴亡于度外,诚为覆都亡国之基。然两汉诸儒,溺于笺、注,惑于灾异、五行之说。其能自成一家言者,亦立言迂阔,不切于施行。王、何说经,始舍数言理,不以阴阳断人事;即郭象、司马彪之书,亦时有善言,侈言名理,以自得为归。析理精微,或间出汉儒之上。李翱、程颐,隐窃其说,即能以学术自鸣。此魏、晋学术之得也。且三代之时,文与语分,见第一册《文章原始》。故孔门四科,言语与文学并崇。汉人崇尚朴讷,而言论之途塞,文章之技兴。魏、晋以降,文章益事浮夸,故工于言论者,别标"清谈"之目。由是言语与文学,复分为二途。宣于口者为言语,笔之书者为文章。如《乐广传》言,广善清言而不长于笔,将让尹,请潘岳为表。岳曰:"当得君意。"乃作二百句语,述己之意。岳因取次比,便成名笔。其确证也。而其流风所扇,遂开南朝讲学之先,孰谓清谈者罪浮桀、纣哉?范宁之论,无乃过与?钱竹汀亦斥范说。

(二十三)汉末之时,治经学者,悉奉郑君为大师,而众家之说以沦。盖郑君博稽六艺,粗览传记,所治各经,不名一师,参酌今、古文,与博士所传之经不尽合,魏默深已有此说。然尊崇纬书,不背功令。又以著述浩富,于《易》《书》有《注》,《毛诗》有《笺》,《左传》《三礼》《论语》皆有《注》。馀所著之书,尚十馀种。弟子众多,据黄氏所辑《高密遗书》所载,则弟子最著名者,已有数十人。又,刘熙、孙炎,亦师康成。故汉、魏之间,盛行郑氏一家之学。袁翻、称郑玄"不堕周公旧法"。徐爱,称"圣人复起,不易斯言"。至颂郑君为周、孔,而辩论时事,无不撮引其遗书。见《孝经正义序》。及王粲斥郑君《尚书注》,见《新唐书·元行冲传》《释疑》。而王肃遍注群经,又伪作《圣证论》《孔子家语》,以己说易郑说,使经义、朝章,皆从己说,而郑说骤衰。魏有蒋济、驳郑君禘说。吴有虞翻,奏郑玄解《尚书》遗失者四事。蜀有李谯,著古文《易》《尚书》《毛诗》《三礼》《左氏传》,皆与郑氏立异。晋有束皙,斥郑君注纬。皆排斥郑学,此魏、晋经学之一大派也。吴韦昭注《国语》,魏何晏作《论语集解》,杂引古说,以己意为折衷,不复守前儒家法,此别一派也。晋杜预注《左氏》,干没贾、服之书;郭璞注《尔雅》,隐袭李、孙之说,攘窃之罪,与郭象同,此别一派也。若皇甫谧等作伪《尚书》,尤不足道。举此数端,足证魏、晋经学,已非汉儒之旧。此西汉、永嘉之乱,汉学所由沦亡也,如《易经》梁邱学、京氏学,《尚书》欧阳学、夏侯学,以及《齐诗》《逸礼》,皆亡于永嘉时。谓非传经者之罪与? 惟范宁注《穀梁》,稍为有条理。

(二十四)魏、晋之间,汉儒家法尚未尽沦。蜀杜琼治《韩诗》,许慈治《毛诗》《三礼》,胡潜治《丧服》,孟光通《公羊春秋》,来敏、尹默通《左传》,以上皆见《蜀志》。咸守汉人经训。降及晋代,汉学犹存。文立治《毛诗》《三礼》,司马胜之亦通《毛诗》《三礼》。常勖治《毛诗》《尚书》,何随治《韩诗》《欧阳尚书》,研精文纬、星历;王化治《三礼》《公羊》,陈寿治《毛诗》《三传》;李密治《春秋左氏》,博览《五经》;任熙治《毛诗》《京易》,寿良治《春秋三传》,李毅通《诗》《礼》训诂,常宽治《三礼》《春秋》。以上皆见《华阳国志·后贤志》。推之,陈邵撰《周礼评》,崔游撰《丧服图》,董景道治《京易》《马氏尚书》《韩诗》《郑氏礼》,虞喜治《毛诗》《孝经》,以上见《晋书》。足证典午之际,两汉师说,传之者不乏其人。然两汉师法之亡,亦亡于魏、晋。王肃之徒,既与郑氏立异;王弼注《易》,虽舍数言理,然间杂老庄之旨,而施、孟、梁邱、京氏之家法亡矣。皇甫谧之徒,伪造古文《尚书》廿五篇,梅赜奏之,以伪乱真,而欧阳、夏侯之家法亡矣。杜预作《左氏传》,干没贾、服之说,复作《左氏释例》,亦舛误叠呈,而贾、服、郑、颖之家法亡矣。何晏诸人,采撷《论语》经师之说,成《论语集解》,去取多乖,间杂己说,而孔、包、马、郑之旨微矣。郭璞作《尔雅注》,亦干没汉儒之说;《音义》《图赞》,亦逊汉人,而李巡、樊、刘之《注》沦矣。况西晋之时,经生尤多异说。如《三传》各有师法,而刘兆作《春秋调人》七万言,以沟通《三传》之说;又为《左氏传》解,名曰《全综》;作《公羊》《穀梁解诂》,皆纳《经》《传》中,朱书以别之。《左传》为《春秋》古文学,而王接谓《左氏》自是一家言,不主说经。皆见《晋书》。异说横生,已开唐、宋诸儒之说。如赵匡、啖助、刘原父之类。新说日昌,则旧说日废,此施氏、梁邱之《易》,孟、京之《易》尚存。欧阳、夏侯之《尚书》,以及《齐诗》《逸礼》所由亡于永嘉之乱也。大约魏、晋经学与两汉殊,尚排击而鲜引伸,如王排郑,而孙炎、马昭复排王申郑。厥后《诗经》之争,郑、王《左传》之争,服、杜皆互相排击。演空理而遗实诂,如王弼之

《易》,杜预之《左传》是也。尚掇拾而寡折衷,如何晏、江熙《论语集解》,皆多采古人之说,范宁《穀梁集解》亦然。即杜预注《左氏传》,亦名《左传集解》,惟干没古说耳。遂开南朝经学之先。此经学之一大变也。

（二十五）当南北朝时,南、北经学不同。《魏书·儒林传》云:"汉世郑玄并为众经注解,服虔、何休,各有所说。玄《易》《书》《诗》《礼》《论语》《孝经》,虔《左氏春秋》,休《公羊传》,大行于河北,王肃《易》亦间行焉。晋世杜预注《左氏》,预玄孙坦、坦弟骥,于刘义隆世,并为青州刺史,传其家业,故齐地多习之。"是北朝所行者,皆东汉经师之说,而魏、晋经师之说,传者甚稀。《隋书·儒林传》云:"南北所治章句,好尚互有不同。江左《周易》则王辅嗣,《尚书》则孔安国,即《伪古文尚书》。《左传》则杜元凯;河洛《左传》则服子慎,《尚书》《周易》则郑康成。《诗》则并主于毛公,《礼》则同遵于郑氏。"惟未言及何休《公羊》。据此数语观之,则两汉经学,行于北朝;魏、晋经学,行于南朝,夫固彰彰可考矣。盖北朝经学,咸有师承。自徐遵明用《周易》教授,以传卢景裕、崔瑾,景裕传权会,权会传郭茂,而言《易》者咸出郭茂之门。此北朝《易》学之师承也。自徐遵明治《尚书》郑《注》,以郑学授李周仁,而言《尚书》咸宗郑氏。此北朝《尚书》学之师承也。自刘献之通《毛诗》,作《毛诗序义》,以授李周仁、程归则;归则传刘轨思,周仁传李炫,炫作《毛诗义疏》;刘焯、刘炫咸从轨思授《诗》,炫作《毛诗述议》。而河北治《毛诗》者,复有沈重、《毛诗义》《毛诗音》。乐逊、《毛诗序论》。鲁世达,《毛诗章句义疏》。大抵兼崇毛、郑。此北朝《毛诗》学之师承也。自徐遵明传《郑氏礼》,同时治《礼》者,有刘献之、《三礼大义》。沈重。《三礼义》《三礼音》。从遵明受业者,有李炫、祖隽、熊安生。李炫又从刘子猛受《礼记》,从房虬虬作《礼义疏》。受《周礼》《仪礼》,作《三礼义疏》。安生作《周礼》《仪礼义疏》,尤为北朝所崇。杨汪问《礼》于沈重,刘炫、刘焯并受《礼》熊安生,咸治郑氏。此北朝《三礼》学之师承也。自徐遵明传服《注》,作《春秋章义传》,传其业者,有张买奴、马敬德、邢峙、张思伯、张雕、刘昼、鲍长暄,并得服氏之精微。而李炫受《左传》于鲜于灵馥,作《三传异同》。刘焯亦受《左传》于郭茂,咸宗服

《注》。卫翼隆、李献之、乐逊，作《左氏序义》。亦申服难杜。刘炫、作《春秋述异》《春秋攻昧》《春秋规过》诸书。张仲作《春秋义例略》诸儒，亦与杜《注》立异。此北朝《左传》学之师承也。徐遵明兼通《公羊》学，王西庄以《公羊疏》即遵明所作，非徐彦之书也。推之，治《孝经》者有李炫、作《孝经义》诸书。乐逊、作《孝经叙论》。樊深；作《孝经》《丧服集解》。治《论语》者，有张仲、作《论语义》。乐逊、作《论语序论》。李炫，作《论语义》。咸以郑《注》为宗。以上皆见《北史》各本传。足证北朝之儒，咸守师法，有汉儒之遗风，故不为异说奇言所惑，而恪守其师承。若南朝经学则不然。自晋立王弼《易》于学官，虽南齐从陆澄之言，郑、王并置博士，然历时未久，黜郑崇王。梁、陈二朝间，王、郑并崇。说《易》之儒，有伏曼容、作《周易义》。朱异、作《周易集注》。孔子祛、作《续周易集注》。何充、作《周易义》。张讥、作《周易义》。周弘正，然咸以王《注》为宗，复杂以玄学，与北朝排斥玄学者不同。《魏书·李业兴传》萧衍问曰："儒玄之中，何所通达？"业兴曰："少为书生，止习五典。至于深义，不辨通释。"盖"五典"即《五经》，"深义"即玄学也。衍又问太极有无，业兴言："素不玄学，何敢辄酬？"此北朝斥玄学之证。此南朝《易》学不用汉《注》之证也。自梅赜奏伪古文《尚书》，治《尚书》者，咸以伪孔《传》为主。惟梁、陈二朝，兼崇郑、孔。说《书》之儒，有孔子祛、作《尚书义》《尚书集注》。张讥，作《尚书义》。而费甝复为伪古文作《疏》，姚方兴并伪造《舜典孔传》一篇。自云得之航头。此南朝《尚书》学不用汉《注》之证也。江左虽崇《毛诗》，然孙毓作《诗评》，评毛、郑、王三家得失，多屈郑祖王。而伏曼容、作《毛诗义》。崔灵恩、作《毛诗集注》。何充、作《毛诗总义》《毛诗隐义》。张讥、作《毛诗义》。顾越，作《义疏》。亦治《毛诗》，于郑、王二家，亦间有出入。此南朝《毛诗》学不纯用汉《注》之证也。江左于《左传》之学，偏崇杜《注》，间用服《注》。故虞僧诞申杜难服，以答崔灵恩。此南朝《左氏》学不用汉《注》之证也。江左《公》《穀》未立学官，惟沈文阿治之。江左虽崇《礼》学，然何佟之、作《礼义》。王俭、作《礼论抄》诸书。何承天、作《集礼论》。何允、作《礼问答》。沈不害、作《五礼仪》。崔灵恩作《三礼义》。之书，咸杂采郑、王之说，而国家典礼，亦采王肃之言。《魏书·李业兴传》朱异问："洛中委粟山是南郊邪？"业兴曰："委粟是圜丘，非南郊。"异曰："比闻郊、丘异所,是用郑义。我此中用王义。"是江左典礼用王义也。此南朝《三礼》学不用汉《注》之证也。推之,说《论语》者咸宗平叔,说《尔雅》者悉主景纯,足证南朝之儒,咸守魏、晋经师之说,故侈言新理,而师法悉改汉儒。然南方巨儒,亦有研治北学者。严植之治《周易》,力崇郑《注》,其证一也。范宁笃志今文《尚书》,其证二也。王基治《诗》,驳王申郑,陈统亦申郑难孙;孙毓。周续之作《诗序义》,最得毛、郑之旨,其证三也。严植之治《三礼》,笃好郑学;戚衮从北人宋怀方受《仪礼》《礼记疏》,作《三礼义记》,其证四也。崔灵恩作《左氏条义》,申服难杜,其证五也。荀泉作《孝经集解》,以郑《注》为优,范蔚宗、王俭亦信之,其证六也。观此六证,可以知北学之输南方矣。以上皆采《南史》各传。虽然,南方之儒,既研北学,则北方之儒,亦研南学。河南、青、齐之间,儒生多讲王辅嗣《易》。《齐书·儒林传》。此北方《易》学化于南方之始也。刘炫得费甝伪古文《书疏》,并崇信姚方兴之书,复增《舜典》十六字。北方之士始治古文。此北方《书》学化于南方之始也。姚文安治《左氏传》,排斥服《注》。此北方《左传》学化于南方之始也。又如,王逸托言得《孝经》孔《传》,刘炫信为真本,复率意删改,定为二十二章,亦北儒不守家法之一端。北人之学既同化于南人,则南学日昌,北学日绌。南学日昌,则魏、晋经师之说炽;北学日绌,则两汉经师之说沦。此唐修《义疏》所由《易》崇王弼,《书》用伪孔,而《左传》并崇杜《注》也。其所由来,岂一朝一夕之故哉?此经学之又一变也。

（二十六）东周之时,九流之说并兴,然各尊所闻,各欲措之当代之君民,皆学术而非宗教。儒家祖述孔子,然孔门所言之"教",皆指教育而言。如《中庸》:"修道之谓教。"又云:"自明诚谓之教。"郑《注》皆以"礼义"释之。《说文》云:"教,上所施、下所效也。"则古代所谓"教"者,皆指教育、教化而言。故《王制》言"七教",《荀子》言"十教"也。孔子"诲人不倦",即"教"字之确诂。"教"非"宗教"之"教"也。即有"改制"之文,见《春秋繁露》。亦革政而非革教。是则儒家之所宣究者,仅教育学及政治学而已。道家明于祸福,熟于成败,秉要执本,以反玄虚,多与社会之学相符。惟墨家侈言鬼神,阴阳家侈言术数,则仍沿古代相传之旧教也。特上古之时,社会蒙昧，崇信神仙。然神仙之术，各自不同。以天、地、神祇，咸有主持人世之权，是为神术；以人可长生不死，变形登天，《说文》"真"字下云："仙人变形而登天也。"是为仙术。神仙家言，后世咸托之黄帝。如黄帝接万灵，合符釜山，此黄帝之神术也。《史记·封禅书》言黄帝乘龙上天，而《黄帝本行记》《轩辕黄帝传》所言黄帝询于容成、询于广成子，皆黄帝之仙术也。然一切术数之学，如占验、蓍龟各派，皆由神术而生者也；一切方技之学，如医药、房中各派，皆由仙术而生者也。何则？迷信神术，斯自诩通灵。"通灵"者，自诩仰承神意者也。自诩通灵，斯有占验、蓍龟之学。迷信仙术，斯希冀长生。希冀长生，斯有医药、房中之学。希冀长生，不能不筹保身之法，而一切房中、医药之学兴。是中国古代之书，咸与神仙家言相表里，然固与儒、道二家无涉也。然儒家侈言古礼，而礼有五经，莫重于祭。《礼记·祭统篇》。又，《说文》言"礼"字从"示"、从"豊"。"示"者，上帝及日、月、星也。"豊"者，祭器也。是中国古代之时，舍祭礼而外，固无所谓"礼"也。因尊崇祭礼，不得不言及祀神。孔子以敬天、畏天为最要，故言"祭神如神在"，又言"获罪于天，无所祷也"。而《礼记》四十九篇中，载孔子所论祭礼甚多，则孔子之信鬼神，咸由于尊崇祭礼之故矣。此儒家之书所由杂糅神术也。道家特重养身，以本为精，以物为粗，澹然独与神明俱。《庄子·天下篇》论老聃、关尹语。自外其形骸，不得不独崇其真宰。如《老子》言"玄牝之门，是为天地根"是。自《老子》言"谷神不死"，而庄、列之流，皆以身处浊世，咸有厌弃尘世之怀，往往托言仙术，以自寄其思。如《庄子》言黄帝问道，《列子》言黄帝游华胥国及西极化人是也。此道家之书所由托言仙术也。又，道家言仙术，又有一因。昔老子为隐君子，莫知所终。后人遂创为升仙、化胡之说，刘向《神仙传》遂列之于神仙中矣。然儒家不言仙术，道家不信鬼神，则神、仙之说，固未尝合之为一也。且春秋以降，神仙之说盛行。苌弘射狸首以致诸侯，秦伯祠陈仓而获石，赵襄祠常山而获符，皆属神术，即古人神道设教之遗意也。后世符箓派本之。萧史、弄玉之上升，见《列仙传》。齐侯言"古者不死，其乐若何"，《左传·昭公二十年》。皆属仙术，即秦、汉君主求仙之权舆也。后世丹鼎派本之。屈原《离骚》言"西征"，言"登阆风、遵赤水"；《远游篇》言"承风"，言"贵真人"，言"登仙"，言"赤松""韩众"，则与庄、列之托言仙术同旨。自邹衍论始终五德之运，为秦皇所采用,而宋毋忌、正伯侨、充尚、羡门高及燕人为方、言仙者,咸依于鬼神之事,是为神、仙合一之始。以上见《史记·封禅书》。始皇使卢生入海求仙,归奏亡秦之兆。《史记·秦本纪》。夫五德之运、亡秦之兆,咸近符箓之言。此神术杂入仙术之证,亦谶纬出于仙术之证也。又,汉人公孙卿言黄帝游山,与神会,且战且学仙,百馀年后,乃与神通。《史记·封禅书》。而始皇禅梁父,封太山,亦采太祝祀雍之礼,《史记·封禅书》。则以求仙必本于祀神,而祀神即所以求仙。既重祀神,不得不崇祀神之礼,而古代祀神之典,咸见于儒书。欲考祭礼,不得不用儒生,而一二为儒生者,咸因求仙而致用,亦不得不审仙术于儒书。始皇因卢生亡去而坑诸生,则卢生亦诸生之一矣。又,扶苏言“诸生皆诵法孔子”,则诸生皆奉儒家之说矣。又使博士为《仙真人诗》。《史记》。张苍为秦柱下史,传《左氏春秋》,而其书列于阴阳家。《汉书·艺文志》。张良从仓海公学《礼》,或以仓海公为神仙,则秦儒之诵法儒家者,咸杂神仙之说矣。盖儒家不言求仙,惟言祀神之礼。秦人以祀神为求仙之基,由是儒生之明祀礼者,咸得因求仙而进用。汉代亦然。观公玉带献《明堂图》,倪宽草封禅礼仪,《史记》。司马相如作《封禅文》,《史记》。咸因汉武求仙之故。虽然,秦皇求仙,仅重礼仪;汉武求仙,兼言符瑞,而儒书多言受命之符,如孔子言“有大德者必受命”。推之,《书·太誓》言赤乌之瑞,《诗》言文王受命之符及稷、契感生之说,《春秋》家言孔子受命及赤血之书,皆其证也。其说与邹衍之书相近。为符箓派。故儒生之言礼仪者,一变而为言符瑞。言礼仪,出于祀神;言符瑞,亦出于祀神。而汉儒言符瑞,则由逢迎人主之求仙。观倪宽言黄龙之瑞,非因人主之封禅而何?厥后,求仙之说衰,而言符瑞者,乃一变而侈言谶纬,故谶纬起于哀、平之间。谶纬之书,言神术而不言仙术,言符箓而鲜言丹鼎,由是神、仙二派,由合而分。若道家之说,虽甚行于西汉之初,然黄老清净无为,仅以推行于治术,未尝据此以求仙。惟刘安治道家言,慕游仙之术,刘向《列仙传》。作《淮南子》一书,多祖述庄老,而枕中《鸿宝》《秘书》,则言重道延年之术,刘向以为奇。刘向本传。盖刘安求仙,为丹鼎派,故近于道家;汉武求仙,为符箓派,故兼用儒书。刘向传刘安之说,故所作《列仙传》,亦言重道延年之术,于封禅、明堂之说,禁不一言。盖丹鼎派之求仙,与符箓派之求仙不同,惟祖道家之养生,不杂儒家之神术,诚以道家不信神术,固无所谓符箓也。汉桓帝好神仙,祠老子,亦丹鼎派也。及东汉时,复有风角、九宫之学。其学出于古代之杂占,亦为儒生所崇信。如何休作《风角训注》,郑君亦信九宫之说是。然自矜灵秘,或与符箓之说相符。若王乔、费长房之流,皆以幻说愚民,与刘向所记列仙略近。惟张角、张道陵之徒,以符箓召鬼神,而托名老聃之说,是为符箓派窜入道家之始。符箓窜入道家,则神术亦窜入于道家。是秦、汉之交,以仙术杂神术;而东汉之末,则又以神术杂入仙术也。自是厥后,以异说窜入道家者,计有三派。一曰丹鼎。东汉灵帝既崩,北方异人,咸集交州,多为神仙、辟谷、长生之术,时人多有学者。《牟子理惑论序》。此派一也。一曰玄理。王弼、何晏,喜言老、庄。至于晋代,而清谈之风益盛,注《老》《庄》者踵相接。见第七册。此一派也。一曰符箓。二张既殁,其徒传播四方。魏、晋以来,流为五斗米教,以驱召鬼神自标其帜。王凝之奉之以丧师,孙恩奉之以作贼。此又一派也。自葛洪著《抱朴子》,多言延命、养生之术,并及丹药之方,于仙经而外,兼列神符,以证却祸禳邪之法。此符箓派杂入丹鼎派之始也。《抱朴子·外篇》则又与《淮南》相近。两晋之时,有孙绰、许珣、王羲之,皆喜谈玄理,如孙绰《遂初赋》、羲之《兰亭诗》,皆杂老、庄之理。又好服色养生之术。见《晋书》王羲之等传。此丹鼎派杂入玄理派之始也。梁人陶弘景,隐居华阳,作为文章,多祖述清净无为,俱见《陶隐居集》。然笃信养生之术,如烧丹药及信黄白之术是。兼以神术示其奇。此符箓、丹鼎、玄理三派合一之始也。魏寇谦之亦为符箓派正宗。呜呼! 道家不信鬼神,自符箓派杂入道家,而道家有鬼神;儒家不言仙术,自魏伯阳作《参同契》,假爻象以说丹经,厥后,陈抟、邵雍、朱子皆信之。致丹鼎派杂入儒家,而儒家有仙术。若何晏、王弼以玄理说经,亦儒、道二家合一之证。且当此之时,非唯淆乱儒、道二家之学派也。自南朝顾欢、张融以孔、老皆为宗教,以道教目老聃,以儒教尊孔子,复以儒、道与佛教相衡,称为"三教"。见《夷夏论》及《齐书·传赞》。夫宗教之名,非唯老子所不居,抑亦孔子所未言也,何得目之为宗教? 又安得尊之为教主哉? 此则不知正名之故也。

（二十七）自王莽之臣景显，从月氏使者受佛经，是为中国知佛经之始。或言霍去病取休屠金人，即佛像，未知确否。明帝遣使至西域，得佛经四十二章，并以西僧即迦叶摩腾、竺法二人。归中国，使之从事于译经。并建白马寺以处之。是为中国译佛经之始。至牟融锐志佛道，著《理惑论》三十七篇。所论之语，不越四十二章经，然以佛典与《老子》并衡，并以佛教为不悖于儒，是为老、释并称之始。故汉末之道教，多缘饰佛典之言。如张角之言劫运，如言"黄天已死"是。即缘饰佛典浩劫之说者也；唐人作《老子碑》，全言浩劫之说，亦多袭佛书。张角号"太平道"，令病者跪拜首过，《汉书》。即缘饰佛典熏修之说者也。如《抱朴子》亦令人累德积善。张角之时，青、徐八州之人，莫不毕应，或弃卖财产；而张鲁亦令从教之民，纳米五斗，《后汉书·列传》。即缘饰佛典布施之说者也。推之，道教言长生，而佛教亦言不灭；道家言符咒，如张角以符水疗疾是。而佛家亦有咒词。密宗输入中国，虽始于唐代，然据《牟子》，则佛家已言符咒矣。故汉、魏以来，无识愚民，咸老、释并尊，又以崇奉多神、拜物者，参入老、释二家之说。自袁了凡兴，而人民迷信天道福善祸淫者愈众。此中国愚民所奉宗教之大略也。盖汉、魏之时，佛教入中国者，多属浅显之书，故道教者得佛教之粗者也；唐、宋以来，佛教入中国者，悉属精微之语，故宋学者得佛教之精者也。且魏、晋以前，学士、大夫往往据《五经》之文，斥佛经为异术；《居士传》。晋代以降，律宗、自三国时，印度人昙科迦罗来洛阳，译《戒律》。其后，姚秦僧觉明通《戒律》，魏僧法聪讲《四分律》，皆律宗入中国之始。三论宗、此派兼讲《大乘》。自鸠摩罗什译《三论》，即《中论》《百论》《十二门论》也，弟子道济讲演之。净土宗、此派始于晋僧惠远，以希望生净土为宗。禅宗，自达摩入中国，始传此派。以不立文字，故亦号"心宗"！皆由天竺输中国。然中国人民尊崇佛教，厥有二因。北朝之人尚祷祈。当东汉时，象教初兴，王公贵人，祷祀祈福者日众。《居士传》。若佛图澄、鸠摩罗什，虽于北方译经典，然河北人民，鲜知《大乘》。北魏、北齐虽崇佛教，然舍立僧寺、魏国寺院共三万馀。设戒坛魏国僧尼共二百万。外，不过行祷祀之礼而已。盖古代最重祀神之典，苟有可以祈福者，皆日事祷祈。此佛教所由见崇信也。南朝梁武帝亦舍身佛寺中。其故一。南朝之人尚玄理。东晋之时，王羲之、王珉、许询、习凿齿，各与緇流相接，而谢安亦降心支遁，大抵名言相永，自标远致，而孙绰、作《喻道论》。谢庆绪作《安般守意经序》。之文，亦深洞释经之理。自惠远结白莲社，虽标净土之宗，然刘程之、宗少文、雷仲伦之流，咸翱翔物外，息心清净，而齐萧子良、梁萧统，则又默契心宗。盖魏晋崇尚玄言，故清谈之流，咸由老、庄参佛学，其故二。有此二因，此六朝以降，佛教所由盛行与？

（二十八）江都汪氏作《讲学释义》，以"讲"为"习"，谓古人学由身习，非以群居终日、高谈性命为讲学。谓《左传》言"孟僖子病不能相礼，乃讲学之"，"讲学"犹言习学也。又谓孔子言"学之不讲，是吾忧"，"学"谓礼、乐也，故孔子适宋，与弟子习礼大树下。说未尽然。案，"讲"字从"言"，则"讲"为口传之学，非身习之学，彰彰明矣。故两汉之时，咸有讲经之例，即石渠阁、宣帝甘露三年，诏诸生讲《五经》同异，萧望之等平奏其议。又，施雠论《五经》于石渠阁，皆见《前汉书》。白虎观章帝建初三年，诏博士、议郎、郎官及诸生、诸儒，会白虎观，讲议《五经》同异，使五官中郎将魏应承制问，侍中淳于恭奏，帝亲称制临决，作《白虎奏议》，见《后汉书》。即今所传《白虎通义》是。所讲是也。盖以经术浩繁，师说互歧，故折衷群言，以昭公论。此即后世讲学之权舆也。魏、晋而降，士尚清谈，由是以论辨老、庄之习，推之于说经。至于梁代，而升座说经之例兴矣。如武帝召岑之敬升讲座，论难《孝经》；《岑之敬传》云："武帝召之敬升讲座，敕朱异执《孝经》，唱'士孝'章，帝亲与论难。之敬剖释纵横，而应对无滞。"简文亦与张讥讲论，而周弘正复登座说经。《张讥传》云："简文为太子时，出士林馆，发《孝经》题，张讥论议往复，甚见嗟赏。其后周弘正在国子监，发《周易》题，讥与之论辨。弘正谓人曰：'吾每登座，见张讥在席，使人懔然。'"推之，戚衮说朝聘之仪，《戚衮传》云："简文使戚衮说朝聘仪，徐摛与往复，衮精采自若。"沈峻讲《周官》之义，《沈峻传》云："沈峻精《周官》。开讲时，群儒刘岩、沈熊之徒，并执经下座，北面受业。"《南史·列传》与《梁史》同。张正见请决疑义，《张正见传》云："简文尝自升座说经，正见预讲筵，请决疑义。"崔灵恩解析经文，《崔灵恩传》云："自魏归梁，为博士，拙朴无文采，惟解析经义，甚有情致，旧儒重之。"袁宪递起义端，《袁宪传》云："宪与岑文豪同候周弘正，弘正将登讲座，适宪至，即令宪树义。时谢岐、何妥并在座，递起义端，宪辨论有馀。到溉曰：'袁君正有后矣。'"鲍少瑜辩捷如流。《鲍少瑜传》云："鲍皦在太学,有疾,请少瑜代讲。瑜善谈吐,辩捷如流。"伏曼容说经,生徒数百;《伏曼容传》云："宅在瓦官寺东,每升座讲经,生徒听者,咸有数十百人。"严植之登席,听者千馀。《严植之传》云："植之通经学,馆在潮沟,讲说有区段次第。每登讲,五馆生毕至,听者千馀。"此皆升座说经之证也。说经而外,兼说老、释之书。《梁史·顾越传》云："武帝尝于重云殿自讲《老子》,徐勉举顾越论义。越音响如钟,咸叹美之。"《戚衮传》云："简文在东宫置宴,玄、儒之士毕讲。"《马枢传》云："邵陵王纶讲《大品经》,马枢讲《维摩》《老子》,同日发题,道、俗听者二千人。王谓众曰:'马学士论义,必使屈伏,不得空具。'主客于是各起辩论,枢则转辩不穷,论者咸服。"是梁人于《六经》而外,兼讲老、佛也。虽为口耳相传之学,然开堂升座,颇与太西学校教授法相符。讲学之风,于斯为盛。窃谓南朝说经之书,有讲疏、如梁武帝《周易讲义》《中庸讲疏》是也。义疏此体甚多,其详见第八册。二体。"义疏"者,笔之于书者也;"讲疏"者,宣之于口者也。如今演说稿及学堂讲义是。至隋人平陈,敦崇北学,北朝说经之书,无讲义一体。士尚朴讷,不复以才辩逞长,而士大夫之讲学者鲜矣。然学必赖讲而后明,故孔子以"学之不讲"为己忧。乃近儒不察,力斥南朝讲学之风,赵氏《廿二史札记》斥之最力。岂不惑与?

（二十九）东汉以降,学术统一,墨守陈言。其有独辟新想者,其惟南朝之玄学乎?考"玄"字之名,出于《老子》。《老子》曰："故常无欲,以观其妙;常有欲,以观其徼。此两者同出而异名,同谓之玄。玄之又玄,众妙之门。"河上公《注》云："玄,天也。言有欲之人与无欲之人,同受气于天。"此误解老氏之文也。案,"常无欲,以观其妙"二语,"欲"字作"思"字解,"常无""常有"为对待之辞,犹言"常无,所以观其妙;常有,所以观其徼"也。"两者同出而异名","两"即有、无也。"玄"者,即指有、无未分之前言也。《易》言阴、阳,即《老子》之有、无,乃相对之辞也。又言"阴阳生于太极","太极"者,即绝点之词也。《老子》以"有""无"二字代阴、阳,以"玄"字代太极。所谓"真宰""真空",即"玄"之义也。佛家言"真如",亦"玄"字之义也。"玄"与"空"同,"玄之又玄"犹言"空之又空"也,非指"有欲""无欲"言,故又言"玄牝"。而杨雄著书,亦曰"太玄",则"玄"字之义,与《大易》所言"极深研几"相符。"玄学"者,所以宅心空虚,静观物化,融合佛、老之说,而成一高尚之哲理者也。玄学之源,基于正始。正始之初,学士大夫咸崇庄、老。如何晏、王弼是也。至于西晋，流风未衰，竞相祖述。如《晋书》王敦见卫玠，谓长史谢鲲曰："不意永嘉之末，复闻正始之音。"又言沙门支遁，以清谈著名于时，莫不崇敬，以为造微之功，足参诸正始。《宋史》言羊玄保有二子，太祖谓之曰："羊令卿二子，有林下、正始遗风。"《南齐书》言袁粲言于帝曰："臣观张绪，有正始遗风。"是正始时代，为玄学起源，故干宝《晋纪论》曰："学者以老、庄为宗，而黜《六经》。"《晋书·儒林传》亦曰："摈阙里之典经，习正始之馀论。"然当此之时，玄学之名，仅该庄、老。东晋以降，佛教日昌，学士大夫兼崇老、佛，而玄学范围愈扩，遂与儒学并衡。昔宋何尚之定学制，析玄学、儒学为二科，盖伦理、典制该于儒学之中，而玄学所该，则哲学、宗教、心理是也。玄与儒分，此其证矣。又，《齐书·刘瓛传》云："晋尚玄言，宋尚文章，故经学不纯。"《宋书·王微传》云："少陶玄风，淹雅修畅，自是正始中人。"《北史·儒林传》亦曰："梁张讥好玄言。"亦玄学别为一科之证。吾尝溯玄学所从起。大约两汉之学，咸主探赜，此学术之主积极者也；魏、晋之学，咸主虚无，此学术之主消极者也。至何晏、王衍，谓天地万物，以无为本；《晋书·王衍传》。而王弼之答裴徽也，亦曰"圣人体无"。《世说》载，裴徽问王弼曰："圣人不言无，而老子申之，何也？"弼曰："圣人体无，无又不可以训，故言必及有。老、庄未免于有，恒训其所不足。"推之，刘伶上"无为"之书，见《晋书·刘伶传》，而《通鉴·魏纪》亦曰："竹林七贤皆崇尚虚无，轻蔑礼法。"司马彪申"无物"之旨，见《庄子注》。是魏、晋学术，揭"无"字以为标。由是，反对此派者，则又揭"有"字以为标。此裴颜《崇有论》所由著也。《晋书》本传。又，正始以降，治玄学者，矜浮诞而贱名检，以与儒学相诋排，如阮籍作《大人先生传》，斥世之礼法君子，如虱处裈。阮咸纵酒昏酣，而毕卓、光逸、胡毋茂之、谢鲲之流，俱矜高浮诞，以宅心事外云。盖即庄列、杨朱之乐天学派也。而儒林之士，复有反对此派者，则又标礼教以为宗。此江惇《崇检论》、刘寔《崇让论》所由著也。皆见《晋书》本传。若范宁、卞壶、应詹之流，亦属此派。是为两派竞争之始。东晋以降，革浮诞之习，标清远之言。由是，儒、玄之争，仅辨析学理一端而已，如应詹、顾荣辨论太极，消极、积极，二派并衡，然争辨之书，不越孔、老。至孙绰、许珣栖心释典，以释迦"贵空"之论，或与老氏相符，故玄学之中，隐该佛理。观孙绰作《喻道论》，以佛为本，以儒为用，折衷于二者之间，然以道体为无为，则仍与王、何之论相合。此当日学术之一大派也。又，谢庆绪注《安般守意经》，以"意"为众恶之萌基，欲于意念未起之时，观心本体。若莲社诸公，虽息心净土，如刘遗民、宗少文、周道祖、卢仲伦、张莱民、张秀实、毕士颖诸人是。然王乔之作《三昧诗》，谓"妙用在兹，涉有览无，神由昧澈，识以照粗"；而慧远禅师为作《诗序》，谓"寂想专思，即为三昧"，又谓"思专则志一不分，想寂则气虚神朗"。遂开李翱"复性"之先，兼生朱子"观心"之说。此实宋明心理学之滥觞也。而宗少文亦言："一切诸法，从意生形。必心与物绝，其神乃存。"又，宗少文作《神不灭论》，饰宗教"灵魂不死"之说，而易"灵魂"为"玄神"，以为玄神之于人，先形而生，不随形而死。此则宗教与哲学相融，而别成为一派者也。若何尚之答宋文帝之问，以为"政崇玄化，则俗厚刑轻"，文帝以为然，则又由玄学而推之政治学矣。且当此之时，学崇心得。偶持一义，则他人或别持一义以难之；两说相歧，则他人或创一说以融之。如齐张融作《门律》，谓道之与佛，致本则同，达迹成异；而周彦伦则作论以难之，谓佛教"照穷法性"，即道家"义极虚无"，当以非有、非无为极则。梁道士某造《三破论》，排抑佛、道，而刘勰则作《灭惑论》以斥之，至谓"孔、释教殊而道契，梵、汉语隔而道通"。又，齐顾欢作《夷夏论》，意在抑佛伸老，而明休烈则作论以诋之，谓"孔、老设心，与佛教同"。非惟学术之竞争，抑且宗教之竞争矣。且学术既分，虽纯驳不同，要皆各是其所是。如陈僧大心暠著《无诤论》，以为佛家三论，立说非歧；而傅宜事则著《明道论》以难之，以为解说既异，必当分析其是非。梁范缜著《神灭论》，以不生不灭之说为非；而萧琛、曹思文、刘山宾咸立义以难范缜，以申不灭之旨。此皆哲理学之各立宗派者也。推之，梁昭明与慧超相询，陆法和与朱元英争辨，各持一义，互有异同，较周末诸子之自成一家言者，岂有殊哉？盖梁代之时，心宗之说，播入中邦，故玄学益精，如梁武问魏使李业兴："儒玄之中，何所通达？"业兴谓："少为诸生，止习五典。至于深义，何敢通释？"盖以玄学为"深义"也。撷佛、老之精英，弃儒家之糟粕，不可谓非哲学大昌之时代也。如顾越讲《老子》，邵陵王讲《大品经》，张讥于武德殿讲老、庄，是皆讲佛、老之学者也。

又考陆氏《经典释文》，则为《老子》作《注》者，汉时不过河上公、毋丘望、严遵三家；三国、六朝，注之者竟四十二家；《庄子》则汉人无注，自晋至陈，注之者竟有十五家，足见其时《老子》学之盛行矣。若夫齐戴容作《三宗论》，何胤注《百法论》《十二门论》，刘勰定定林寺《经藏》，萧子良著《净住子》，足证其时佛学之盛行矣。惟老、佛之学盛行，故士大夫所辨论者，在学理而不在教宗，与愚民之迷信道教、佛者者迥殊。故太极、无极之论，非始于濂溪，实基于梁武；《魏书·李业兴传》谓，梁武以太极有无问业兴，此亦梁代哲学之一端也。克欲断私之意，非始于朱子，实基于萧子良；《净住子》一书，其大旨在于求放心，而欲求放心，必先克抑私情，以远嗜欲。本来面目之说，非始于阳明，实基于傅翕。傅翕著《心王铭》，谓观心空王，不染一物。而王阳明言良知，亦谓"圣人之道，吾性自足"。且因学术辨争之故，而论理之学日昌，守佛典因明之律，开中邦辩学之端。故《南史》之记玄学也，或称"义学"，《何胤传》。或称"名理"，《周彦伦传》。岂专务清谈者所能及哉？乃隋代以降，玄学式微。宋儒侈言性理，亦多引绪于南朝，惟讳其己说所从来，反斥玄学为清虚，朱子曰："六朝人佛学，只是说，只是清言家数而已，说得来却清虚惹厌。"馀说甚多。致南朝玄学，湮没不彰，而中邦哲理之书，遂不克与西人相勒，谓非后儒之罪与？故即南朝学术之派别，辨别异同，以考见当时之思想焉。

（三十）由隋入唐，数十年中，为中邦学术统一之期。何则？北朝人士，学崇实际，无复精微深远之思，故诋排玄学。观李业兴对梁武帝可见。又，魏、周君臣，伪崇儒学，如魏孝文重儒学，建学官，用经生；而北周又崇尚《周官》，用熊安生、沈重诸经师，皆其证也。以悦北土之民。而道、释之书，则视为宗教，撷其粗而遗其精，故哲理之学，旷然无闻。北朝学术，惟颜之推正名辨物，近于名家；贾思勰著《齐民要术》，近于农家，馀咸不足观。至于隋代，益尚儒书，荡定南朝，屏革清谈之习，故南朝玄学，一蹶而不复振兴。盖儒学统一之由，一因隋文建立黉序，征辟儒生，开皇五年，诏征山东义学之士马光等六人，一时经师，并在朝列。故承其风者，莫不尚儒术而轻玄理。一因隋代之时，以科举取士，故士习空疏，而穷理之功，致为诗赋词章所夺。此儒学而外，所由不立学派也。况当此之时，牛弘、牛弘治儒术。开皇朝，奏开献书之路。又修撰《五礼》百卷，为隋代儒林之冠。二刘刘绰、刘炫，皆治经学，集其大成，兼通历数。以儒学倡于朝；而文中子之徒，复以儒学倡于野。王通少通《六经》，以圣人自居，弟子千馀人。所著之书，名《文中子》，大约效杨雄《法言》，以躬行实践为本，尊儒术而斥异端，即唐韩愈、宋孙复等学术之所从出也。朱子称其"颇有志于圣贤之道"，即指此言。唐代学派，已于隋代开其端。如唐贾、孔为诸经作《疏》，本于二刘；韩愈作《原道》，本于《文中子》。是唐人之学，大抵始于隋代之时也。自是以还，学术之途日狭，而好学深思之士，不可复睹矣。

（三十一）汉代之时，立经学于学官，为经学统一之始。唐代之初，为《五经》撰《正义》，又为注疏统一之始。汉崇经学，而诸子百家之学亡；唐撰《正义》，而两汉、魏晋、南北朝之经说，凡与所用之《注》相背者，其说亦亡。故《正义》之学，乃专守一家、举一废百之学也。近世以来，说经巨儒渐知孔氏《正义》之失。阎百诗之言曰："秦、汉大儒，专精雠校、训诂、声音。魏、晋以来，颇改师法，《易》有王弼，《书》有伪孔，杜预之《春秋》，范宁之《穀梁》，《论语》何晏《解》，《尔雅》郭璞《注》，皆昧于声音、训诂，疏于校雠者也。疏于校雠，则多讹文脱字，而失圣人之本经；昧于声音、训诂，则不识古人语言文字，而失圣人之真意。若是，则学者之大患也。隋、唐以来，如刘焯、刘炫、陆德明、孔颖达等，皆好尚后儒，不知古学，于是为《义疏》、为《释文》，皆不能全用汉人章句，而经学有不明矣。"臧琳《经义杂记序》。方东树以此文为伪撰，恐未必然。段若膺之言曰："魏、晋间，师法尚在。南北朝时，说经义者虽多，而罕识要领。至唐人作《正义》，自以为六艺所折衷，其去取甲乙，时或倒置。"臧琳《经义杂记序》。江艮庭之言曰："唐初，陆、孔专守一家，又偏好晚近。《易》不用荀、虞而用王弼，《书》不用郑氏而用伪孔，《左氏春秋》则舍贾、服而用杜预。汉学之未坠，惟《诗》《礼》《公羊》而已。《穀梁》退麋氏而用范氏《解》，犹可也。《论语》用何晏，而孔、包、周、马、郑之《注》仅存；《尔雅》用郭璞，而刘、樊、孙、李之《注》尽亡。尤可惜者，卢侍中《礼记注》，足与康成媲美，竟湮没无传。承斯学者，欲正经文，岂不难哉？"臧琳《经义杂记序》。江郑堂之言曰："唐太宗命诸儒萃章句为注疏，惜乎孔冲远之徒，妄出己见，取去失当。《易》用辅嗣而废康成，《书》去马、郑而信伪孔，《穀梁》退麋氏而进范宁，《论语》专主平叔，弃珠玉而收瓦砾。"《汉学师承记·自序》。沈小宛之言曰："孔冲远奉勅撰定《五经正义》，以昏髦之年，任删述之任。观其尚江左之浮谈，弃河朔之朴学，《书》《易》则屏郑家，《春秋》则废服义。"先曾祖《左传旧疏考证·序》。就诸家之说观之，大抵谓六朝经学，胜于唐人；以六朝南、北学相较，则北学又胜于南，以北人宗汉学，而南人不尽宗汉学也。至冲远作疏，始轻北而重南，传南而遗北，而汉学始亡。其固不易之确论，然自吾观之，则废黜汉注，固为唐人《正义》之大疵，然其所以贻误后世者，则专主一家之故也。夫前儒经说，各有短长。汉儒说经，岂必尽是？魏、晋经学，岂必尽非？即其书尽粹言，岂无千虑而一失？即其书多曲说，亦岂无千虑而一得乎？西汉儒林，虽守家法，然众家师说不同，纷纭各执。学官所立，未尝偏用一家言也。北朝儒士，亦耻言服、郑之非。然当时南学尚存，北儒虽执守精专，未尝立己说为说经之鹄也。至冲远作疏，始立"正义"之名。夫所谓"正义"者，即以所用之注为正，而所舍之注为邪，故定名之始，已具委弃旧疏之心。故其例必守一家之注，有引伸而无驳诘。凡言之出于所用之注者，则奉之为精言；凡言之非出于所用之注者，则拒之若寇敌，故所用之注，虽短亦长；而所舍之言，虽长亦短，甚至短人之长、长己之短。故自有《正义》，而后六朝之经义失传。且不惟六朝之说废，即古说之存于六朝旧疏者，亦随之而竟泯。况《正义》之书，颁之天下。凡试明经，悉衷《正义》。《旧唐书》云："贞观七年，颁新定《五经》于天下。永徽四年，颁孔颖达《五经正义》于天下，每年明经，依此考试。"是《正义》之所折衷者，仅一家之注；而士民之所折衷者，又仅一家之疏。故学术定于一尊，使说经之儒，不复发挥新义。眯天下之目，锢天下之聪，此唐代以后之儒，所由无心得之学也。向使冲远作疏，不复取决于一家，兼采旧说，衷取损益，进退众义，不复参私意于其间，则隋唐以前之经说，或不至湮没不彰。乃竟师心自用，排黜众家，或深文周内，或显肆雌黄，岂非儒林之恨事哉？不惟此也，冲远《正义》，非惟排黜旧说也，且掩袭前儒之旧说，以讳其所从来。阮芸台之言曰："唐初诸经《正义》，无不本之南北朝人。或攘或掩，实存而名亡。"沈小宛之言曰："冲远之书，吹毛求疵，剜肉为创。掇前儒所驳之短，以诬彼短；袭前儒所解之长，以矜己长。割裂颠倒，剽窃博揽。"先曾祖《左氏传旧疏考证·序》。
黄春谷之言曰："孔氏之书，进退众义，而不复更举其人。至如《礼记疏》
间涉熊、皇，而体段蓥然不见；《毛诗疏》空言焯、炫，而标著阒然无闻。
虽复肃、毓时陈，崔、卢偶掇，然疏中精谊之出于谁何，只成虚粕。又况
《左传》之颠倒弥甚矣。"先曾祖《左氏传旧疏考证·序》。故先曾祖孟瞻先
生作《左氏传旧疏考证》，谓《左传正义》经唐人所删定者，仅驳刘炫说
百馀条，馀皆光伯《述议》也。乃削去旧疏之姓，袭为己语，反复根寻，
得实证百馀条。又谓他疏上下割裂，前后矛盾，亦可援《左疏》类推。
先祖伯山先生承之，复作《周易》《尚书旧疏考正》，而唐人干没旧疏之
迹，显豁呈露，则冲远说经，无一心得之说矣。以雷同剿说之书，而欲使
天下士民奉为圭臬，非是则黜为异端，不可谓非学术之专制矣。故孔冲
远《五经正义》成，而后经书无异说；颜师古《五经定本》立，而后经籍
无异文。非惟使经书无异说也，且将据俗说以易前言；非惟使经籍无
异文也，且将据俗文以更古字。后之学者，欲探寻古义，考证古文，不
亦难哉？盖唐人之学，富于见闻而短于取舍，故所辑之书，不外类书一
体。《括地志》者，地学之类书也；《通典》者，史学之类书也；《文苑英
华》者，文学之类书也；《法苑珠林》者，佛典之类书也。盖富于见闻，则
征材贵博；短于取舍，则立说多讹。且既以编辑类书为撰述，故为经作
疏，亦用纂辑类书之例，而移之以说经。此《五经正义》之书，所由出于
剿袭，而颠倒割裂，不能自成一家言也。唐人修《晋书》《隋书》，亦多出剿袭。
而颜师古《前汉书注》、章怀太子《后汉书注》，其攘窃与《五经正义》同。而犹欲颁
为定式，非趋天下士民于狭陋乎？故自《五经正义》颁行，而后贾氏疏
《仪礼》《周礼》，徐氏疏《公羊》，杨氏疏《穀梁》，亦用孔氏之例，执守
一家之言，例不破注。即宋儒孙奭疏《孟子》，朱子以为系邵武士人所作，伪
托名于孙奭。邢昺疏《尔雅》《论语》《孝经》，咸简质固陋，以空言相演，
至与讲章无殊，不可谓非孔氏启之也。况学术既归于统一，以遏人民之
思想，则一二才智之士，不得不以己意说经，而穿凿附会之习开。故唐
成伯玙作《毛诗指说》，以《诗序》为毛公所续，遂开宋儒疑《序》之先；
而赵匡、啖助、陆淳、作《春秋集传纂例》及《春秋微旨》。卢仝，韩昌黎赠之诗曰：

"《春秋三传》束高阁,独抱遗经相终始。"复掊击《三传》,荡弃家法,别成一派。而玄宗又改《礼记》旧本,以《月令》为首篇,无知妄作,莫此为甚。即韩愈、李翱,亦作《论语笔解》,缘词生训,曲说日繁。此皆以己意说经之书也。盖《正义》之失,在于信古过笃。惟信古过笃,故与之相反者,即以蔑古逞奇。故唐人说经之穿凿,不可谓非孔氏《正义》之反动力也。夫孔氏《正义》既不能持经说之平,则唐人经学之稍优者,惟陆德明《经典释文》,旁采古音,不尚执一。汉儒古注,其片言只字,或赖此而仅存,岂可与孔氏之书并斥乎? 又,《经典释文》而外,若李鼎祚《周易集解》,汇集群言,发明汉学,有存古之功;而李元植作《三礼音义》,王恭作《三礼义证》,亦详于制度典章,皆唐代经生之翘楚也。自是以降,经学愈微,而学术亦日衰矣。

(三十二)唐人之学,大抵长于引征,寡于裁断。所著之书,以刘氏《史通》、颜氏《匡谬正俗》为最精。然唐人之学,亦有数端。一曰音韵。韵学始于齐、梁。自沈约明四声,而吕静、夏侯该递有述作。隋人陆法言复有《广韵》之辑,以定南北之音。至于唐代,有长孙讷言之笺,有郭知玄之坿益;而孙愐复广加刊正,名曰《唐韵》,遂集韵学之大成。二曰地志。自盛弘之作《荆州记》,常璩作《华阳国志》,潘岳有关中之记,陆机垂洛阳之书,然所详者,仅偏隅耳。至于唐代,魏王泰辑《括地志》,而李氏吉甫复撰《元和郡县志》,于九州土宇,考其沿革,明晰辨章,并旁及山川、物产。后世地志多祖之,遂集地学之大成。三曰政典。自《史记》列"八书",而史官修史,咸有"书志"一门,然皆断代为史,所详者仅一代之政耳,未有酌古知今,以观其会通者。至唐杜佑作《通典》,上起三代,下迄隋、唐,勒为一编。阅此书者,可以睹往轨而知来辙。此唐人之功也。四曰史注。自裴骃作《史记集解》,裴松之作《三国志注》,补缺匡违,厥功甚伟。惟班、范史书,注无全帙。唐人注班书者有颜氏师古,注范书者复有章怀太子贤,虽说多剿袭,然故训赖以伸明,而遗闻琐事,亦赖注文而仅传。此又唐人之功也。然唐人所长之学,尤在史书。《晋书》《隋书》,固成于唐人之手,然正史而外,复有数体。一曰偏记。其体始于《楚汉春秋》及班固《高祖本纪》。若唐吴兢《贞观政要》,亦其体也。若王仁裕《天宝遗事》、李康《明皇政录》,亦此体也。一曰小录。其体始于《汉官仪》。应劭作。若唐李吉甫《元和会计录》("元和会计录",据《旧唐书·宪宗本纪》,李吉甫所撰为《元和国计簿》,凡十卷;《宋史·艺文志》著录李吉甫《元和国计略》一卷。而郑樵《通志·艺文略》有《元和会计录》三十卷,未注著者。此疑误)、韦执谊《翰林院故事》,亦其体也。一曰佚事。其体始于《吴越春秋》。若唐刘肃《大唐新语》,亦其体也。《唐摭言》亦然。一曰传记。其体始于赵岐《三辅决录》。若唐徐坚《大隐传》、崔玄晔《义士传》,亦其体也。推之,谱牒之学,唐人重谱牒之学,其详见《唐书》各《世系表》。《会要》之书,亦以唐代为最详。则有唐一代,实史学大昌之时代也。惟传记书多杂稗官家言,言多鄙朴,采择未精。或全构虚词,探幽索隐;或小慧自矜,择言短促。综斯三类,咸为无益于史编。观《稗海》及《唐代丛书》所刊之书,何一而非此类?盖唐人之学,贵博而不复贵精,此学术之所由日杂也。

(三十三)唐代之时,道教盛行,然黄老精理,鲜有发挥。惟唐玄宗等有《老子注》。惟佛教甚昌,非惟成一完全之宗教也,即学术思想,亦由佛学而生。盖佛教各宗派,咸兴于隋、唐之间。如三论宗虽始于苻秦,然隋僧集藏,创为新三论,得惠远、智拔之传布,而《南地三论》遂与《北地三论》殊宗。是三论宗盛于隋、唐之间也。律宗虽始于北朝,然唐僧智首作《五部区分钞》,然后分律宗为三派。法砺、道宣、怀素之徒,各守师承,以道宣一派为最盛。是律宗盛于唐代也。禅宗虽始于达磨,然唐僧弘忍始分南、北二派,以慧能、南派。神秀北派。为导师,而南宗复分为七派。是禅宗盛于唐代也。净土宗虽始于东晋,然唐僧善导别创终南一派,以大宏此宗,而净土论遂流行于世。是净土宗亦盛于唐代也。推之,隋法顺作《华严法界观门》《五教止观》,再传而至贤首。贤首作《华严疏》,由是中国有华严一宗。唐不空译《真言经》,其弟子惠果等八人,从事布教,由是中国有真言一宗。唐玄奘授《唯识论》于印度,其弟子窥基复作《百本疏》,以《唯识述记》为本典,大开相宗之蕴奥;复有惠沼、窥基弟子。圆测与窥基立异者。二派之互争,由是中国有法相一宗。即天台一宗,虽慧文、智颛开其始,然所以别立一宗者,则智礼之力也。盖唐人佛学由合而分,因各派之竞争,而真理日显。此有唐一代所由为佛学盛行之时代也。然唐人之信佛学,其宗派亦各不同。或崇净土,如司马乔卿、遭母丧,刺血写《金刚经》,而所居庐上生芝草二茎,士大夫多传异之。其事见《法苑珠林》。李观、遭父丧,刺血写《金刚般若心经》《随愿往生经》各一卷,而异香发于院。亦见《法苑珠林》。李山龙、自言见地狱及已诵经获报之事,见《冥报记》《高僧传》。樊元智、《华严经疏钞》称其每诵经时,口中频获舍利,或放光明,照四十馀里。牛思远、自言有异人授以神咒。于远、《报应记》言其将终时,闻奇香。郑牧卿、《佛祖统记》言其举家修净业。李知遥《净土文》称其笃志净土。等是也,大抵以福善祸淫之说,戒导众生,与中国墨家、墨家已言因果感应之事迹。阴阳家之言相近。或逞禅机,如庞居士、与石头禅师及马祖问答,机锋迅捷,诸方不能难。见《传灯录》《庞居士集序》。王敬初、与陈遵宿及米和尚、临济问答,见《五灯会元》《先觉宗乘》。陈操、与陈遵宿及斋僧问答,见《五灯会元》《先觉宗乘》。甘行者、与黄檗运问答,亦见《五灯会元》。张秀才与石霜诸公问答,并呈偈文。亦见《五灯会元》。等是也,大抵承曹溪之绪,机锋迅捷,辩难多方,以喻言见真理,与中国名家之言相近。中国名家逞坚白异同之辩,佛家之禅机,亦间有近此者。或穷玄理,如李师政著《空有论》,阐法相之精,以破凡夫之执;《论》中所言,皆系观空之旨,以明一切法相,皆起于空。梁敬之述"止观"大义,其言曰:"止观者,导方法之理,而复于实际者也。"又曰:"破一切惑,莫盛于空;建一切法,莫善于假;究竟一切性,莫大乎中。"案,止观之旨,即虚灵不昧、静观物化之旨也。布天台之教,以弘荆溪之专,咸析理精微,探赜索隐。推之,裴公美释"圆觉"之精,《大方广圆觉了义经序》曰:"凡有知者,必有体。"又曰:"心地菩提,法界涅槃,清净真如,佛性总持,如来藏密严国及圆觉,其实皆一心也。"又曰:"终日严觉而未尝圆觉者,凡夫也;欲证圆觉而未极圆觉者,菩萨也;具足圆觉而住持圆觉者,如来也。"又曰:"圆觉能出一切法,一切法未尝离圆觉。"案,佛言圆觉,犹儒家之言"理"、言"道",所谓道不远人,百姓日用而不知也。李通玄阐《华严》之旨,尝作《论》释《华严经》,谓"性迷即为凡、性悟即为佛",即王阳明言"良知"、言"障蔽"之说所本。王维善言名理,见杨慎修《随笔》。○又,维有《致魏处士书》,以阐明真空及脱尘之旨。乐天雅善清言,莫不宅心高远,秉性清虚,穷心性之理,以寄幽远之思,与中国道家之言相近。合三派之说观之,惟玄理一端,洵为有资于学术。韩愈虽以辟佛闻,然观《原道》数篇,特以儒家之真实,辟佛家之虚无,与晋裴氏《崇有论》略符,可谓辟其粗而未窥其精矣。当此之时,虽无三教同源之说,然柳宗元之答韩愈曰:"浮屠之教,与《易》《论语》合。虽圣人复生,不可得而斥。"李翱为韩门弟子,著《复性论》三篇,以申《中庸》之旨,然所谓"复性灭初"者,其说即本于《庄子》,《庄子·缮性篇》云:"缮性于俗学,以求复其初;滑欲于俗思,而求致其明,谓之蒙蔽之民。"与佛家"常惺惺"及"本来面目"之说合。则唐人之学术,固未有不杂佛学者矣。即北宋之初,学士大夫亦多潜心佛理。《青箱杂记》之言曰:"杨文公深达性理,精悟禅观。""丞相王公随,亦悟性理。""曹司封修睦,深达性理。""张尚书方平,尤达性理。""陈文惠公亦悟性理。""富文忠公尤达性理。"案,所谓"性理"者,皆禅悟之偈颂也,盖指佛家之"性理"言,非若道学家另标儒家性理之帜也。然道学家所言之"性理",实出于佛书,此又唐人重佛学之影响也。及宋儒,始斥佛学为异端,谓非"道统"之说,有以致之欤?唐人学术,大抵分为二派:一为宗教,一为哲理。盖唐人最崇老子,因之而并崇庄、列,然所以崇老子者,则仍求仙祈福之故耳,非以其哲理之高尚也。故崇方士、立道观、设祭坛,无一不具宗教之仪式,而佛学净土一派,其迷信宗教,亦具至坚之性。此皆思想之原于宗教者也。若夫刘、柳等之作《天论》,一主人为天蠹,一主人定胜天,其持论与达尔文、斯宾塞相合,乃中国哲学之一大派也。韩昌黎作《原性篇》,谓性有三等,与孟、荀之言迥异,亦中国性学之成一家言者也。而杨倞注《荀子》,则引伸《荀子》"性恶"之说;李翱作《复性书》,又暗袭《庄子》"复性"之说。此皆思想之原于哲理者也。推之,"道统"之说,始于韩昌黎;"事功"之学,始于陆贽、吕温,皆开宋代闽、洛学及永嘉学之先声。则唐人之学,实宋学之导师矣。况《汉书》《文选》《说文》之学,又皆唐人专门之学哉?孰谓唐代无学术之可称乎?

(三十四)宋儒经学,亦分数派:或以理说经,或以事说经,或以数说经。以理说经者,多与宋儒语录相辅,如倪天隐受《易》胡瑗,作《周易口说》;而张载、司马光咸著《易说》,程颐、苏轼咸作《易传》,间引人事以说《易》。此以义理说《易》者也。黄伦《尚书精义》,胡士行《尚书详解》,此以义理说《书》者也。苏辙《诗经说》,此以义理说《诗》者也。张洽《春秋集注》，黄仲炎《春秋通说》，赵鹏飞《春秋经筌》，此以义理说《春秋》者也。若程颐、范祖禹、谢显道、尹焞说《论语》，二程、尹焞、张栻说《孟子》，程颢、杨时、游酢说《中庸》，亦以义理为主。至于南宋，说经之儒，又分朱、陆二派。治朱学者，崇义理而兼崇考证，如蔡渊、《易经训解》等书。胡方平、《启蒙通释》。之于《易》，蔡沈、《书集传》。金履祥《尚书表注》。之于《书》，辅广、朱鉴之于《诗》，辅作《诗童子问》，朱作《诗传遗说》等书。黄榦、卫湜之于《三礼》，皆以朱子之书为宗者也。治陆学者，间以心学释经，如杨简、王宗传皆作《易传》。之于《易》，袁燮、《絜斋家塾书钞》。陈经《尚书详解》。之于《书》，杨简、《慈湖诗传》。袁燮《絜斋毛诗经筵讲义》。之于《诗》，皆以陆子之书为宗者也，然探其旨归，则咸以义理为主。此宋儒经学之一派也。以事说经者，多以史证经，或引古以讽今。于《易》，则有李光、《读易详说》。耿南仲《易经讲义》。之书；苏轼《易经》（"苏轼《易经》"，疑当作"苏轼《易传》"）及程颐《易传》，亦多主事言。于《书》，则有苏轼、《书传》。林之奇、《尚书全解》。郑伯熊、《书说》。吕祖谦受业林之奇，亦作《书说》，大抵与《全解》相同。之书；于《诗》，则有袁燮之书；见前。于《春秋》，则有孙复、《尊王发微》。王哲、《春秋皇纲论》。胡安国、作《春秋传》，借经文以讽时事。戴溪《春秋讲义》。之书。此数书者，大抵废弃古训，惟长于论议，近于致用之学。此宋儒经学之又一派也。以数说经者，则大抵惑于图象之说，如刘牧治《易》，以所学授陈抟，抟作《先天》《后天图》，牧作《易数钩隐论》。邵雍亦授学陈抟，其子邵伯温作《易学辨惑》。及弟子陈瓘，《了翁易说》。咸以数推《易》；而张浚、《紫岩易传》。朱震、《汉上易集传》。程大昌、《易原》。程迥《周易古占法》。之书，亦以推数为宗。如郑刚中《周易窥馀》及吴沆《易璇玑》，皆理、数兼崇；而朱子作《周易本义》《周易启蒙》，亦兼言图象。又，林至《易裨传》、朱元昇《三易备遗》、雷思齐《易图通变》，皆以图象说《易》者。《易经》而外，若胡瑗《洪范口义》，则以象数之学说《尚书》；张虙《月令解》，则以象数之学解《礼记》，言近无稽，理非征实。此宋儒经学之又一派也。三派而外，宋儒说经之书，有掊击古训、废弃家法者，如冯椅《厚斋易学》、李过《西溪易说》，此改窜《易经》之《经》文者也。张栻疑《书经》今文，王柏谓《洛诰》《大诰》不足信。

又，王贤、郑樵攻《诗小序》，程大昌兼攻《大序》。朱子作《诗集解》，亦弃《序》不用。又新采毛、郑之说，并采《三家诗》。及王柏作《诗疑》，并作《二南相配图》，于《召南》《郑》《卫》之诗，斥为淫奔，删削三十馀篇，并移易篇次，与古本殊，此改窜《诗经》之《经》文者也。刘敞治《春秋》，作《春秋权衡》《春秋传》《春秋意林》及《释例》。评论《三传》得失，以己意为进退。而叶梦得、作《春秋传》《春秋考》及《春秋谳》。高闶、作《春秋集注》。陈傅良《春秋后传》。之书，咸排斥《三传》，弃《传》言《经》；或杂糅《三传》，不名一家。此改易《春秋》之家法者也。汪克宽作《礼经补佚》，以为《仪礼》有佚文；俞庭椿作《周礼复古编》，以《周礼》五官补《冬官》之缺。陈友仁《周礼集说》从之。而朱子复别《学》《庸》于《戴礼》，于《大学》则移易篇章，于《中庸》则妄分章节。此改易《三礼》之《经》文者也。此数书者，大抵不宗汉学，以臆解说经。惟吕大防、晁说之、吕祖谦、朱子之治《易》，主复古本；朱子、吴棫之治《书》，渐疑古文之伪；朱子作《仪礼经传通解》，以《仪礼》为经，则皆宋儒之特识，与臆见不同。此宋儒经学之别一派也。其有折衷古训者，如范处义、作《诗补传》。吕祖谦、《吕氏家塾读诗记》。严粲、《诗缉》。之说《诗》，皆宗《小序》。吕祖谦、《左传说》及《续说》。程公说《春秋分纪》之说《春秋》，李如圭、《仪礼集释》。杨复《仪礼图》。之说《礼》，以及邢昺《孝经》《论语》《尔雅疏》，孙奭《孟子疏》是也，大抵长于考证，惟未能取精用弘。复有用古训而杂以己意者，如欧阳修《毛诗本义》、崔子方《春秋本例》、李明复《春秋集义》、张淳《仪礼识误》、敖继公《仪礼集说》、朱申《周礼句解》是也，大抵采集古注，惟取去多乖。别有随文演释者，如史浩《尚书讲义》、黄度《尚书说》、汪克宽《春秋胡传纂注》是也，大抵出词平浅，间近讲章。合数派以观之，可以知宋儒经学之不同矣。要而论之，北宋之时，荆公新义，成一学派者也。如蔡卞《毛诗名物解》、王昭禹《周礼详解》以及罗愿《尔雅翼》、陆佃《尔雅新义》，皆以荆公新说为折衷，惜其书多失传。程子之学，亦自成一学派者也。凡以义理说经者，其体例皆出于二程。元、明说经之书，类此者不知凡几。近儒谓宋代经学即理学，岂不然哉？若夫刘敞《七经小传》、郑樵《六经奥论》，虽间失穿凿，然立说之精，亦间有出于汉儒之上者。此亦荆公之学派，非二程之学派也。若夫毛晃作《禹贡指南》、王应麟辑《三家诗》、李如圭作《仪礼释宫》，虽择言短促，咸有存古之功，则又近儒考证学之先声也。近儒不察，欲并有宋一代之学术而废之，夫岂可哉？

（三十五）宋儒之学，虽多导源于佛、老，亦多与九流之说暗合，特宋儒复讳其学术所自来耳。程子言孝弟，尚躬行；朱子言主敬，订《家礼》；而濂、洛之徒，莫不崇尚实践，敦厚崇礼，此儒家之言也。以虚明不昧为"心"，朱子《大学注》。以明善复初为"性"，朱子《论语注》。探之茫茫，索之冥冥，此道家之言也。又，毛西河《道学辨》，亦以宋学出于道家。其言曰："道家者流，自《鹖子》《老子》而下，凡书七十八部，合五百二十五卷，虽传布在世，而官不立学，只以其学私相授受，以阴行其教，谓之道学。是以道书有《道学传》，专载道学人。分居道观，名曰道士。士者，学人之称，而《琅书经》曰：'士者何？理也。身心顺理，惟道之从，是名道学，又谓之理学。'逮宋陈抟以华山道士，与种放、李溉辈张大其学，竟搜道书《无极尊经》及张角《九宫》，倡河洛、太极诸教，作《道学纲宗》，而周敦颐、邵雍、程氏兄弟师之，遂纂道教于儒书之中。至南宋朱熹，直匄史官洪迈为陈抟作一《名臣大传》，而周、程诸子，则又倡《道学总传》于《宋史》中，使道学变作儒学。"又曰："道学本道家学，两汉始之，历代因之，至华山而张大之，而宋人则又死心塌地以依归之，其非圣学，断断如也。"横渠之论造物，种放之论阴阳，邵子《皇极经世》之书，朱子"地有四游"之说，大抵远宗邹衍，近则一行，此阴阳家之言也。张子作《西铭》，以民为同胞，以物为同与，近于兼爱之说，此墨家之言也。徐氏注《说文》，解"仁"字，亦用《墨子》兼爱之说。朱子、陆子辩论太极，各持一说，反复辩难，挥无穷之辩辞，求至深之名理，是为名家之支派。宋儒尚论古人，以空理相绳，笔削口诛，有同狱吏；胡寅、朱子，其尤著者也，是为法家之支派。若夫朱子《近思录》诸书，采掇粹言，鲜下己见，则又杂家之书也。宋人之书近于杂家者，若《鹤林玉露》之类，不下百馀种，惟非讲理学之书耳。故知宋儒之学，所该甚博，不可以一端尽之。乃后世特被以"道学"之名，而《宋史》亦特立《道学传》，不知道也者，所以悬一定之准则，而使人民共由者也。"道学"之名词，仅可以该伦理。宋儒之于伦理，虽言之甚详，然伦理而外，兼言心理，旁及政治、教育,范围甚广,岂"道学"二字所能该乎? 故称宋学为"道学",不若称宋学为"理学"也。《宋史》立《道学传》,名词诚误,而方氏《汉学商兑》则立言甚当。其言曰:"《宋史》特立《道学传》,实为见程、张、朱躬行实践,讲学明道,致广大,尽精微,道中庸,厥功至大,实非汉、唐以来诸儒所可并。平心而论,诚天下人心之公,即以为后来诸儒,不容滥登此《传》,而周、程五子,固无忝矣。不知'道学'二字,犯何名教? 害何学术? 必欲攘袂奋臂,伸冤亲仇,主铤为讼首。即叩其本心何居,岂非甘自外于君子、犯名教之不睱,而以恶直丑正,自标揭也? 君子一言以为知,一言以为不知。叔孙之毁,何伤日月也哉?"又曰:"《宋史》创立《道学传》,非朱子所逆睹。乃世遂援此以为罪朱子之铁案,岂非周内乎?"方氏之说如此,故并引之。

(三十六)自近儒排斥宋、明之学,而排斥最甚者,莫若陆、王,夫亦不察之甚矣! 自陆子以立志励后学,陆子曰:"今千百年无一人有志也,确怪他不得,须是有志识而后有志愿。"又曰:"今人略有气焰者,多只是附物,非自立也。若某即不识一字,亦须还我堂堂的做个人。"从学之士,多奋发兴起。及阳明创"良知"之说,以为"圣人之道,吾心自足,不假外求"。盖中国人民每以圣人为天授,不可跻攀。自"良知"之说一昌,以为人人良知既同,则人之得于天者亦同;人之得于天者既同,所谓尧、舜与人同耳,与西儒卢梭"天赋人权"之说相符。故卑贱之民,亦可反求而入道。观阳明之学,风靡东南;而泰州王心斋,以盐贩而昌心学。从其学者,如朱光信、韩贞之流,皆崛起陇亩之间,朱为樵夫,韩为陶工。以化民成俗为己任,不复以流品自拘。又,何心隐纵游粤右,苗蛮亦复知书;李卓吾宅居麻城,妇女亦从讲学。卓吾曰:"人有男女,见非有男女也。彼为法而来,男子不如也。"是卓吾已倡兴女学、伸女权之论。虽放弃礼法,近于正始之风,然觉世之功,固较汉、宋之儒为稍广矣。即周海门、罗近溪之徒,宣究阳明、心斋之旨,直指本心,随机立教,讲坛所在,渐摩濡染,几及万人。使仿其法踵行之,何难收教育普及之效哉? 且"良知"之说,既以善良为人之本性,己与人同此良知,则自信之心日固。凡建一议,作一事,即可任情自发,不复受旨于他人。况龙溪、心斋力主心宗之说,故物我齐观,死生平等,不为外欲所移,亦不为威权所慑。观颜山农授学心斋,倡游侠之风,以寄物与民胞之旨;而东林、复社诸贤,亦祖述余姚之学,咸尚气节、矜声誉,高风亮节,砥柱颓波。若金正希、黄端伯之流,则又皈心禅学,然国亡之际,咸以忠义垂名,与临难偷生者有别,其故何哉?盖金、黄诸公,咸主贵空之论,不以祸福撄其心,故任事慷慨,克以临危而不惑。推之,学除成见,则适于变通;陆子言"与溺于意见之人言最难",与横渠"成心忘,乃可适道"之语同,故不以荆公变法为非。以圣自期,则果于自立。如陆子言"自立、自重",阳明亦言"自立为本"是也。是处今日之中国,其足以矫正世俗之弊者,莫若唯心学派"良知"说之适用矣。乃辁近之儒,不察陆、王立说之原,至斥为清净寂灭,亦独何哉!

(三十七)元代以蒙古宅中夏,用美术导民,不复以实学导民。然元代之学术,亦彬蔚可观。许衡作《读易私言》。《易》学,折衷程子;黄泽《易》学,作《易学滥觞》诸书。师法紫阳。治《书》者,咸宗蔡沈;如金履祥作《尚书表注》,陈栎《尚书集传纂疏》,陈师凯《蔡传旁通》,朱祖义《尚书句解》是也。治《春秋》者,咸宗胡安国;如俞皋《春秋集传释义大成》,汪克宽《胡传纂疏》是也。治《毛诗》者,有王柏之《诗疑》,删削《召南》《郑》《卫》之诗,并移易篇次;治《礼经》者,有吴澄《仪礼逸经传》、汪克宽《礼经补佚》,杂采他书之言礼者,定为《仪礼》佚文,复区分子目;治《孝经》者,有吴澄,以今文为主,遵朱氏《刊误》章目,定列《经》《传》,虽与古说不符,或师心自用,然足征元人经术之尚心得矣。若夫敖继公《仪礼集说》、陈澔《礼记集说》,则又后世颁为功令之书也。又,赵汸治《春秋》,作《春秋集传》诸书;杨燝注《诗》,作《诗传名物考》;黄泽治《礼》,作《二礼祭祀述略》《殷周诸侯祫禘考》,则又元儒之考证学也。深宁、东发之风,犹有存者。经学而外,其学术之影响,亦有及于后世者。一为理学。自南宋以降,朱子之学,仅行于南方。及许衡提倡朱学,而朱学北行。明代三原、河东之学,未始非元儒开其基。其可考者一也。一为历学。自蒙古西征,回历东输于中国。如耶律楚材作《西征庚午元历》,郭守敬作《授时历经》《仪象法式》《二至晷景考》,李谦作《授时历议》,札马鲁丁作《万年历》,是为西域历学输入之始。此可考者二也。一为数学。畴人之学,湮没不彰。自元李治作《测圆海镜》《益古衍段》,近世汪、焦、阮、罗诸公,皆矜为绝学。若朱世杰《四元玉鉴》,为中国言四元者之始；郭守敬以句股之法治河，为中国言测量者之始。下至杨云翼《勾股机要》、彭丝《算经图释》，亦为有用之书。此可考者三也。一为音学。自金韩孝彦作《四声篇海》，于每韵之中，各以字母分纽，其子道即传其学，而王文郁作《平水新刊韵略》，黄玠作《纂韵录》，均为近代韵学之标准。又，黄公绍作《古今韵会》，推求声律之起源，欲以字声为主，推行外域；而熊忠作《举要》，孙吾与作《定正》，均宗黄氏之书。此可考者四也。一为地学。元代疆域广阔，虽域外地志今多失传，然耶律楚材《西游录》、长春真人《西游记》、刘郁《西使记》、张德辉《塞北纪行》以及《元秘史》《圣武亲征录》诸书，均详志西北地理。近代讲域外地理者，若张、何、龚、魏诸儒，均有诠释。此可考者五也。盖元代兵锋远及，直达欧州，故西方之学术，因之输布于中邦。此历数、音韵、舆地之学，所由至元代而始精也。且元代之时，西人之入中国者，或任显职，或充行人，故殊方诡俗，重译而至。凡《元史》所言"也里可温""答失蛮"，"也里可温"即景教之遗绪，"答失蛮"即回教之别称，见《元史译文证补》。则有元一代，乃西学输入中国之始，亦即西教流行中国之权舆，唐代景教，至宋已微。故中国之学术，受其影响，或颇改旧观。此亦中国学术迁变之关键也。若夫马端临《文献通考》，集中国典制学之大成；陶宗仪《说郛》，集中国说部之大成；刘渊作《左氏纪事本末》，则史部中纪事本末一体之始也；胡一桂作《十七史纂》，则史部中史钞一体之始也。至于吴澄、周伯琦、吾丘衍之治小学，胡三省之治《通鉴》，咸为后世学者所宗。而舒天民《六艺纲目》，法良意美，尤为童稚必读之书。孰谓元代学术无可表见哉？惟书画、词曲诸学，下逮印谱、棋谱诸书，其类均属于美术，迥与实学不同，兹不复赘。元代之诗若元好问、书法若赵子昂，均与中国之文学界有关系，亟宜表章。

（三十八）明人之学，近人多议其空疏。艾千子之言曰："弘治之世，邪说兴起，天下无读唐以后书，骄心盛气，不复考韩、欧立言之旨。"孟瓶庵曰："明人薄唐、宋，又不知秦、汉为何物，随声附和，又以宋人为不足学。"钱大昕曰："自宋以经义取士，守一先生之说，而空疏不学者，皆得名为经师，至明季而极矣。"又曰："儒林之名，徒为空疏藏拙之地。"

阮芸台曰："终明之世，学案百出，而经训家法，寂然无闻。"江郑堂曰："明人讲学，袭语录之糟粕，不以《六经》为根柢，束书不观。"此语出于黄黎洲。此皆近人贬斥明人学术之词。然由今观之，殆未尽然。夫明人经学之弊，在于辑《五经》《四书大全》，颁为功令。《易》《书》《诗》《春秋》《礼记》及《四书大全》，均胡广等所辑也。所奉者，宋儒一家之学，故古谊沦亡。然明儒经学，亦多可观。梅鷟作《尚书考异》，又作《尚书谱》，以辨正古文《尚书》。其持论，具有根柢，则近儒阎、惠、江、王之说所由出也，而古文《尚书》之伪，自此大明。若陈第《尚书疏衍》，则笃信古文，与梅立异，是犹西河、伯诗之互辩耳。此明代学术之可贵者一也。朱谋㙔作《诗故》，以《小序》首句为主说《诗》，确宗汉诂；而冯应京作《六家诗名物考》、毛晋作《毛诗陆疏广要》，咸引据淹博，乃近儒陈氏《毛诗稽古编》、包氏《毛诗礼征》之滥觞。此明代学术之可贵者二也。朱谋㙔作《易象通》，以为自周迄汉，治《易》者咸以象为主，深辟陈、邵言数之说。厥后，二黄及胡渭之书，均辟陈、邵之图；而惠氏、张氏治《易》，均以象为主，实则朱氏开其先。此明代学术之可贵者三也。陆粲作《左传附注》，冯时可作《左传释》，均发明训诂，根据经典。近儒顾氏、惠氏，补正杜注之失，大抵取法于斯书。此明代学术之可贵者四也。方孝孺、王守仁，均主复《大学》古本；近世汪中作《大学评议》，与之相同。此明代学术之可贵者五也。赵宧光、赵㧑谦，均治《说文》。若陈矩《说文韵谱》，以韵为纲；田艺衡《大明同文集》，以谐声之字为部首，以从此字得声之字为子，则近儒黄春谷、朱骏声"字以右旁为声"之说所由昉也。杨慎作《古音丛目》《古音猎要》《古音馀》《古音略例》，陈第作《毛诗古音考》《屈宋古音义》，程元初作《周易韵叶》，张献翼作《读易韵考》，潘恩作《诗韵辑略》，屠峻作《楚骚协音》，虽昧于古韵分部之说，然考订多精，则近儒顾、江、戴、孔、段、王考订古韵所由昉也。杨慎作《六书练证》《六书索隐》《古文韵语》《古音骈字》《奇字韵》，李氏舜臣作《古文考》，则近儒桂、段、钱、阮考证古籀、订正金石所由昉也。王元信作《切字正谱》，陈荩谟作《元音统韵》，吕维祺作《音韵日月灯》，则近儒江氏《四声清切韵》、洪氏《示儿切语》所由昉也。又，《骈雅》

作于朱谋㙔,《通雅》作于方以智,则有资于训诂;《叠韵》谱于黄景昉,《双声》谱于林霍,则有裨于声音。此明代学术之可贵者六也。黄道周作《洪范明义》,又作《表记》《缁衣》《坊记》《儒行集传》,近儒庄氏说经之书,发明微言大义,多用此体。此明代学术之可贵者七也。焦竑作《经籍志》,由《通志·校雠略》,上探刘氏《七略》之旨。近代浙东学派宗之,章氏作《文史》《校雠》二《通义》,多采其言。此明代学术之可贵者八也。赵孟静表章荀学,并以杨、墨之学亦出于古先王。焦竑立说略同。近儒杂治子书,录孙、汪之表墨子,汪、钱之表荀卿,皆暗师其说。此明代学术之可贵者九也。杨慎、焦竑,皆深斥考亭之学,与近儒江藩、戴震之说略同。此明代学术之可贵者十也。若夫朱谋㙔校《水经注》,则全、赵、戴、董治《桑经》之滥觞。毛晋刊《汲古阁丛书》,则朱、毕、孙、顾校古书之嚆矢。且近儒掇拾古书,多本《永乐大典》,而《永乐大典》为明解缙等所辑之书,则近儒之学,多赖明儒植其基。若转斥明学为空疏,夫亦忘本之甚矣。

周末学术史序

总　序

昔欧西各邦,学校操于教会。及十五世纪以降,教会寝衰,学术之权,始移于民庶。及证之中邦典籍,则有周一代,学权操于史官。迨周室东迁,王纲不振,民间才智之士,各本其性之所近,以自成一家言。虽纯驳不同,要皆各是其所是,则学兴于下之效也。当此之时,由官学变为私学。孔子有弟子三千,墨子有巨子十数,许行亦有弟子数十人,即段干木、颜涿父,以大盗、大驵,皆从圣贤问学。盖当时教育之家,以教学普及为己任,而诸侯、卿士,亦知重学,国君分庭抗礼,卿相拥篲迎门,即阶级之制度,亦因之而改革矣。

仁和龚氏不云乎?"师儒之替也,源一而流百焉,其书又百其流焉,其言又百其书焉。各尊所闻,各欲措之当代之君民,则政教之末失也。虽然,亦皆出于本朝之先王。"吾观《庄子·天下篇》,历叙诸子之源流,皆以为出古道术。据《庄子·天下篇》所言,则墨、禽与宋、尹二派,皆为墨家;彭、田、慎及关老、庄周三派,皆为道家。此出于古人道术者也。惠施一派,则为名家,乃离乎古人道术而特创之学也,故不言"出古道术"。"古道术"者,即古代所谓"官学"也。《庄子·天下篇》云:"神何由降?明何由出?圣有所生,王有所成,皆原于一。"此即《易经》"天下同归而殊涂"之说也。又曰:"天下大乱,贤圣不明,道德不一,天下多得一,察焉而自好。"此即《周易》"一致而百虑"之说也。

及孟坚作《汉·艺文志》,承歆、向《七略》绪馀,于官、师、儒合一之旨,深契其微。其云"某官之掌",即法具于官,官守其书之义也;其云"流为某家之学",即官师失职,师弟传业之义也。此会稽章氏之说。是则私学之源,出于官学。官学之派主于合,私学之派主于分。官学主合,即西人所谓归纳学也;私学贵分,即古人所谓演绎派也。立言有当,夫岂强同?

又，班《志》以前，有荀卿、司马谈二家，皆诠明古学，虽去取互殊，用舍不同，然寻绎周末学派，则舍此末由。特班《志》所言，先取诸子之所长，复著诸家之所短，得失互见，持论差平。若史谈《六家要旨》，先言所短，后著所长；荀卿《非十二子篇》则舍长著短，立说稍偏，荀卿偏于儒家，马谈偏于道家，皆一偏之见。未足为定论矣。

后世以降，诸子家言，屏诸经、史之外，故治之者鲜。近世巨儒，稍稍治诸子书，大抵甄明诂故，掇拾丛残，乃诸子之考证学，而非诸子之义理学也。如毕秋帆之校《墨子》《吕氏春秋》，孙渊如之校《孙子》《吴子》《司马法》《尸子》，秦敦父之校《鬼谷子》，王益吾之注《荀子》，以及俞曲园《诸子平议》诸书，皆考证诸子者也。

予束发受书，喜读周、秦典籍，于学派源流，反复论次，拟著一书，颜曰"周末学术史"，采集诸家之言，依类排列，较前儒"学案"之例，稍有别矣。学案之体，以人为主。兹书之体，拟以学为主，义主分析，故稍变前人著作之体也。今将序目列于后。

心理学史序

吾尝观泰西学术史矣，泰西古国以十计，以希腊为最著。希腊古初，有爱阿尼学派，立论皆基于物理。以形而下为主。及伊大利学派兴，立说始基于心理。以形而上为主。此学术变迁之秩序也。见西人《学术沿革史》及日本人《哲学大观》《哲学要领》诸书。

盖上古之民，狉榛未启，故观心之念未生。"观心"二字见佛典。惟人生本静，感物而动，物至自知，弗假思索，故观物之念，昔已萌芽。中古之民，新知渐瀹，知物由意觉，觉由心生。由是，远取诸物，亦近取诸身，而观察身心之想油然起矣。

吾观炎、黄之时，学术渐备，然趋重实际，崇尚实行，殆与爱阿尼学派相近。见后《格致学史序》。夏、商以还，学者始言心理。《商书·汤诰》之言曰："惟皇上帝，降衷于下民，若有恒性。"此即"天命为性"之说。是为孟子"性善说"之祖。《商书·仲虺之诰》曰："天生民有欲，无主乃乱，惟天生聪明时乂。"盖谓生民之初，其性不必皆善。善者，由于圣人之教化所致也。是为荀卿"性恶说"之祖。《仲虺诰》又言："以义制事，以礼制心。"后世"克己正心"之说，全基于此，则仲虺乃中国心性学发明之初祖也。殷、周之交，"性"学渐明。见阮云台先生《性命古训》。东周学者，言"性"各殊。惟孔子"性近习远"之旨，立说最精。盖孔子之意，以为人生有性，大抵差同，因习染而生差别。此意最合于佛家"无差别"论。予读《大乘无差别论》，其曰"无差别"者，即"性相近"也；又言"为外物所蔽"，即"习相远"也。荀、孟二家，皆治孔氏之言，然一倡性善，一言性恶。《大学》曰："大学之道，在明明德。"子思继之作《中庸》一书，首言"天命之谓性，率性之谓道"。即本于《大学》"明明德"之说，亦即卢梭

《民约论》"天赋人权"之说也,其后遂为孟子"性善说"之一派。由"性善"之说而倡良知、良能,又以本性虽善,不加扩充,即流于恶,故又有"扩充"之说,然皆以"性善"为主。荀子反之,倡"性恶"说。立说之由,盖目击世人之多欲,必待圣王之教学,然后能归于善,故其言曰:"人性皆恶。其善者,伪也。""伪"与"为"同,言性善由于人为耳。厥后儒多言性善,力斥荀子之说。儒家立说,自昔已歧,然其论皆稍偏矣。孟子指既进化之后言,故言"性善";荀子指未进化以前言,故言"性恶"。盖人生之性,皆由恶而日进于善。孟子以为本性皆善,则立说似非;荀子以为本性皆恶,亦未足该进化以后之民。近儒皆主孟子"性善"说,殆习而不察其非耳。

告子治名家言,以食、色为性,颇近荀卿;又言"生之为性",言"性无善、无不善",则立说不背于孔子。"生之为性","性无善、无不善",即孔子"性相近"之说也。盖告子此说,指体言,非指用言,故明代余姚巨儒,隐窃斯旨。仁和龚氏最取告子"无善、无不善"之说,以为合于佛家天台宗。予按,王阳明言"无善无恶,性之体;有善有恶,性之用",最得告子之旨。又,《乐记》云:"人生而静,天之性也。""静"训为"空",言无善恶可见也。言"人生而静",不言"人生而善",其故可长思矣。孟子斥之,非知言也。

至道家者流,以善即恶,谓恶即善,善恶之界,荡然泯矣。如《老子》云:"天下皆知美之为美,斯恶矣;天下皆知善之为善,斯不善矣。"又言:"唯之与阿,相去几何?善之与恶,相去何若?"庄、列继之,以为天下无真是非,无真善恶,盖怀疑学派也。惟管、墨论"性",于性近习远之旨,大抵相符。《管子·心术篇》云:"无以德乱官,勿以官乱心,此之为内德。"盖以心本无恶,恶由感觉而生。而《墨子·修染篇》言"物欲陷溺",亦近于孔子"习远"之说。以此知孔门论"性",立言曲当,足为"性"学之宗矣。

伦理学史序

　　中国之道，以仁术为总归。"仁"从"二""人"，故仁道之大，必合两人而后见。近儒仪征阮氏，引曾子"人非人不济"之言，以证汉儒"相人偶为仁"之义，作《论语论仁论》《孟子论仁论》，发明此义甚详晰。人与人接，伦理以生。"伦理"二字，大约皆指"有秩序"而言。戴东原《孟子字义疏证》以"条理"二字解"理"字。吾谓，五伦皆对待之名词也。唐、虞之时，伦理之说，已渐萌芽。《尧典》言"克明峻德，以亲九族"，由修身之道，推及齐家。"修身"者，即西人所谓个人伦理也；"齐家"者，即西人所谓家族伦理也。然齐家，由修身而推。及契作司徒，敬敷五教，即《孟子》所言"使父子有亲，君臣有义，夫妇有别，长幼有序，朋友有信"是也。则又由齐家之道，推及社会、国家。西人讲伦理学，于家族伦理后，有社会伦理学，复有国家伦理学，所以明个人对社会、国家之义务也。此伦理学发明之秩序也。顾古代君臣，言伦理者以十数，然总其指归，不外以中矫偏，观《舜典》言"直而温，宽而栗，刚而无虐，简而无傲"，《皋陶谟》言"宽而栗，柔而立，愿而恭，乱而敬，扰而毅，直而温，简而廉，刚而塞，强而义"，大抵皆不外化偏为中。《舜典》云："允执厥中。"孔子言："舜执其两端，用其中于民。"唐、虞时代之伦理，此数语已尽宣之矣。易荛为良。

　　至于东周，言伦理学者，必盛推孔子。吾观孔子之道，大抵以"仁"为归，推己及人之谓也。以"忠恕"为极则。如《论语》言"己欲立而立人，己欲达而达人""己所不欲，勿施于人"，此孔学最精之说也。近儒焦氏理堂作《论语通释》，言之最详。厥后，曾子明"止善"，《大学》曰："在止于至善。"此即古代易荛为良之义也。子思述《中庸》，即古代以中矫偏之义也。孟子以"仁、义、礼、智"为四端，则又谓伦理基于心理。虽立说差殊，然孔门绪论，不外修、齐，孔子告曾子曰："立身行道，以显父母。"而《中庸》则曰："君子不可以不修身。思修身，不可以不事亲。"《孟子》亦曰："事孰为大？事亲为大。守孰为大？守身为大。""守身"者，即《大学》所谓"修身"也；"事亲"者，即《大学》所谓"齐家"也。是曾子、思、孟之学，皆以修齐为本。以社会、国家之伦理，皆由家族而推。故《大学》言修身、齐家，而后及治国、平天下。《孟子》曰："人人亲其亲，长其长，而天下平。"然孔、曾、思、孟所言，亦颇及友朋交际及臣民之义务。由亲及疏，由近及远，《荀子》亦有《修身篇》。又，其言曰："如君臣之义，父子之亲，夫妇之别，日切磋而不舍也。"亦以五伦为极要之道。重私恩而轻公谊，如《礼记》言"父母在，不许友以死"，《论语》言"父母在，不远游"，而专诸刺吴王，亦以"母老子弱"为虑，故事之于家族有害者，皆退避不复敢撄。此公益所由不能兼顾也。盖仍宗法制度之遗则也。中国古代最重宗法，见《礼记》及周末各书中。

墨子倡"兼爱"之说，以集矢于儒书。揆其意旨，欲人人兼爱交利，"兼相爱，交相利"，见《兼爱篇》。爱人犹己，与《吕览·贵公》《去私》二篇相近。争竞不生。与《公羊》"内外、远近若一"、《礼运》"不独亲其亲，子其子"，较为相近。儒家斥之，以为失亲疏之别，未为当也。

老聃之徒，贱视道德，《老子》以道德为不道德之由，故其言曰："大道废，有仁义；智慧出，有大伪。""失德而后仁，失仁而后义，失义而后礼。""绝圣弃智，民利百倍；绝仁弃义，则民复于孝慈；绝巧弃利，则盗贼无有。"盖以周代伦理为束缚人民之具，使伪儒得所依托，故欲并道德而去之。庄、列继之，由无为而明自然，以虚静恬淡为主。由自然而趋放达，杨朱"为我"之言所由起也。杨朱之意，在于人人不损一毫，人人不利天下，盖欲人人各保其自由，而以他人之自由为限。故其言曰："智之所贵，存我为贵；力之所贱，侵物为贱。"重个人之权利，而不以权力加人，此杨朱之伦理也。

商、韩贱视道德，与道家同。商、韩诸子，皆以道德为不足言。如《商君书》言："国有善、有修、有孝、有弟、有廉、有辩，必削至亡。"而《韩非子》亦以"仁、义、慈、惠"四者为"亡国之法"。史公谓刑名原于黄老，殆为此与？惟《管子》重视四维，稍近儒术。《管子》曰："礼、义、廉、耻，谓之四维。四维不张，国乃灭亡。"此以道德为立国之本矣。又，《管子》言"少相居，长相游，祭祀相福，死丧相恤，居处相乐"为使人亲睦之本，盖以人人交相亲爱，以保人群之幸福，是为伦理之极则也。故《管子》

颇杂儒书。此则立言不同,未可以一端论也。

汉、魏以降,学者侈言伦理,奉孔、孟为依归,斥诸家为曲说,致诸子学术湮没不彰,亦可慨矣。

论理学史序

即名学

尝考《说文》一书，训"名"为"命"。《说文》"名"字下云："名，自命也。从口、从夕。夕者，冥也。冥不相见，故以口自名。"又，《礼记》云："黄帝正名百物以明命。"而刘熙《释名》亦曰《释言篇》："名，明也，名实使分明。"是则"名"也者，人治之大者也。人不可别，别之以名；字，所以别万物万事也，故亦谓之"名"。

古人名起于言，见邵子《观物·外篇》。发志为言，发言为名，见《大戴礼·四代篇》。故《左氏传》曰："名以制义。"《庄子》曰："名者，实之宾也。"名附于实，而即以见义。六书之例，首重指事、象形。形者，统乎物者也。事物不可辨，则即物穷理，指以定名，而复缘名以造文，故《尹文子》曰："形以定名，名以定事，事以验名。"此言事物之不可无别也。盖就其别者言之曰"文"，就其所以别者言之则曰"名"。名与文相辅而行，而统之者为"书"。马融《论语注》云："古曰名，今曰字。"《周礼·外史》言"达书名"，《中庸》言"书同文"，其义一也。《论语》言"多识鸟兽草木之名"，则"名"又统训诂言。近世泰西巨儒，倡明名学，析为二派：一曰归纳，一曰演绎。荀子著书，殆明斯意。归纳者，即《荀子》所谓"大共""小共"也，《荀子·正名篇》云："有大共，有小共。物也者，大共名也。推而共之，至于无共而后止。""共"即公名。故立名以为界。西儒以"界说"为解析名义之词，所以标一名所涵之义也。凡公名必有所涵。演绎者，即《荀子》所谓"大别""小别"也，《正名篇》云："有大别，有小别。鸟兽者，大别名也。推而别之，至于无别然后止。""别"即专名。故立名以为标。即亚氏所谓"五种"，乃标名以为徽识者也。

立名为界，则易于询事考言；一名有一名之实义。书一名之实义而考之，名与实符，则其名正；名与实不符，则其名不正。立名为标，则便于辨族类物。《春秋繁露·深察名号篇》序"正名"之用，一为察其名实，一为观其离合，则询事考言、辨族类物二派也。是则责实由于循名，辨名基于析字。古人以字定名。用之法例，则曰"刑名"；《荀子》云："刑名从商。"《繁露》（"繁露"，疑误。引语见《汉书·艺文志》）云：古之法家用民，"以明罚饬法。"尹文子之徒，亦由名而至法。用之敕命，则曰"爵名"；《荀子》曰："爵名从周。"《左传》曰："名位不同。"又曰："惟名与器，不可以假人。"用之典制，则曰"文名"；《荀子》曰："文名从礼。"故名家出于礼官。加于万物，则曰"散名"。《荀子》曰："散名之加于万物，则从诸夏之成俗曲期。"窃疑古代"刑名""爵名""文名"，皆特别之名词，犹之西人"科学名词""哲学名词"也。然斯时未闻特立学术也。

春秋以降，名理之学日沦，故孔子首倡"正名"。荀子踵之，作《正名篇》，谓后圣有作，正名之道，在于循旧造新。其言曰："有循乎旧名，有造乎新名。"又由命物之初，推阐心体之感觉。其言曰："然则何缘而有同异？曰缘天官。凡同类、同情者，其天官之意物也同，故比方之，疑似而通，是所以共其约名以相期也。"又曰："心有征知，则缘耳而知声可也，缘目而知形可也，然而征知必将待天官之当簿其类，然后可也。五官簿之而不知，心征知而无说，则人莫不然谓之不知，此所缘而有同异也。然后随而命之，同则同之，异则异之。"证以西儒之学，夫岂殊哉？而名家者流，则自成一家言。前有惠施、见《庄子》。邓析，邓析操两可之说，设无穷之词。后有尹文、今其书尚传于世。公孙龙，见《孔丛子》。钩鈲析乱，见班《志》。以诡辨相高。如山渊平，齐秦袭，天地比，入乎耳，出乎口，钩子有须，卵有毛，臧有三耳，白马非马之说是也，近于希腊诡辩学派。荀子讥之，以为察而不慧，辨而无用，见《非十二子篇》。杨倞《注》亦曰："施、龙之徒，乱名改作，以是为非。"非过论也。

名家而外，若墨家、《墨子·经》上、下篇多论理学。《庄子》言南方学者，"以坚白异同之论相訾"，即指《经》上、下篇言也。又按，《晋书·鲁胜传》云："胜注《墨辩》。"存其《序》曰："墨子著书，作《辩经》以立名本。惠施、公孙龙祖述其学，以正刑名显于世。孟子非墨，其辨言正词，则与墨同。荀卿、庄周等，皆非毁名家而不能易其论也。"皆墨家辨名之证。法家，如尹文子是。故其言曰："名正则法顺。"盛言名理,殆亦名家之支派欤?

独惜当时巨儒,耻言名学。偶有持论,而驳诘之法无闻。如王充《论衡·问孔篇》所讥是,盖由论理思想之缺乏也。而《孟子》不合论理处尤多。若名家者流,则有托恢诞以饰诡词,不明解字析词之用,遂使因明之书流于天竺,论理之学彰于大秦,而中邦名学,历久失传,亦可慨矣。

今欲诠明论理,其惟研覃小学,解字析词,以求古圣正名之旨,庶名理精谊,赖以维持。若小学不明,骤治西儒之名学,吾未见其可也。

社会学史序

　　中国社会学，见于《大易》《春秋》。吾观《周易》各卦，首列《彖》《象》，继列爻词。"彖"训为"材"，《周易·系辞传》曰："彖者，材也。""材"者，即材料之谓也。即事物也；阮氏云台以古时"彖"字训"蠡"，"蠡"训为"分"，乃指事物之有秩序者也。"象"训为"像"，即现象也；"爻"训为"效"，即条理也。六爻皆有次序，即条理之意也。

　　今西儒社会学，必搜集人世之现象，发见人群之秩序，以求事物之总归。美人葛通哥斯有言："社会所始，在同类意识，俶扰于差别览，制胜于模效性。""彖"训为"分"，是为差别；"爻"训为"仿"，是为模效。故社会家言，其旨近于《大易》。而《大易》之道，不外藏往察来、《系辞》曰："藏往（"藏往"，《易·系辞下》作"彰往"）而察来。"又曰："往来不穷之谓通。"又曰："神以察来，智以藏往。"焦氏理堂《易话》曰："学《易》者，必先知伏羲未作八卦之前，是何世界。"此《易》为社会学之确证。探赜索隐。《易·系辞》又言："极深研几，钩深致远。"即"索隐"之意。藏往基于探赜，以事为主，西人谓之动社会学；察来基于索隐，以理为主，西人谓之静社会学。藏往之用，在于聚类分群，《易·系辞》曰："方以类聚，物以群分。"焦氏理堂《易话》申其义，由人民相生相养之理，以及易事通功，推至刑政之大，皆自人民之群性而生。其说甚精。又，西人称社会学为"群学"，即物以群分之义。原始要终，拟形容而象物宜，《易》曰："拟诸形容，象其物宜。"以推记古今之迁变，《易》曰："为道屡迁。"又曰："一阖一辟之为变。"盖此即《周易》所谓"其上难知，其下易知"也。是为探赜之学。知来之用，在于无思无为，《易》曰："夫《易》，无思也，无为也，寂然不动，感而遂通天下之故。"洗心藏密，《易》曰："君子以此洗心，退藏于密。"证消息盈虚之理，以逆数而知来，《易》曰："遂知来物。"又曰："知者观其《彖辞》，则思过半矣。"所谓"执定数以逆未来"也。是为索隐之学。此《易》学通于社会学者也。

至《春秋》大义，见于《公羊》。《公羊》三科：一曰存三统，二曰通三世。"三世"者，一曰据乱世，一曰升平世，一曰太平世，以验人群进化之迹。近儒以"通三世"之义，遍证群经，以《诗》《书》为最多。盖人群虽有变迁，然事迹秩如，必循当然之阶级。《春秋》立"三世"之文，遵往轨而知来辙，如孔子之告子张，言"百世可知"，亦执定数而逆未来也。殆即此义也。

夫近儒以《公羊》证《礼运》。予谓《礼运》一书，历举饮食、宫室之微，于圣王既作之后，返溯圣王未作之先，以证事物浩繁，各有递变。而《春秋》大义，实与相符。此《春秋》通于社会学者也。史公有言："《易》由隐而之显，《春秋》推见至隐。"盖《易》主理言，而《春秋》则主事言，此其所以不同与？

东周以降，知社会学者，有道德、阴阳二家。斯二家者，其源出古史官，《汉书·艺文志》曰："道家者流，盖出于史官。阴阳家者流，盖出于羲和之官。"羲和亦祝史之流亚也。班《志》又曰："数术，皆古明堂、羲和、史卜所职。"而其理则基于《周易》。王弼《周易注》以《老子》解《周易》，此道德家基于《周易》之证。又，会稽章氏云："阴阳家者流，其源盖出于《易》。"此阴阳家基于《周易》之证也。

班《志》有言："道家者流，历记成败、存亡、祸福、古今之道，然后知秉要执本，清虚自守。"案，《中庸》云："惟天下至诚，为能尽其性。""能尽其性"即能尽人性、物性，"诚"即秉要执本之义，则儒家亦言社会学。盖道德家言，由经验而反玄虚，以心体为主观，以万物为逆旅，以本为精，以物为粗，以有积为不足，而与时为迁移，乃社会学之归纳派也。尹文子虽系名家，而实源于道德。《提要》谓其书"指陈治道，欲自处于虚静，而万事万物，则一一综核其实"，是尹文子亦明社会学之精理也。今西儒斯宾塞尔作《社会学原理》，以心理为主，美人葛通哥氏亦然。考察万物，由静观而得其真，谓人类举止，悉在因果律之范围，引其端于至真之原，究其极于不遁之效，旁及国种盛衰之故、民心醇驳之源，莫不挥斥旁推，精深微眇，而道家之说，适与相符。

阴阳学之书，今多失传，惟《史记·孟荀列传》谓邹衍深观阴阳消息，作《终始》《封禅书》云："自齐威、宣之时，邹子之徒，论著终始五德之运。"又云：

"邹衍以阴阳主运,显于诸侯。"如淳犹见其书。盖推五德终始,言虽不经,实亦《周易》"原始要终"之意也。《大圣》之篇。其持论也,必先验小事小物,以至于无限。如先言中国九州,旁及瀛海九洲。今西人言社会学,非合世界全体研究之,则其说不成。盖阴阳家言,执一理以推万事,推显而阐幽,由近而及远,即小以该大,乃社会学之分析派也。"分析"即演绎。而西国社会学萌芽伊始,亦以物理证明。故英儒甄克思《社会通诠》,亦胪陈事物实迹,凡论一事、持一说,必根据理极,旁征博采,以证宇宙所同然。此即社会学之统计法也。若达尔文诸家,复杂引动物、植物学,眇虑穷思,求其会通之理,以证迁化之无穷,而阴阳家言,亦与相合。盖阴阳家言,即由隐至显;道家之言,即推见至隐。惟一从心理学入,一从物理学入,故立说稍有不同耳。

　　特道德家言,多舍物而言理;阴阳家言,复舍理而信数。如邹衍之言,多流于术数、方技。此其所以逊西儒也。后世此学失传,惟史学家言,侈陈往迹,历溯古初,稍近斯学。然治化进退之由来,民体合离之端委,征之史册,缺焉未闻。此则史官不明社会学之故也,可不叹哉!

宗教学史序

中国古初，以宗法立国，即以人鬼立教。《孝经》有言："夫孝，德之本也，教之所由生也。"《礼记》有言："教之本在孝。"而仓颉造书，"孝""文"为"教"。此汉民最古之宗教也。厥后由人鬼教而推之，并及天神、地祇。古代圣王，以始祖配天，用行禘礼，是为祀天之典；由同族之神，而祀同社之神，同奉一神，即同居一地。二十五家为社，故同祀社神。是为祭地之仪。故天神、地祇，其始皆基于人鬼。

特皇古之初，天、鬼并祀。唐、虞以降，特重祀天，以天为万有之本原。《礼》曰："万物本于天。"凡世人善恶，天悉操监视之权。《诗》曰："明明在下，赫赫在上。"又曰："明明上天，照临下土。"又曰："无曰高高在上，日监在兹。"盖以世人作事，皆在上天洞鉴之中，所谓"相在尔室，不愧屋漏"也。因监视而生赏罚，《书》曰："皇天震怒，命我文考，肃将天威。"又曰："天道：福善祸淫。"又曰："皇天无亲，惟德是辅。"又曰："惟天降灾祥在德。"是明明以赏罚之权，归之冥冥矣。因赏罚而降灾祥。《诗》曰："我生不辰，逢天僤怒。"又曰："旻天疾威，敷于下土。"又曰："昊天不佣，降此鞠凶。"又曰："天之方虐。"此言天能降灾祥也。故人君之作事，尝自言"受命于天"。故启伐扈，汤放桀，武王伐纣，皆自命"受命于天"。其所谓"天"者，即昊天、上帝是也。古人以上帝为凭天用权之人。郑康成云："帝，天也。"吾谓古人称"帝"、称"天"，稍有区别。"天"者，譬言国家也；"上帝"者，譬言君主也。君主为一国用权之人，上帝即为昊天用权之人。《诗》曰："皇矣上帝，临下有赫。"又曰："古帝命武、汤。"又曰："帝谓文王。"又曰："上帝不宁，不康禋祀。"又曰："上帝不二。"《书》曰："予畏上帝，不敢不正。"又曰："惟皇上帝，降衷于下民。"《易》曰："圣人烹以享上帝。"《周礼·宗伯职》曰："以禋祀祀昊天上帝。"《易传》云："以主宰为之帝,犹言神也。"其解释"上帝",最为确当。与西教"基督"之说,固甚相符。惟西教仅祀一神,中国杂以多神耳。且分帝为五,以色区分,皆纬书说也。是则古代之政治,神权之政治也;故君称天以治民。古代之学术,天人表里之学术也。如《洪范》一书,发于大禹,皆言天人相与之学。因《大禹谟》"天之历数在汝躬"一言而生谶纬之学,因《易经》之卜筮而生占验之学,皆天人表里之说也。而政学起原,皆基于宗教。是上古之时,舍敬天明鬼而外,彼固无所为"教"也。

又,炎、黄以前,苗民立国于汉土,所奉之教,杂糅人鬼,旁及诅盟。近人钱塘夏氏引《吕刑》《楚语》《吕览》,以证苗民为多神教。中土圣王,排斥苗教,目为巫风。见《商书·伊训篇》。是巫风为当时所禁。然根株未净,延蔓匪难,故汉土遗黎,复崇拜物多神之教。此亦古教之别派也。苗民后退处南方,故荆楚之地,巫风甚炽,读屈子《楚词》可见。《荀子》以"楚巫""粤祝"并称,粤亦南方之地也。降及东周,"天""人"并称,故百家诸子,咸杂宗教家言。

一为孔墨派。孔、墨二家,敬天明鬼。孔子以敬天、畏天为最要。又信天能保护己身,故其言曰:"天生德于予,桓魋其如予何?"又以天为道德之主宰,曰:"获罪于天,无所祷也。"又以天操人世赏罚,曰:"故大德者必受命。"而《礼记》四十九篇,载孔子所论祭礼甚多。是孔子非不敬天明鬼也。或据《墨子》"儒家无鬼神"一言,然此或儒家之一派耳。至谓孔子本无迷信,作《春秋》,言灾异,不过用以儆人君,则春秋之时,科学并未发明,孔子何从而破迷信哉?若《墨子》一书,有《敬天》《明鬼》二篇。又,《法仪篇》云:"然则以何为法?曰:则天而已。"又曰:"上利天,中利鬼神。"则又别天于鬼、神之外。立说大旨,以神于世界万物外,别为一体,操持人世,威德无垠。乃沿袭古代之宗教,而非特倡之宗教也。近人多以中国为孔教,而南海康氏有"保教"之说,钱塘夏氏有"攻教"之说。不知孔子非特倡一教,乃沿袭古教者也。

一为老庄派。道家者流,以世界万物之外,别有真宰、真空,"真宰""真空"者,无对待之可言者也,犹之佛家之言"真如"、儒家之言"太极"耳。立说始于老聃。如《老子》言"道可道,非常道",又曰:"玄牝之门,是为天地根。"大抵破除一切智见,以溯天地未有前之景象。自外形骸,而犹贵其真宰,故其言曰:"道生一,有生于无。"庄、列诸家,《庄子》曰:"若有真宰,而特不得其朕。"而庄、列又言

"太始""太素""太初"。沿承其说，乃宗教而兼哲学，非纯全之宗教家也。当东周时，与此派相近者，复有"神物一体"说，以为有一物即有一神，神即在世界万物之中。如关尹子亦道家，言"一事一物，莫不皆有天"，即西人"神物一体"之说也。

一为阴阳术数派。上古之初，阴阳、五行分为二派。章氏《訄书·争教篇》言之最详。而阴阳、术数之学，皆掌于史官。阴阳家言，倡五德终始之说，以推帝王受命之源。谶纬之学，其流亚也。术数家言，杂五行占卜之学，以证史臣占验之工。灾异之事，其别派也。汉儒以灾异之术，证之《六经》，乃以术数与经学相参者也。而秦、雍之民，旁杂苗俗，兼信神巫，如《封禅书》所言祀陈仓事。遂开后世符箓之始。然以人证天，三说相符，皆言天事与人事有关。乃古教之支派，而非古教之真源也。当此之时，惟申包胥言"人定胜天"，合于天演进化之理。子产亦曰："天道远，人道迩。"而《荀子》亦曰："天道有常，不为尧存，不为桀亡。"治乱在世，非天，非地，又非时。又云："天者，非关系于人。人之所以可行者，非天之道，非地之道，乃所以为人之道也。若上政平，则何畏焉？"以人治胜天行，力破荒渺不经之说，诚伟论也。

秦、汉而降，无识愚民，以拜物多神之教，参入老、释二家，旁引儒、道，鼎峙为三，而中国之教旨淆矣。此皙种人民所由称为无教之国也。

政法学史序

　　上古之时，众生芸芸，无所谓君主也，亦无所谓臣民也。其推为一群之长者，则能以饮食饷民者也，仁和龚氏《五经大义终始论》曰："民之耳目，不能皆肖天。肖天者，聪明之大者也，帝者之始也。聪明孰为大？能始饮食民者也。"案，《说文》"尊"字下云："酒器也。"而后世以为帝王之称，又为崇高之称。盖上古之时，于能发明制酒之术者，必报本反始以尊之，而君道以立，故龚氏以"能饮食民"为帝者之始也。又如"酋长"之"酋"，为酒官之假借，亦此义也。能以兵力服民者也，如《易》言"武人为于大君"，而"酋豪"之"豪"为勇健有力者之称是也。并能以神鬼愚民者也。故祭天之礼属于君主，而帝王自称"天子"。又，当此之时，君主即民庶中之一人，故"君""群"互训。《韩诗外传》《白虎通》皆训"君"为"群"，即《左氏传·闵元年》所谓"天子曰兆民"也。又，"林""烝"二字，古籍皆训为"众"，而《尔雅》独训为"君"，以此知古人之称"君"字也，与称国家、团体无异。

　　且所谓君主者，并无世袭之制度。于何征之？于封禅征之也。据《管子》所言，则古代封禅之君主，计七十有二家。然古者封禅，必于泰山。泰山曰"岱"，"岱"训为"代"，古帝王告代之处也。《后汉书》注云："泰山者，王者告代之处也，为五岳之宗，故曰岱宗。""告代"者，即受命易姓之谓也。盖草昧之初，君主之任位有定年，与暂种共和政体同。君位既盈，必另举贤者以代之。封禅者，即取"禅让"之意者也，是为揖逊之天下。及图腾社会易为宗法社会，遂为王者专制之先驱。《社会通诠》曰："宗法社会者，王者专制之先驱也。"《说文》"宗"字下云："尊祖庙也。从宀、从示。"盖"宗"为一家所祀之神，"宀"为交覆突屋，有家室之意。大宗者，操祭神之权者也，古者宗子主祭，故有统治一族之权。故亦称为"宗子"。又，宗有常尊,见《荀子》。故王室之宗子,即为帝王。故"宗"字与"尊"字互训。《诗》"公尸来燕来宗",毛《传》云:"宗,尊也,君之宗子。"郑《笺》云:"凡言大宗、小宗者,皆谓同所出之元弟所尊也。"其说甚确。后世以降,"宗"为祖庙之称,又为帝王之称,如殷高宗、太宗、中宗之类是也。可知专制政体,即由宗法社会而扩张。是为帝王世袭之始。又,天子有推恩之典,封其同姓者为诸侯;即小宗之制度。诸侯有推恩之典,封其同姓者为大夫;则群宗之制度。而大夫之家,又各分子弟以采邑。则又群宗之支孽也。故尊卑之位,缘是而区。又,黄帝之时,战胜苗族,抑为黎民,因种族而区贵族,此阶级制度所由兴也。阶级制度既兴,由是,为君者握统治之权,为民者尽服从之责。试征之古代政治学。在舜之告禹曰:"臣作朕股肱耳目。予欲左右有民,汝翼。予欲宣力四方,汝为。"是臣僚者,君主之属吏也。而禹之告舜亦曰:"万邦黎献,共为帝臣。"是民庶者,君主之私产也。

君主政治,昔已萌芽。惟当此之时,以人君当谋人民之利益,人民应受人君之保护,故禹之言曰:"政在养民。"皋陶曰:"在知人,在安民。"而汤之求雨也,亦曰:"所以求雨者,毕竟为民也。"是君主亦对人民负义务。降及殷、周,相沿未革。战国学者,持论各殊。儒家以德、礼为本,以政、刑为末,孔子曰:"道之以政,齐之以刑,民免而无耻。道之以德,齐之以礼,有耻且格。"《孟子》亦曰:"省刑罚。"皆以政、刑为末务也。视法律为至轻。故《孟子》曰:"徒法不能以自行。"按,道德与法律,本有关系。《孟子》曰:"是非之心,人皆有之。"是道德即人心所具之法律。特道德本于人心,法律著于成宪;道德为无形之裁制,法律为有形之裁制。处叔季之世,断无舍法律可以治民之理。儒家之言非。其立说之初,非不欲破阶级之制度,故孔子作《春秋》,讥世卿。又曰:"有教无类。"皆此义。惟囿于名分、尊卑之说,如《周易》曰"君子以辨上下,定民志"是。不欲尽去其等差,如孔子言:"亲亲之杀,尊贤之等,礼所生也。贵贱有等,衣服有别,朝廷有位,则民有所让。"是即定名分、别尊卑之说,已开法家之先声。特欲使为君者与臣民一体耳。如孔子曰:"君君,臣臣。"又曰:"君使臣以礼,臣事君以忠。"又曰:"为君难,为臣不易。"皆以君与臣对言,是孔子不欲人君轻视其臣也。《孟子》曰:"与民同乐。"又曰:"民为贵。得乎丘民,而为天子。"是孟子知人民为立国之本也,故欲使为君者与臣民一体,以治其国家。君与臣民一体,必能采众议故《孟子》曰:"国人皆曰贤,然后用之。国人皆曰不可,然后去之。"《大学》亦曰:"民之所好,好之;民之所恶,恶之。"而戢淫威。儒家最恶君主之虐民,故《春秋》曰:"凡弑君称君,君无道也。"《孟子》曰:"残贼之人,谓之一夫。"《荀子》亦曰:"故桀、纣无天下,而汤、武不弑君。"夫人君既操统治之权,无法律以为之限,而徒欲责其爱民,如《孟子》言"保民而王",以君有保护人民之责。《荀子》言"圣王兴礼义",以君有干涉人民之责。孟、荀二家,说亦不同。是犹授刃与盗,而欲其不杀人也,有是理哉? 故儒家所言政法,不圆满之政法学也。不合论理。

墨家不重阶级,如《尚贤上篇》之旨,在于进贤、退不肖,故其言曰:"以德就列,以官服事,以劳殿赏,量功而分禄。故官无常贵,民无常贱。有能则举之,无能则下之。举公义,避私怨。"最合功食相准之义。而《中篇》之旨,又在于立贤无方,而终归于称天制君,故谓"富贵者皆贤,则君得其赏;富贵者皆不肖,则君受其罚。亲而不贤,君不得而宥之;疏而果贤,君不得而遏之"。诚以贵族、世卿之制,足以遏进化之萌。《墨子》此言,所以破古代"人有十等"之弊也。以众生平等为归,如《兼爱》三篇是。《上篇》谓乱之初生,由于人之不相爱。苟能相爱,则乱不生。《中篇》之旨,亦欲人之兼相爱、交相利。《下篇》之旨,则并欲去"彼""我"对待之辞。大抵谓君与民皆受制于天,故其言曰:"人无幼长、贵贱,皆天之臣。"以为生民有欲,无主则乱。见《尚同上篇》,大抵与《荀子·礼论篇》"人生而有欲"相类。惟墨子之意,以立君亦出于人民耳。由里长、乡长、国君,以上同于天子。《尚同中篇》谓"里长率其民,以上同于乡长。乡长率其民,以上同于国君。国君率其民,以上同于天子",与柳子《封建论》所谓"有里胥而后有县大夫,有县大夫而后有诸侯,有诸侯然后有天子",意正相同。盖以里长、乡长、国君,为一里、一乡、一国之代表,而上陈民意于天子者也,非言天子当专制天下,国君当专制一国,乡长、里长当专制一乡、一里也。而为天子者,又当公好恶,如《法仪篇》之旨,在于谓立法之初,当以多数之人所定者为法,不当以少数之人所定者为法,即西国以议员为国民代表之意也。以达下情。如《尚同中篇》曰:"是故上下情请为通。上有隐事遗利,下得而利之;下有蓄怨积害,上得而除之。"则墨子以通民情为此篇之主矣。又,《尚同下篇》以谓("以谓",据文意,疑当作"亦谓")为君者当依人民多数之意,以兴利除弊,分职而治。所用之人,悉察民情之可否而用之,使民间之利害、臣下之善恶,悉举以上闻,乃成太平之治。复虑天子之不能践其言也,由是,倡敬天明鬼之说,以儆惕其心,如《天志上篇》之旨,谓民之所善,即天之所善；民之所恶，即天之所恶。故其言曰："顺天意则得赏，反天意则得罚。""顺天"即爱人之谓，"反天"即不爱人之谓。而《下篇》之旨，谓天以爱民为主，其爱民也，无所不用其爱。人君承天意以治民，亦当无所不用其爱，即古人称天治君之意也。《明鬼下篇》之旨，亦大抵相同。盖处民智未开之世，不得不用此说以戒君耳。是墨子者，以君权为有限者也。较之儒家，其说进矣。

　　道家立说，又与儒、墨迥殊，道家以消极为主义，与儒、墨以积极为主义者不同。欲以"在宥"治天下，《庄子》曰："闻在宥天下，不闻治天下也。"而悉废上下之等差。如《庄子·齐物论篇》是。《庄子》首篇为《逍遥游》，言无入而不自得，即自由之义；次篇为《齐物论》，言物无彼此之差，即平等之义。盖老聃倡论，力斥君主之尊严。如《老子》曰："圣人无常心，以百姓心为心。善者，吾善之；不善者，吾亦不善之。"又曰："贵以贱为本，高以下为基。是以侯王自称孤、寡、不毂，此以贱为本也。"又曰："天下多忌讳，而民弥贫。"皆力斥君主之尊严也。至谓"天地不仁，以万物为刍狗"，则亦深斥君主之贱视人民也，并非欲人君贱视其民。庄周述之，斥君位为盗窃，《则阳篇》云："古之君人者，以得为在民，以失为在己；以正为在民，以枉为在己。故一形有失其形者，退而自责。今则不然，匿为物而愚不识，大为难而罪不敢，重为任而罚不胜，远其涂而诛不至，民知力竭，则以伪继之。日出多伪，士民安取不伪？夫力不足则伪，知不足则欺，财不足则盗。盗窃之行，于谁责而可乎？"是庄子斥君为盗窃也。视君位为危途。《让王篇》言：尧以天下让许由，而许由不受；以天下让于子州支父，而子州支父不受。舜以天下让善卷，而善卷不受；以天下让百户之农，而百户之农不受。以见人君不以国伤身，所以力言为君之难，以弭世人盗窃神器之谋也。列子继之，明君位之无常，《老子》言："暴雨不崇朝，飘风不终日。天地且不能久，而况于人乎？"已主富贵无常之说。而《列子》言尹氏趋役者梦为国君之乐，醒则复役于人，证君位之无常，使人人生轻视君位之观念，其理至为精深。视人君如无物，并以政法为致乱之源。惟政刑不作，乃足以语郅隆。如《列子》言华胥国、终北国是也。杨氏"为我"之论，许行"并耕"之词，其遗派也。《楚词》屡言遗尘世而求乐土，亦此类也。平等是其所长，而无为亦其所短。

　　管子以法家而兼儒家，以德为本，而不以法为末；以法为重，而不以德为轻。合管子之意观之，则正德利用者，政治之本源也；《霸言篇》云："以天下之财，利天下之人。"以法治国者，政治之作用也。《任法篇》云："君臣、上下、贵贱皆从法,此之谓大治。"《明法篇》云:"以法治国,则举错而已。"是"法治国"三字,早见于《管子》之书,惜乎人未之考耳。举君臣、上下,同受制于法律之中,虽以主权归君,《七臣七主篇》云:"权势者,人主之所独守也;法令者,君臣之所共立也。"《版法解篇》云:"今人君之所尊安者,为其威立而令行也。其所以能立威行令者,为其威利之操,莫不在君也。若使威利之操不专在君,而有所分散,则君日益轻,而威利日衰,侵暴之道也。"故《管子》以主权为不可分。然亦不偏于专制。《枢言篇》云:"贱固事贵,不肖固事贤。贵之所以成其贵者,以其贵而事贱也。贤之所以能成其贤者,以其贤而事不肖也。"此即《老子》"高以下为基"之义。《形势篇》云:"人主之所以令则行、禁则止者,必令于民之所好,而禁于民之所恶也。"又云:"人主出言,合乎理,顺乎民情,则民受其词。"《君臣篇》云:"先王善与民为一体,则是以国守国,以民守民也。"《牧民篇》云:"政之所兴,在顺民心;政之所废,在逆民心。"又,《大匡篇》言:"庶人欲通吏,而吏不为之通者,治之以罪。"又言"令晏子进贵人之子",即贵族之选举;"高子进工贾",即富商之选举。足证管子立法,民权甚伸,故桓公问"欲胜民",而管子危之也。**特法制森严**,如《法禁篇》《明法解篇》所言是也。以法律为一国所共守耳。如《管子》云:"正月之朔,百官在朝,君乃出令布宪于国。宪既布,有不行宪者,罪死不赦。考宪而有不合于太府之籍者,侈曰专制,不足曰亏令。"是管子以立宪为政,不以专制为政矣。

商鞅著书,亦知以法治国之意,如"法者,所以爱民""法者,君臣之所共操也"是也。此以法治国之义。**重国家而轻民庶**,商君之意,以为人人皆有服役国家之责任。公役为重,私役为轻,故悉以农战为主,而不重教育。**以君位为主,以君为客**。《修权篇》云:"权者,君之所独治("独治",严可均校本《商君书》作"独制")也。"又曰:"尧、舜之治("治",严可均校本《商君书》作"位")天下也,非私天下之利也,为天下位天下也。"此商君以君位为主、以君为客之证。**然立法不泥古**,如言"苟可以利国,不法其古。前世不同教,何古之法"是也。**此其所长**。夫商君言"论至德者不和于俗,成大功者不谋于众",虽偏于专制,然当商君之时,秦民甚愚,非朝廷有坚固之力,则人民必百出而阻挠,所谓"非常之源,黎民所惧"也。证以俄国大彼德之事,可以知矣。**韩非亦然**,如守株待兔诸喻是。**复以峻法严刑**,如"刑者,爱之首也""法之道,前苦而后利"是也。**助其令行禁止**;如"君不能禁下而自禁者曰劫"是也。**而治吏之刑,较治民为尤重**,如"圣王治吏而不治民,吏治则民治"是也。

盖纯以法律为政治之本者也。派别各歧，大约墨家、儒家之论政法，持世界主义者也；法家之论政法，持国家主义者也；道家之论政法，持个人主义者也，故立说各殊。折衷非易。又，周末各书论政法者，又有《吕览·恃君篇》。其言曰："群之可聚也，相与利之也。利之出于群也，君道立也。故君道立，而利出于群。"又曰："置君，非以阿君也；置天子，非以阿天子也；置官长，非以阿官长也。"为黄氏《明夷待访录·原君》所本。

及暴秦削平六国，易王为帝，采法家之说，而饰以儒书，愚锢人民，束缚言论。相沿至今，莫之或革。此则中土之隐忧也。

计学史序

　　昔黄帝正名百物，以明民共财。见《祭法》。"共财"者，即均贫富之谓也。盖皇古之初，以农立国，由于得黄河之流溉，便利农业也。举天下之田，归之天子。天子按亩授民，以行画井分疆之法，如夏代之制，一夫授田五十亩；殷代之制，一夫授田七十亩；周代之制，一夫授田百亩，而馀夫亦有田五十亩，故人人有田。故人人有一定之产，而贫富不甚悬殊。吾睹中国文字，"穷"字从"穴"，"富"字从"田"，盖穴处者，身必贫；力田者，身必富。穷由于惰，富由于勤，此古代造字之微意也。秦州陈竞全亦主此说。至赋税之输，亦有定额。如夏代一夫授田五十亩，每夫计五亩所入以为贡。商代以六百三十亩之地，划为九区，中为公田，外八家各授一区为私田。八家合耕公田，而私田无税。周代每夫授田百亩，十一分而取其一。是赋税之额，古代甚轻，故民不至有饥寒之虑。故古代之民，家给人足，无仰事俯蓄之忧，则井地均平之效也。

　　特西国计学家之言财政也，约析为三：一曰君主之私财，一曰国家之公财，一曰人民之私财。若三代之世，则误认朝廷为国家，使君主之财，遂无限制。惟《周官》之制，财用计于太宰，而帝王之财，亦有会计，则分君主私财与国家公财为二。试观古籍所记载，不曰"普天之下，莫非王土"，则曰"奄有四海，为天下君"，致世之为君主者，视国家为私产，不图一国之公益，独谋一己之私藏。凡声色、宴游之费，无一不取之于民，而国家公财遂与君主私财无异。君民贫富，遂成一相反之比例矣。故古代之言计学者，主藏富于民之说，力斥财聚于上之非。以财聚于上，即不能复散于民，而民财将日尽矣。故《周易》一书，以利民为重。如"能以美利利天下""立成器以为天下利"是。而儒家所言，亦大抵以生财为本。如孔子言"足食"，又言"先富后教"。《大学》言："生财有大道：生之者众，食之者寡，为之者疾，用之者舒。""生之者众"，指生利之人言也；"食之者寡"，指分利之人言也。以一国所用之财，与一国所生之财相较，最合于计学之言。"为之者疾，用之者舒"，亦即开源节流之意。而孟子之对梁王也，以"谷与鱼鳖不可胜食，材木不可胜用，使民得养生丧死无憾"为王道之始，又言："古明君制民之产，必使之足以养父母、畜妻子，然后驱之为善。"《荀子》亦曰："养民之求，给民之欲。"则咸以生财为富国之第一义也。对君主言，则曰"损上而益下"；如《大学》言："财聚则民散，财散则民聚。仁者以财发身，不仁者以身发财。"有若之告鲁哀公曰："百姓足，君孰与不足？百姓不足，君孰与足？"而孟子亦以充府库者为"民贼"。盖以君主日富，即下民日贫，故以暴敛横征为虐政之首也。对个人言，则曰"损己而利人"。如孔子言"君子喻于义，小人喻于利"，以"利"与"义"为相反。盖利于人者为义，利于己者为利。"义"者，宜也，所谓"因民所利而利之"也。故"喻义""喻利"，即以利人、利己而分。若孟子言"何必曰利"，亦大抵斥个人之营利耳。盖中代古字，"自营曰私，背私为公"。"利"字与"私"字义同。"利"字隐含自私之义，故儒家以"利"与"义"不两立，而董子即有"正义不谋利"之语。至宋儒继兴，以天理、人欲判"义""利"，至并"利"字而勿言，由是，以"利己"为非，并以"兴公利"为不然矣。此前人解"利物"之谬误也。然大利所存，必有两益，此则儒家所未知也。盖人生之初，只有自营、自私之念，无公共之观念。及社会进化，知利物之正为利己，于是损一己之私益，图一群之公益。是利物之心，正由利己之心而推也。而儒家则欲禁人民之言"利"，非强人民以所难乎？

墨子作《节用篇》，与《尚书》"不作无益害有益"义同。《节用上篇》之旨，在于去无益之费，作有益之事；而《节葬》《非乐》二篇之旨，亦由"节用"而推。按，《墨子》之言节葬也，以为人所以生财，财所以富民。今丧葬不节，则人之因服丧而废事者必多；事废，则生财愈乏矣。况厚葬，则厚于送死，薄于养生；耗财之用愈多，则民愈贫。此墨子所由以厚葬为国家贫、人民寡、刑政乱之本也。至《非乐》之旨，亦以乐为无益之费，国家取民财而为无益之用，非私一己之乐乎？此墨子"非乐""节葬"之本旨也。节人君之私用，为一国之公财，《节用上篇》曰："去大人之好聚珠玉、鸟兽、犬马，以益衣裳、宫室、甲盾、五兵、舟车之数。"诚以珠玉等物，君主一人之私好也；甲盾、五兵、车舟，一国之公益也。盖墨子知国家公财与君主私财为二，故节人君之私用，以为一国之公益也。又，《节用中篇》云："凡足以奉给民用者，则止诸加费；不加于民利者,圣王不为。"盖墨子之意,以为凡事之利于国家民人者,不妨取民财以为之;若事与国家人民无益,虽丝毫,不能取于民也。其理甚精,非节俭之谓也。以务本去末为主,非矜矜于节俭也。

若道家之"贵俭",如《老子》以"俭"为三宝之一。又曰:"不贵难得之货。"无非贵俭之言。即庄、列,亦不言兴利也。又与墨家之"节用"不同。墨家主于节冗费,道家主于不兴利。时非皇古,孰能行之而无弊乎?

管子持国家主义,亦以利民为先,如言"治国之道,必先富其民",则亦以利民为治国之本。以正德之本,在于利用厚生。如言"仓廪实而知礼节,衣食足而知荣辱""民富则易治,民贫则难治"是也。故觇国家之贫富,必以人民之勤惰为凭。观其言曰:"行其田野,视其耕耘,则饥饱之国可知。行其山泽,观其桑麻,计六畜之产,则贫富之国可知。"故富贵之法,约有三端:一曰改圜法,如《乘马》诸篇所言是。故齐之圜法,与周代圜法不同。二曰兴盐铁,如《海王篇》所言者是。三曰谋蓄积。如《国蓄篇》所言者是。又,《事语篇》云:"非有积蓄,不足以("足以",《管子校正》作"可以")用人;非有积蓄,则无以劝下。"亦其证也。而理财之法,亦与列国迥殊。有所谓贷国债者矣,《管子·轻重丁篇》桓公曰:"峥丘之战,民多称贷,负子息,以给上之急,度上之求。"是齐早募国债。有所谓税矿山者矣,《山国轨篇》:"国立三等之租于山。"即西人税矿山之制度。又有所谓选举富商者矣。《大匡篇》言"高子进工贾",即选举富商之证。然《八观篇》又云:"以金玉货财、商贾之人,不论志行,而有爵禄也,则上令轻,法制隳。"是管子虽选举富商,而亦有所以限之之策也。与皙种所行之政,大约相符。又以财货轻重之权,操于君主,如《国蓄篇》云:"故人君挟其食,守其用,据有馀而制不足。"又曰:"以重射轻,以贱泄平。"即李悝"籴谷"说。盖管子利民,多用干涉主义,与儒家言"君主代民兴产"者稍同。而力禁君主之削民。如《山至数篇》云"民富,君无贫;民贫,君无富",《版法解》云"与天下同利者,天下持之;擅天下之利者,天下谋之"是也。盖以富民与富国并重者也。

顾列国之时,治商学者甚鲜。管子而外,卫有子贡,越有范蠡,周有计然,皆见《史记·货殖传》。大抵明货殖之术,拥富厚之资。然当时之学者,则又重农而抑商。儒家以利农为本,以经商足以妨农业也,由是,斥商贾为贱夫。如《孟子》言"古之为市,有司者治之。有贱丈夫,罔市利,始行征商"

是也。法家者流，亦以商业与农业不两立，至欲废商而重农。《商子·垦令篇》云："重关市之赋，则农恶商，商有疑惰之心。"《外内篇》云："末事不禁，则伎巧之人利；市租太重，则民不得无田。食贵，籴食不利，而又加重征，则民不得无去其商贾伎巧，而事地利矣。"是商君以征商为抑末也。

夫中国虽以农立国，然商贾亦列四民之一，不得斥为贱民。如《易》称"先王通商贾"，《书》言"懋迁有无化居"，《礼·月令》言"来商贾，纳货贿"，而《周礼》太宰九职，亦言"商贾阜，通货贿"，是古人未闻有"废商"之说也。而战国诸儒，独斥商贾为末业者，则以列国兵争，士无恒产，疾贫妒富，肆为愤激之言。故加怒于富人。又以兵祸频仍，非财不继；欲重征商贾，又苦无名。由是，托"抑末"之名，以行"征商"之实。后儒不察，以为商业足以病农，岂通论哉？

至"重农"之说，百家诸子，说亦各殊。孟子主薄赋之策，如言"薄税敛""耕者助而不税"是也。乃坚守井田之制者也。商君、李悝主垦田之策，乃坚持兴利之说者也。《商君·垦令篇》皆言开阡陌为田，而李悝亦为魏文侯尽地力。又，白圭轻税，如言"欲二十而取一"是。其意主于便民；然赋税轻，则不能兴利除弊。许行并耕，其说出于共财。许行之言曰："贤者与民并耕而食。"是许行之意，以君主不当有私财，特昧于分功之说。夫人生食色之欲，莫不取于相资。若许行之说，是欲驱天下之人民，悉从事于力农，则是分工未起时之言耳，非文明时代之制也。立说虽歧，要皆各是其所是。儒家斥之，如孟子辟白圭、陈相，并以辟草莱、任土地者，当服次刑，皆此意也。未为当也。

秦、汉以降，儒家者流，大抵主重农之论，而以加赋为讳言，亦由于君主以民财为一姓私产之故。而兴利之臣，则力主征商之说。如孔仅、桑弘羊是。二说纷争，迄无定论。读桓宽《盐铁论》之书，可以知其故矣。

兵学史序

　　中国皇古之初，以尚武立国。然争端迭起，战祸频仍，人民之殉身疆场者以百万计。一二仁人贤士，惕然忧伤，以用兵足以害民，由是，尚武之风，易为轻武。试观古籍所言，不曰"尚德不尚力"，则曰"耀德不观兵"。黩武穷兵，垂为大戒。

　　东周以降，井田渐废。入兵籍者，大抵皆出于召募。军士与国家之关系，犹雇工之于资本家耳。而养兵之事，悉出于朝廷一己之私。战争既作，征调频繁。驱不教之民，而使之干城捍国，兵锋所及，千里为墟。由是，儒家者流，以用兵为诟病。孔子虽主去兵，孔子所谓"去兵"者，非言兵之必可废也，故先言"足兵"，特以不得已之故而始去兵耳。又，卫灵公问阵，孔子不答，亦以灵公不知用兵之原理耳，非真恶兵也。然不以教兵为可废，如孔子率师堕成，而弟子冉求、子路诸人，咸知用兵。又曰："善人教民七年，亦可以即戎。"又曰："我战则克。"是孔子未尝不以兵事为重也。孟、荀生战国之时，目击战场之惨祸，故孟子论兵，以"人和"为主，至谓"制梃可以挞秦、楚"，而最嫉用兵。如言"善战者服上刑""我能为君约与国，战必克。今之所谓良臣，古之所谓民贼""不教民而用之，谓之殃民"是。荀子论兵，亦称"仁义"，以壹民为主，见《议兵篇》与临武君问答语。与孟子同，虽足矫乱世殃民之弊，然竞争既烈，犹欲以德服人，是犹诵《孝经》以退羌胡、执《春秋》以惧乱贼也。儒效迂阔，此其一端。

　　儒家而外，若道家以用兵为不祥，《老子》曰："夫佳兵者，不祥之器。"又曰："大兵所过，荆棘生焉。"墨家以"非攻"为重务，墨子著《非攻篇》，然不废尚武。以安境息民之旨，戢弭争端，亦救时之良法也。而兵家者流则不然，以为处纷争之世，非用兵则国不存。由是，论兵之书，各成派别。在班《志》之叙"兵家"也，析为四类：以阴阳为最乏实用。一曰阴阳，此用兵之贵天时者也。二曰形势，此用兵之贵地利者也。三曰权谋，此用兵之贵人为者也。四曰技艺。此用兵之贵物巧者也。分别部居，有条不紊。诚哉！其该备矣。然自吾观之，则师旷之流，兼用阴阳者也；如言"南风不竞，楚必无功"是。又，卜偃言"丙子旦，必克虢"，亦阴阳家流之言兵者。而春秋之时，以卜筮测用兵之胜败者甚多。孙武之流，兼明形势者也；如《孙子·九地》诸篇是。管子之流，兼操权谋者也；管子之用兵，大抵言欲知天下之兵谋，而不欲天下知己之兵谋，故《地图篇》曰："遍知天下兵主之势。"墨子之流，兼尚技艺者也；如《备城门》诸篇是。而孙吴、司马诸家，并能推空言为实用，以著武功。惜三家而外，书不尽传，按，《吕氏春秋》："王廖贵先，倪良贵后。"疑此亦指用兵言。《左传》引兵法曰："先人，有夺人之心；后人，有待其衰。"即"贵先""贵后"之确证。此兵家遗法之仅存者也。使汉、宋诸儒，坚守儒家之说，至以用兵为讳言。如宋儒不主用兵，并以"勇"德为"克己"，致国势日衰。惟博野颜先生以尚武为国本，力辟宋儒之谬说，厥功甚大。非参考古代兵家之学，大约战国之兵学，可以兵法学及战法学该之。兵法学者，兵家之原理及兵家之权谋也；战法学者，用兵之法及攻守之方也。何以奠国家于磐石之安哉？

教育学史序

三代学校之制度,今多失传。《管子·弟子职篇》只陈入学之规,未详立学之制。所言皆入小学之规。即《大戴记·学礼篇》,今亦不存,仅散见于贾谊《新书》。如《新书》所云"帝入东学,尚亲贵仁;帝入南学,尚齿贵诚;帝入西学,尚贤贵德;帝入北学,尚贵贵爵("贵爵",卢文弨校本《新书·保傅篇》引《学礼》作"尊爵");帝入太学,从师问道"是也,皆帝王入学之词。然即《小戴记》观之,则大学之制,略见于《明堂位篇》;《明堂位》云:"米廪,有虞氏之庠也。序,夏后氏之序也。瞽宗,殷学也。頖官,周学也。"此指大学而言,即周代所设东学、西学、南学、北学也。中为辟雍。乡学之制,略见于《学记篇》。《学记》云:"古之教者,家有塾,党有庠,州有序,国有学。"此即指乡学而言。《孟子》"庠序学校"之说,即本于此。惟据何休《公羊解诂》,则周代之民,"八岁者学小学。其有秀者,移于乡学。乡学之秀者,移于庠。庠之秀者,移于国学。学于小学,诸侯岁献贡士于天子;学于大学,其有秀者,名曰造士。"以上录《公羊·宣十五年传》何氏《解诂》。其说与《戴记》《周官》合,《汉书·食货志》亦同。足证周代之时,教有定程,课有定业,与皙种所行之学制,大约相符。周代学制,由小学移乡学,即西国由寻常小学入高等小学之制也;由乡学移之庠,即西国由高等小学升中学之制也;由庠移国学,即西国由中学入大学之制也;由国学移太学,即西人入京师大学之制也,故其制相同。

特当此之时,官学盛兴,私学未立。及周室东迁,礼坏乐崩,六艺之囿,鞠为茂草。有志之士,惕焉忧伤,于是,以私门教育辅国家教育之穷。

儒家尊崇德育,如孔子言"弟子入则孝,出则悌,谨而信,泛爱众而亲仁",皆德育也；又言"志于道,据于德,依于仁",亦德育也。孟子亦曰："学则三代共之,皆所以明人伦也。"是伦理一科,为儒家教育之主也。**而智育、体育二端,亦所不废。**如《论语》言"游于艺",即礼、乐、射、御、书、数也。颜习斋以《大学》"格物"即《周礼》"三物",而"三物"之中,又以六艺为最要,似未必然。特智育各科,已该于六艺,则固彰彰可信者也。又,孔门弟子,若子路、有若之徒,皆知用武,亦孔子不废体育之征,特孔门未尝重视之耳。**教育不择人而施,**儒家取教育普及之义,故孔子之言曰："诲人不倦。"又曰："吾无行而不与二三子者,是丘也。"又曰："自行束修以上,吾未尝无诲焉。"又曰："有教无类。"故颜涿聚以大盗而学于孔子,段干木以大驵而学于子夏,以平等为主义,一扫学术专制之风矣。**然教授之法,贵"时习",**"时习"者,即学科有秩序之谓也。此实三代教育之旧法。盖古代治学,以时习为主。有就终身之时言者,如《礼记·内则篇》云："六年,教之数与方名；九年,教之数日；十年,学书计,朝夕学幼仪,请肄简谅；十有三年,学《乐》、诵《诗》,舞《勺》；成童,舞《象》,学射、御；二十,学礼,敦行孝悌；三十,博学无方。"以智育、体育为先,以德育为后,孰非古代教育之秩序乎？有就一岁之时言者,《礼·文王世子篇》有云："凡教世子及教士,必时。春、夏教干戈,秋、冬教羽钥。"又云："春诵,夏弦,秋学礼,冬读书。"此古人一岁中肄业之定则也。有就一日之时言者,即敬姜所谓"士朝而受业,昼而讲贯,夕而习复,夜而计过无憾"是也。盖古人教育,皆有一定之程。孔子言"学而时习之",即用古教法以勖弟子也。王《注》云："诵习以时。"其说甚确。刘《疏》谓"时习"指日中之时,立说似狭。若朱子训"时"为"常",则与古人之意旨相悖矣。**而重分科。**故孔门分德行、言语、政事、文学为四科,而孟子亦曰："君子之所以为教者五,有如时雨化之者,有成德者,有达材者,有答问者,有私淑艾者。"此儒家分科施教之证。**故承学之士,各得其性之所近,执一术以自鸣。**此意,韩昌黎亦言之。观孔门弟子三千,而身通六艺者,仅七十有二人。见《史记》。若性与天道,虽子贡,不可得闻。盖孔子之以《六经》设教也,以《礼》《乐》《书》《诗》为普通科,故《荀子》曰："始于《诗》《书》,终于《礼》《乐》。"而不及《易》与《春秋》。子贡言："性与天道,不可得闻。""性"指《易》言,"天道"指《春秋》言也,观《汉书》京房、李寻等传赞可见。**非因材设教之证哉？孟子之论教育也,以教育之权归之国家,**故孟子对梁王、齐王也,皆言"谨庠序之教,申之以孝悌"之义,而复以立学之制语滕文公,是孟子固深以兴学望之人主也。**而不废私门教育。**如孟子言"得天下英才而教育之,三乐也"是。即荀子著书,亦首崇劝学。《荀子》以《劝学篇》为首篇。非儒家重视教育之证哉?

墨家亦崇教育,故墨子巨子,至千百人。《庄子》言"南方墨者,俱诵《墨经》",《韩非子》言"墨分为八",而《孟子》亦曰:"墨翟之言盈天下。"非弟子众多之证耶? 特教授之法,书籍阙如,略见于《修身》等篇。今不可考耳。

道家轻视教育,如《老子》有言:"古之善为国者,非以明民,将以愚之。"而《庄子》亦以"绝圣去智"为言,皆道家轻视教育之证也。已开法家之先声。管子者,以道家而兼法家者也,以为化民成俗,其权悉属于人君,斯民无私学。如《管子》之言曰:"君道立,然后下从。下从,然后教可立,而化可成也。"又曰:"官无私论,士无私议,民无私说。"是管子之言教育也,以教育之权,当操于国家,不当操于民庶。且谓君主之尊,当干涉全国之教育,与儒家稍殊。又以教民之法,道德为先。如《管子》言"士之子恒为士",又曰"择士,必取好学孝慈",则非以教育为可废。又曰:"群臣不用礼义教训则不祥。"亦管子重教育之证。例以儒家之说,大约相符。儒家言"先富后教",而《管子》亦言"先富而后教"。

法家则不然,本道家之绪论,而视教育为至轻,如《商君书》言:"民不贵学则愚,愚则无外交,国安不殆。"而《韩非子》亦曰:"群臣为学者,可亡。"以为民智则难驯,民愚则易制。而背伪归真之说,实开秦政之焚书。当商君时,已劝秦孝公焚《诗》《书》。

及秦政焚书,《五经》出于灰烬,古代教民之良法,湮没无闻。惟《学记》一书,列于《戴礼》,前儒教法,略具于兹编。如言"学然后知不足,教然后知困""时教必有正业""相观而善之为摩""善问者如攻坚木""善待问者如撞钟",此皆论教育之精语也。智者观其说而会通之,教法之兴,可计日而待矣。

理科学史序

古代学术，以物理为始基，见前《心理学史序》。而数学发明，始于黄帝。黄帝之时，命隶首造算数，以率其羡要其会，为后世九章算法之祖，而律度量衡，由是成焉。因数学之发明，而生天文学、历数学二派。黄帝命大挠作占天官，设占天台，观测日月星辰；又命容成作盖天，以象周天之形，为中国天文学之祖。黄帝时，大挠作甲子，容成调历。至高阳氏，以建寅之月为历元，后世历法本之，为中国历法学之祖。后世之天文学、历谱学，其流派也。唐、虞之世，实学日昌。观唐尧时，命羲仲于嵎夷，命和仲于昧谷，命羲叔于旸谷，命和叔于朔方，皆测量天文之人也。又以仲春、仲夏、仲秋、仲冬之夕，定中星之所在。而虞舜摄政，复创璇玑玉衡，以为观察天象之用。此天文学之可考者也。唐尧之时，以三百六十日为一年，置闰月以定四时；而虞舜之时，复协时月正日。此历数学之可考者也。而《舜典》复言"同律度量衡"，亦唐、虞时代不废数学之确征也。由殷至周，学者崇尚空言，罕言实用。东周以降，儒家者流，虽侈言格物，《大学》言"致知在格物"，朱子《补传》言："是以大学始教，必使学者即凡天下之物，莫不因其已知之理而益穷之，以求至乎其极。至于用力之久，而一旦豁然贯通，则众物之表里精粗无不到，而吾心之全体大用无不明。"此说最精。盖中儒多以"格物致知"之学，概归之"穷理"，惟朱子以"穷理"基于实验，最为的当。而王阳明之解"格物"也，以《大学》之"明德"为"良知"，以"去恶存善"为"止至善"，以"捍格外物"为"格物"，至谓"天下之物，本无可格"，此特因己身以格物而成疾耳，故言"格物之功，具在身心上做"。又训"格"为"正"。然果如其说，则"格物"即"正心"矣。故王氏之说，不若朱子之确也。又，《大学》言"物格而后知至，知至而后意诚"，亦至精之语。盖真实无妄谓之"诚"。妄之生也，由于虚，故实验之学明，即能无妄也。又，《中庸》云："不诚无物。"朱子释之曰："天下之物，皆实理之所为，故必得是理,然后有是物。"亦即"格物"之义。故《中庸》又言:"能尽人之性,即能尽物之性;能尽物之性,则可以赞天地之化育也。"**然即物穷理之实功,茫乎未之闻也。孔子以道为本,以艺为末,故儒家虽有"格物"之空言,无"格物"之实效。而孟、荀二家,亦重心理而轻物理。**

墨家则不然,学求实用。于名、名学即论理学。《墨子·经》上、下篇,皆论理学之言。数、《墨子·经上篇》云:"圜,一中同长也。"此即《测圜海镜》"圜体自中心出径线,至周等长"之说。又云:"方,柱隅四杂也。"此即《几何原本》"方体四维皆有隅,等面、等边、等角"之说。又云:"一少于二,而多于五。"此盖以名学之理说数学也。大约墨子于数学最深。陈兰甫《东塾读书记》以《几何》及《海岛算经》释《墨子》,共得数条,亦发挥墨学者也。质、如《墨子》言"化,征易,若蚳若鹑","五合、水、火、土,离然铄金。腐水、离木","同,重、体、合、类。异,二体,不合,不类",此即化学家化合、化分之说也;而发明重体之说,亦颇精确。力如《墨子》言"均悬轻重而发绝,不均也。均,其绝也莫绝。"此即重学之理也。**之学,咸略引其端。**墨子亦明光学,如言"临镜立景","二光夹一光","足被下光,故景成于上","鉴者近中,则所鉴大;远中,则所鉴小",即显微镜之说也。

墨子而外,若庄子之明化学、若《庄子》所言"老槐生磷"之类。数学,如《庄子》所言"一尺之棰,日取其半,万世不绝",此亦几何之理也。**关尹子之明电学,**如关尹子所言"石击石则光",又言"磁石无我,能见大力",皆电学之理。**亢仓子之明气学,**如亢仓子所云"蜕地谓之水,蜕水谓之气"是也。**孙子之明数学,**《孙子算经序》曰:"考二气之升降,推寒暑之迭运,步远近之殊同,观天道精微之暑基,察地理纵横之长短。"则孙子深明数学之用,不言可喻矣。而戴东原疑此书为伪作,然仪征阮氏则力言其为孙武之书。**或片语仅存,或粹言湮没,然足证百家诸子,咸重实科。**

又如星球之说,近人视为新理者也,而星由日生之说,纬书载之;中文"星"字从"日"、从"生",言星为日所生也。古纬书之说如此,即西人所言八星由太阳热质分出之说也。《说文》之解"星"字,不若纬书之确。**地圆之说,亦近人目为新法者也,而天圆地方之语,曾子辩之。**地圆之说,中国发明最早。纬书引苍颉曰:"地日行一度,风轮扶之。"即地球绕日之说也。《管子》有《地圆篇》,而曾子亦曰:"如诚天圆而地方,则是四角之不掩矣。"又,《素问》云:"地在天之中,大气举之。"此吸力之说也。纬书《考灵耀》云："地恒动不止,而人不知。"此地动之说也。且《管子》明地圆,《地圆篇》之意,大抵在于物土宜而布地利。又,《管子·水地篇》亦详山脉、河流之理。《吕览》作"任地",《吕氏春秋》有《任地篇》。此地学之滥觞也。

"心"字训"纤",刘熙《释名》训"心"为"纤",言"心细则无物不贯",此亦古书之旧训。据此,则"心"为"纤微"之义矣。又,"尖"字古文作"鑯","鑯"与"纤"通。盖"心"字有"尖锐"之意,即象思想外出之形。《释名》言"所识纤微,无物不贯",而朱子所谓"心具众理"也,是"心"字界说甚广,非仅属于五脏之一也。"思"字从脑,"思"字从"田","田"当作"囟",象脑盖之形;"惠"字、"叀"字亦然。足证脑筋之说,古代之人亦非不明其理也。此生理学之精语也。

至齐人邹衍,侈言瀛海九洲,先验小物,以至无垠。见前《社会学史序》。格物穷理,兼擅其长,惜书籍失传。而一二伪儒,致以"格物致知"之学,悉该于"穷理"之中,此科学所由日晦也。近人喜以中国旧籍与西国科学书相证,如《格致古微》诸书是也。然附会之谈,亦颇不免,末能妄为牵合也。能勿叹哉!

哲理学史序

　　战国之时，诸子百家以学相竞，仰观俯察，研精覃思，以期自成其学术。上者深造自得，卓然成家。即有怪奇驳杂，出乎其间，亦足以考思想之迁变，辨古学之源流。识大、识小，虽判浅深，然推显阐幽，足与白民争耀，可不谓学术之昌与？惜空言垂布，辩学未兴，"辩学"即论理学也。致前哲立言，难期精确。试略陈之。

　　夫唯心之论，发于孟子者也。孟子之言曰："尽其心者，知其性也。"王一庵云："孟子言'尽其心者，知其性也'，盖天下凡职分所当为者，皆其性分内之固有，故人必知天地万物，无一不备于吾性之中，然后能以宇宙内事为己分内事，必竭尽心思，以担当自任。"又曰："万物皆备于我。"朱《注》亦以"当然之理，无一不具于性分内"释之。其说近于佛陀。佛书言："大地山河，皆起灭于性海。"又，西儒柏拉图亦言："吾人知识事物，凡推测与雷同，皆为俗见。"而近人笛卡儿，亦极主张唯心之论者也。然意物之际，常隔一尘地。英赫胥黎氏之说。虽事物当前，不假思索，故《易经》言"何思何虑"。然惟具此物，乃动此知。并物且无，知何由起？故以官接物，"官"即耳、目、鼻、口及四体也。感觉乃生。西儒康德哲学，分感觉、推理、良知为三，谓感觉必生推理，推理必因良知。此亦主张唯心说者，然较孟子说为圆满。由感生智，由智生断。谓心能知物，可也；谓物由意造，不可也。此即佛家之说。安得谓物备于我，而我外遂无物乎？心物相符之说，最为的当。非物，则心无所感；非心，则物不可知。此心性学之谬误者也。

　　又，"无极"之论，发于列子者也。《老子》之言曰："无生有。"大抵谓先有无极，后有太极。宋儒"无极而太极"之说，已原于此。列子之言曰："无极之外，更无无极；无尽之外，更无无尽。"夫太极之外，皆为无极。盖有形之外，莫非无形之物。有形之物,有界域者也,有起讫者也;无形之物,无界域者也,无起讫者也,且有内而无外者也。无形与有形,相为对待,非有形即无形,非无形即有形。有形者,有尽者也;无形者,无尽者也。无尽,故为无极;有极,故为太极。此"有极"与"无极"之分也。"有极""无极",乃互相对待之词。既曰无极,则非有极明矣;既曰无尽,则非有尽明矣。若如列子所言,则无极之外无无极,则无极即有极矣;无尽之外无无尽,则无尽即有尽矣。物既有极,何云无极?理既有尽,何云无尽?谓非互相矛盾乎?天地元始,造化真宰,虽智者不能尽穷,如空气布濩六合,果为有尽,抑为无尽?实难决之问题。故天竺哲人,以"无量"二字该之。如佛经言"世界无量""众生无量""浩劫无量"是也。又以"理"之不可竟穷也,于是以"不可思议"之说,"不可思议"者,既非不能思议,亦非不屑思议,乃"理"之穷者也。以表事物之精深,岂若列子无根之说乎?此虚灵学之谬误者也。宋儒之论"无极""太极"也,大抵以"动""静"二字该之,观周子《太极图》可见。然以"动""静"二字该太极、无极,不若以"有界""无界"四字该无极、太极也。此宋儒立说之误也。

略举数端,足证我国诸子之言哲理者,大抵皆瑜不掩瑕矣。孟子、列子,皆主张一元论者也,非二元论。惟《大易》《中庸》,发明"效实""储能"之理。斯宾塞尔《群学肄言》曰:"一群之中,有一事之效实,即有一事之储能。方其效实,储能以消。而是效实者,又为后日之储能。"其理甚精。盖"储能"即翕以合质之说,"效实"即辟以出力之说也。近世侯官严氏,谓《易·系词》言"夫《乾》,其静也专,其动也直",即辟以出力之意;又言"夫《坤》,其静也翕,其动也辟",即翕以合质之意。其说固然。然吾观《周易·系词》之言曰:"夫《易》,无思也,无为也,寂然不动,感而遂通天下之故。""寂而不动",即"储能"之义,所谓"翕以合质"也;"感而遂通",即"效实"之义,所谓"辟以出力"也。又如,"推显阐幽","推显"即效实,"阐幽"即储能;"何思何虑"即储能,"一致百虑"即效实。是效实、储能之理,《大易》早发明之。又,《中庸》云:"喜、怒、哀、乐之未发,谓之中;发而皆中节,谓之和。""未发之中"即储能也,故曰"天下之大本";"发而中节"即效实也,故曰"天下之达道"。《中庸》又云:"君子之道,费而隐。"郑《注》以"无道则隐"之义称之,非也。朱《注》云:"费,用之广也;隐,体之微也。""用广"则近于效实,"体微"则近于储能。宋儒言学,分"体""用"为二,其理亦精。盖《中庸》与《大易》,本互相表里,观邵阳魏氏《庸易通义》可见。若老子之说，亦颇明储能之理，惟效实之说，老子未及言之耳。中邦哲理，赖此仅存。

又，吾即周末之学派考之，知擅长之学，略有三端。

一曰天演学派。天演学派，以进化论为始基。欧洲言进化学者，以达尔文为最著，于动、植物繁殖之故，悟物类之变迁，创为"天择物竞"之说，以推古今万国之盛衰。至谓人类造生，必经天然淘汰之作用。儒家立说，虽斥强权，《乐记篇》云："是故强者胁弱，众者暴寡，智者诈愚，勇者苦怯，疾病不养，老幼孤独不得其所，此大乱之道也。"是儒家深斥强权也。**然"天择物竞"之理，窥之甚明。**盖宇宙万物，莫不有强弱之差。强与弱相持，而优胜劣败之理自著矣。观《论语》之论岁寒，《论语》云："岁寒，然后知松栢之后凋也。"此二语，实"天择物竞"之精理。物竞者，物争自存也。以一物而与众物争，或胜或败，或存或亡，则其效归于天择。天择者，物争而独存者也。斯宾塞尔曰："天择者，存其最宜。"盖"松栢之后凋"，即"存其最宜"之证。非惟得天独厚，亦由松栢具傲岁寒之能力耳。此"天择物竞"之说也。《中庸》之论生物，《中庸》曰："故天之生物，必因其材而笃焉，故栽者培之，倾者覆之。"因材而笃，即"天择"之义，其理与《论语》"岁寒"章相同，皆天演学之精言也。**因庶物之繁滋，而明天然淘汰之作用，孰非孔门之粹言乎？**以上二义，皆孔子之言也。盖儒家富于经验，故能执公例以定必然。此例证之《山海经》而益明。西人考生物之次第也，谓由植物而生动物，由动物而生人。人类者，动物之所衍也。故动、植庶品，率皆递有变迁。其始也，陆草与水草争；其继也，动物与植物争；又其继也，则人类与动物争。观《山海经》一书，有言人面兽身者，有言鸟面人身者，而所列鸟兽草木，多为后世所无。盖地球初成，为大鸟、大木之时代；继也，为野番酋长之时代。观汉时武梁祠画象，其画古代帝王，亦多人首蛇身、人面兽身之怪状，足证《山海经》确实可凭，即西人由动物衍为人类之说也。《山海经》成书之时，乃中国由野蛮进为邦国之时代，故人类、动物之争，仍未尽灭。《孟子》言尧时"兽蹄鸟迹，交于中国"，《左传》言禹铸九鼎，"使民知神奸，不逢不若"，则当时人、物竞争未息。厥后人类日繁，而奇禽怪兽，相灭于无形，即优胜劣败之说也。故《山海经》一书，足以证明天演学之说。周末儒者，大抵皆考察此书，故经验事物而发明天择物竞之妙理也。**儒家而外，若《墨子·非命篇》，亦主"人定胜天"之说，**《墨子·非命篇》之旨，在于以人定胜天，而天不可独任。盖中国古代多任天为治，以为国祚之盛衰，人寿之修短，皆有一定之数。而

《墨子·非命篇》则近于赫胥黎之天演说，以为天不可独任，要在以人胜天，斯为天所存，否则为天所灭，乃天演学最精之义也。以为天不可独任，要贵以人胜天，与申包胥之说，互相发明。申包胥之言曰："人定胜天。天定者，亦能胜人。"盖"人与天争"一语，为中国儒者所骇闻。惟唐代刘禹锡之作《天论》，则主张"人定胜天"之旨。盖儒家之论，近于达氏；即"物由天择"之说也。墨家之论，近于赫氏。即"人与天争"之说也。惟语焉未详，未能自成一家言耳。此由实验学尚未大明之故耳。

　　一曰乐利学派。西儒乐利学派，以求乐避苦为宗。希腊人伊壁鸠鲁之言曰："利者何？快乐是也。恶者何？痛苦是也。"与宗教家"去乐就苦"之说，大相背驰。及英人边沁之说兴，以为人世之善恶，悉由苦乐而区分。凡世之所谓善、不善者，仅以利、不利分之而已，名曰"乐利派"。孟子斥杨朱为"为我"，《孟子》曰："杨氏为我，是无君也。"又曰："杨子为我，拔一毛而利天下，不为也。"而杨朱之说，载于《列子》者特详。《列子》有《杨朱篇》。其立言大旨，不外"趋利""避害"二端。杨朱既以乐利为宗旨，故以趋利避害为宗，以为人之贵贱、贤愚，其生虽异，其死则同。人生之寿，无过百年。百年之中，欢乐有几？故等尧、舜于桀、纣，以伯夷、展季为非，以子贡为是。身后之荣辱非所知，身前之荣辱非所计，以好名足以困苦己身也，故首斥好名。推其意旨，殆乐生、逸身而外，别无利己之可言；而人生行乐，不过美厚与声色二端。观杨朱所引管子、晏子之言，可以知其用意之所在矣。以为好逸恶劳为人生之本性，杨朱之义，以为以忧困导民，违民之性者也；以佚乐导民，顺民之性者也。违民之性，则民不亲；顺民之性，则民易使。使顺其性而导之，则民庶易从，故其说盈于天下。无高远难行之弊。又以孔、墨之徒，去乐就苦，故矫枉过正，在杨朱之倡"乐利"也，盖见当时之诸侯强弱相侵，而孔、墨之徒，故劳困其身，以求行其说，故力矫此弊，以与孔、墨之说相背而驰。观杨朱首斥周、孔，而孟子亦首斥杨朱，致等诸禽兽；而《墨子》书中，亦多与杨朱反对，屡言兼士与别士之不同。"别士"指杨朱学派言，而"兼士"则指墨子学派言也。以冀己说之易行。以存我为贵，以侵物为贱，杨朱之言曰："智之所贵，存我为贵；力之所贱，侵物为贱。""存我为贵"者，即保持一己权利之谓也；"侵物为贱"者，即不以权力加人之谓也。盖杨朱之意，欲人人尽个人之资格，故其言又曰："损一毫利天下，不与也；悉天下奉一身，不取也。人人不损一毫，人人不利天下，则天下治矣。"推其意旨，盖谓人人当保其权限，不能越己之权限而侵人，亦不能听人之越权限而侵我，所谓人人当保其自由，而以他人之自由为限也。足证杨朱立言，重权利而不重权力，与边沁稍殊。于权利、权力之界，区划昭明。若如边沁之说，则天下有利即有害。有所利于此，必有所不利于彼；此之利日益增，则彼之利日益减。故扩张一己之自由，必自侵犯他人之自由始。此乐利派所由为强权之先导也。若杨朱之言，则仅以保存一己之自由为限，决不犯及他人之自由。此其与边沁之说大相歧异者也。惟利己之念虽萌，而利物之心未溥，边沁以个人之幸福为小，以一群之幸福为大，故由个人之幸福，进而谋一群之幸福；不以个人之苦乐为苦乐，而以一群之苦乐为苦乐，以为利物即以利己也。若杨朱之言，只知以利个人为乐利，不知以利一群为乐利；知利己之所以利己，而不知利物之亦为利己，故主独善而不主兼爱，与边氏不同。较之边沁所言，盖有逊矣。《墨子·大取篇》亦纯乎边沁之说者也。当时学者，以杨朱纵欲，近于恣睢。《荀子·非十二子篇》以"纵情性、安恣睢"为它嚣、魏牟。盖此二人者，皆崇奉杨朱"为我"之学派者也。然乐天安遇，清净节适，观杨朱之言曰："不逆命，何羡寿？不矜贵，何羡名？不要势，何羡位？不贪富，何羡货？"是杨朱立品，固当时隐佚之流，曷尝有纵欲之事也？与魏晋名士之放旷者不同，故陈兰甫《东塾读书记》亦称杨朱人品甚高也。岂若清谈家之放旷哉？故杨氏之言，盈于天下。吾观《论语》载子贡之问孔子曰："我不欲人之加诸我，我亦欲无加诸人。""不欲人加诸我"，即杨朱"利之所贵，存我为贵"之说也；"我亦欲无加诸人"，即杨朱"力之所贱，侵物为贱"之说也。而杨朱所言，复盛称子贡。窃疑杨朱当时，本窃闻子贡之绪论，则杨朱学派或亦出于儒家。惜今日无可考耳。

　　一曰大同学派。大同学派指所谓"世界主义"也。儒家之道，以"贵公"为本，《吕氏春秋》曰："孔子贵公。"以"一贯"为归。《论语》载孔子告曾子之言曰："吾道一以贯之。"告子贡之言曰："予一以贯之。""贯"训为"通"。"贵公"者，即持平之意也；孔子之贵公，有二证：一曰中，一曰恕。《中庸》曰："中者，天下之大本。"又曰："夫焉有所倚？"又曰："君子而时中。"《论语》曰："不得中行而与之，必也狂狷乎？"《孟子》曰："中道而立，能者从之。"又曰："孔子岂不欲得中道哉？不可必得，故思其次也。"此皆孔门贵"中"之征。盖"中"焉者，即不偏不倚之谓也。《中庸》为赞圣论，故首章即发明此旨。又，《论语》曰："夫仁者，己欲立而立人，己欲达而达人。"曾子曰："夫子之道，忠、恕而已矣。"子贡问："有一言而可以终身行之者乎？"子曰："其恕乎？己所不欲，勿施于人。"《中庸》曰："忠、恕，违道不远。施诸己而不愿，亦勿施于人。"此皆孔门贵"恕"之征。盖"恕"也者,推己及人之谓也,故"恕"字从"心"、从"如",所谓"如心为恕"也。至于推己及人,而私之界悉泯,故《大学》论平治天下,终归之于絜矩之道也。近儒著书,多发明此旨,如戴氏东原《孟子字义疏证》、焦氏理堂《论语通释》、阮氏芸台《论语论仁》,皆发明孔门"贵恕"之精义者也。盖孔门之"贵中",即佛家所谓"不落两边"也;孔门之"贵恕",即佛家所谓"方便"也。此"贵公"之精理也。"一贯"者,即通达之谓也。观《论语》言"无意,无必,无固,无我,无适,无莫","可立,可权","从心所欲而不逾矩",何一非通达之意乎?故《公羊》家言,有"反经行权"之说。试即儒家之言"通"者析之,有所谓"内外通"者,"内外通"者,此《春秋公羊传》之义。《公羊》家之解《春秋》也,谓"《春秋》于所传闻世,内其国而外诸夏;于所闻世,内诸夏而外夷狄;于太平世,则进夷狄于中国",所谓内外、远近若一也。故于庄王之灭陈,则许夷狄之内讨;于潞子之为善,则进夷狄而书爵。是据乱世、升平世,有内外之界限;至于太平世,即无内外之界限矣。仁和龚氏复引《周颂》"无此疆尔界"之言,以附会《公羊》家"大一统"之义;而武进刘氏复言:"有政教,则夷狄可进于中国。"近世治《公羊》说者,益牵合其说,以之泯内外之防,荡华夷之界,立言颇多流弊。惟《公羊》师法甚古,则此亦儒家相传之旧意耳。有所谓"上下通"者,此为《周易》之义。《易经·谦卦》之言曰:"天道下济而光明,地道卑而上行。"《咸卦》之言曰:"君子以虚受人。"而《泰卦》以"天地交而万物通,上下交而其志同"为内君子而外小人,《否卦》以"天地不交而万物不通,上下不交而天下无邦"为内小人而外君子,则《周易》非不言上下之通矣。此义也,《公羊传》亦有之,故《公羊·隐三年传》言"《春秋》讥世卿",其意以为世族居上位,则贫民无进身之阶,故于尹氏卒则书之,崔氏出奔则书之,以废门第阶级之制。而《孟子》一书,亦屡言上下相通之旨,故其言曰:"民为贵。"又曰:"与民同乐。"而其对齐王用人之问也,则言"贤否当卜于国人,而后定其用舍",盖欲持此说而实行于政界上矣。又有所谓"人我通"者。人我通者,《礼运》之义也。《礼运》曰:"大道之行也,天下为公。选贤与能,讲信修睦,故人不独亲其亲,不独子其子,使老有所终,壮有所用,幼有所长,鳏寡、孤独、废疾者皆有所养。男有分,女有归。货,恶其弃于地也,不必藏于己;力,恶其不出于身也,不必为己。"以之为大同之世。然孟子之对齐王也,仅言"推恩"之说,又曰:"人人亲其亲、长其长,而天下平。"未尝若《礼运》所云"去人我之界"也。则《礼运》所云,为孔子一时之理想,非定持此以为主义也。惟《吕氏春秋》载孔子之论荆人遗弓也,曰:"去其'荆'也可矣,去其‘人’也可矣（“去其‘人’也可矣”，《吕氏春秋·贵公篇》作老聃语，非孔子语）。”则隐含人我通之义，与《礼运》合。宋儒张横渠作《西铭》，曰：“民吾同胞，物吾同与。”亦参用《礼运》之说者也。特儒家之意，以为世界递迁，必有大同之一日；而大同之世，又非旦夕所可期，故悬一必然之例，而出以想象之词，犹列子之言华胥国、佛家之言净土、耶教之言天国耳。岂可躐等而跻乎？小康之世不可言大同，犹之乱世不可言升平世也，所谓井蛙不可语海、夏虫不可语冰也。以今日而欲行大同之法，非愚则诬。近儒所言，未足识儒家立言之旨也。近人多欲以大同之法，施行于今日。墨家立说，亦主大同。墨子亦持世界主义。《尚同》三篇，非即“内外相通”之义乎？墨家之言“尚同”，与儒家之言“内外通”者稍异。儒家之言“内外通”，言当泯华夷之界也；墨子之言“尚同”，则言全国当合为一也。故《尚同中篇》谓“里长率其民，以上同于乡长；乡长率其民，以上同于国君；国君率其民，以上同于天子”，即孟子“定于一”之说也。盖欲一国之中，地方团体与中央政府相通，其义较儒家所言，稍为狭隘。《尚贤》三篇，非即“上下相通”之义乎？《尚贤上篇》之旨，及于以“有能”“无能”定贵贱，故其言曰：“官无常贵，民无常贱。”而《中庸》之旨，亦主立贤无方之说，与《公羊传》之破阶级相同。盖上下不通，由于阶级制度。使破阶级制度，则上下无不相通矣。此墨子之旨也。又，《尚同中篇》亦云：“是故上下情请为通。上有隐事遗利，下得而利之；下有蓄怨积害，上得而除之。”观“上下情请为通”一言，则墨子贵上下相通，明矣。《兼爱》三篇，非即“人我相通”之义乎？《墨子·兼爱上篇》以“兼爱”为仁道之本，欲使君臣、父子、兄弟、夫妇无不以爱相加，与《礼运》所论“不独亲其亲，不独子其子”者，大约相符。而《中篇》之言曰：“视人之国，若视其国；视人之家，若视其家；视人之身，若视其身。”“视人国若己国”，即《礼运》“天下为公”之义；“视人家若己家”，即《礼运》“不独亲其亲、子其子”之义；“视人身若己身”，即《礼运》“货不必藏于己，力不必为己”之义。此墨子“兼相爱、交相利”之说也。而《下篇》之旨，亦在于去“彼”“我”对待之词。其言曰：“为其友之身，若为其身；为其友之亲，若为其亲；为人之都，若为其都。”与《中篇》所言相合。虽耶教之视人如己，不是过也。特其说，非大同之世不能行耳。汪容甫谓《墨子》言“兼爱”，意欲使国家慎守其封，而无虐邻之人民畜产。此犹“兼爱”之狭意也。儒、墨所言，若合符节矣。如韩昌黎言“儒、墨相为用”也。道家者流，亦发明“人我相通”之义者也。观庄子作《齐物论篇》，废“彼”“我”对待之词，《庄子·齐物论篇》云：“物无非彼，物无非是。"盖庄子之意,以为自我视彼,则我为我而彼为彼;自彼视我,则又我为彼而彼为我,所以明"彼""我"之非定称也。《齐物论》又曰:"彼出于是,是亦因彼。"盖庄子之意,以为"人""我"之名,皆由对待而生,无人则无我,即佛经所谓"见人相、我相,即是无人、无我"也。至于泯"人""我"之界,则一切之是非俱泯矣,故《庄子》又言"彼亦一是非,此亦一是非"也。而视万物为一体,《齐物论篇》又云:"天下莫大于秋毫之末,而泰山为小;莫寿于殇子,而彭祖为夭。天地与我并生,而万物与我为一。"此即佛教"无彼此"之旨。至物无彼此,则无大无小、无寿无夭,而对待之名词可去矣。盖"齐物论",欲齐一切之"物论"也,非以"齐物"二字名篇,而"论"字称为"论说"之"论"也。又,《庄子·马蹄篇》亦多平等之精义,惜郭象未能发明之,而使精义归于湮没耳。与佛陀"众生平等"之旨,大抵相符。《法界无差别论》云:"法界众生中,本无差别相。"《发菩提心论》云:"菩萨大慈,无量无边。是故发心,无有齐界。等众生界,譬如虚名,无不覆者。菩萨立心,亦复如此。"此即众生平等之征。众生平等,则无彼此之见存,故佛经又言"无人相,无我相,无众生相,无寿者相"也。佛经又云:"世人执彼物,是彼物;执此物,是此物。执性重者,彼此竟不能稍通。惟道人三藏轮空,物无彼此。"盖物无彼此,则彼此若一矣。彼此合一,即《庄子》所谓"相忘为上"也。且佛家最精之义,在于不言"无"而言"空"。"无"为消极之词,则必有积极词为对待。"空"之为义,并"无"且无,何有于"有"?此犹代数之法,正负相消也。正等于负则消,彼等于此则空。空,则万法皆平等矣。此佛教所由泯公私之界也。考佛教之义,故近于庄、列。此由思想之同,东西一辙,非为佛书者袭庄、列之说也。道家而外,倡"山渊平、齐秦袭"者,厥有名家;"山渊平,齐秦袭",此《庄子·天下篇》论惠施学派之言也。足证名家者流,亦("亦"下,据文意,疑当补"废"字)彼我之对待。倡"贵公去私"之论者,厥有杂家;《吕氏春秋》有《贵公》《去私》二篇,其理甚精,而《汉书·艺文志》列《吕氏春秋》于"杂家类"。倡"并耕"之说者,厥有农家,即许行之说是也。其说近于西人无政府主义,故力主共财之说;因共财而主并耕,此其说之近于平等者也。特昧于分功之义,致流入野蛮之自由。此孟子所由力斥其说也。皆发明大同学派者也。惟法家、纵横家排斥大同之说耳。法家、纵横家皆持国家主义、君权主义,故与世界主义相背而驰。

即此三端,足证周末鸿儒,竞言新理,耻袭前言。又,周末学派,有主张消极之论者,如老子是也,故其言不尚贤,使民不争;有倡为厌世之说者,如屈平是也,其词意,具见于《离骚经》中。特前哲立言,发端引绪;发挥光大,责在后儒。而秦、汉以降,学术出于一途。此由秦皇、汉武之过。学士大夫,逞拘墟之见,类斥诸子为支离,致哲理之书,年湮代远,寝失其传。此岂周末诸子之罪哉? 殆亦后儒之过矣。宋儒之罪尤甚。

术数学史序

　　术数之学，与宗教稍殊。宗教者，以天道范围人事者也；术数者，以天象比附人事者也。《周易》以八卦定吉凶，《洪范》以九畴论休咎，《春秋》以灾祥验人治，皆术数学之滥觞也。

　　《汉书·艺文志》叙术数为六种：本于太史令尹咸之旧。一曰天文，即取《周易》"观天文，以察时变"之义。《史记》列《天官书》，亦此义也。甘、石之《星经》，即术数学之天文派也。二曰历谱，历谱之学甚广，非术数一端所能尽。然《汉·志》之叙历谱也，其言曰："以探知五星、日月之会，凶厄之患，吉隆之喜，其术皆出焉。此圣人知命之术也。"则以历谱之学，专属于术数，非注重于历法矣。三曰五行，此由《洪范》以五行该一事，而后世附会其说者，谓"天有五星，地有五方，人有五常，物有五声、五色，无不与五行相应"。以为动、植各类，莫不得五行之一偏。物有反其常者，即为灾异。而刘向作《五行传》，则又取《洪范》"五事皇极"之说，咸附会以五行，致《汉书》以下，作史者咸列《五行志》，以著一代之灾祥。四曰蓍龟，此即"谋及卜筮"之说。五曰杂占，所以纪百事之象，候善恶之征。六曰形法。即后世《龙藏经》之鼻祖。大抵以"天人感应，捷于影响"，使帝王责躬修德，以致福而弭灾，如殷高宗以桑、谷生朝而修德，周宣王因大旱而修省也。亦以天制君之良法。

　　东周之世，五行之说未兴。术数之家，大抵观天文以察时变，如叔服观簪星、梓慎精于望气、叔偃观鹑火是也。冯龟策以定吉凶，即卜筮之法是也。《左氏传》一书，载卜筮之事以十百计。占事知来，仍沿古代史官之职守。班《志》曰："数术者，皆明堂、羲和、史卜之职也。"其详载第一册《论古学出于史官篇》（"第一册"，指《国粹学报》第一期《古学出于史官论》，收入《左盦外集》卷八）。然礼祥小道，亦起于此时。《中庸》一书，虽言"至诚可以前知"，《中庸》言"至诚之道,可以前知",此指术数言。《论语》言"百世可知",则指理言,即西人社会学之意也。然术数之学,智者弗言,故荀卿作《非相篇》,荀卿最恶礼祥小道,故其言曰:"天者,非关系于人。"墨子作《非命篇》。在于使人君、人民皆不可恃命而不修德,所以斥当时星相家之言"命"也。即诸子百家,虽侈言天道,然术数一端,信者颇鲜。惟东周以降,怪诞之说日昌,杂糅神鬼,如苌弘射狸首、秦君祠陈仓是。煽惑人民,此则术数之支流也。《汉书·艺文志》列"神仙"于"方技",吾谓当附于"术数学"之末。

　　秦、汉以降,术数家言与儒、道二家相杂,入儒家者为"谶纬",入道家者为"符箓"。由是,经学大师喜以五行言灾异,如董仲舒、京房、刘向、李寻之类是也。缕析条分,以某异为某事之应,虽闾巷之新占,庶物之怪异,皆在所不遗。复旁引曲证,以示立说之神奇。然荒渺无稽,支离委曲,郑樵目为"欺天之学",见《通志·略》。诚不诬矣。

　　又,后世史书,以医卜、星相之流,咸列于"方技"。然星相、占卜,实术数之正宗,惟医学可归之"方技"。中国医学,发明最早。神农作《本草》,为发明药学之祖;黄帝作《素问》,为发明医学之祖。而黄帝之臣,如岐伯、雷公等,皆为医学之专门。此《素问》《太素》等书所由传也。而周末之时,扁鹊以医术鸣,能见五藏症结,及割皮解肌、诀脉结筋之术,与西医之工解剖者相同,诚周末之奇技也。特古代之时,为医者多明术数之人,故古以"巫""医"并称,而后世复以"医卜""星相"并称也。至班《志》列房中术于"方技"类,则其理甚精。房中术与生理学有关,则实学而非虚学也。且古今学术,悉分虚、实为二途,岂可强而合之乎?

文字学史序

近世鸿儒，研覃小学，解析六书之义者，计数十家，而以江氏艮庭之说为最当。江氏之言曰："象形、指事、形声，文字之纲也；会意、转注、假借，由象形、指事、谐声而生者也。"其义见江氏《六书说》。文繁，不具引。又，江氏说"转注"，以五百四十部为建类之首，以"凡某之属皆从某"为"同义相授"，已开邵阳魏氏"转注"之说。其说与戴、段不同，段氏《说文注》云："六书者，文字、声音、义理之总汇也。有指事、象形、形声、会意，而字形尽于此矣；字各有音，而声音尽于此矣；有转注、假借，而字义尽于此矣。异字同义曰转注，异义同字曰假借。有转注，而百字可一义矣；有假借，而一字可数义也。"戴先生曰："指事、象形、形声、会意四者，字之体也；转注、假借二者，字之用也。"近世学者多信之，然其说不及江氏。若郑渔仲诸人之说，亦非。为近世学者所排斥。岂知江氏之说，实足溯古人造字之源。于何征之？于埃及、墨西哥之古文征之也。

美人威尔巽之言曰："埃及古文与他国殊，一为图解，二为符号，三为音声模拟。由图解易为符号，由符号易为音声。"见威氏所著《历史哲学》。其言曰："埃及之象形文字，非如他国排列代表音声之假名字而组织语者。其文字有三种特异：一图解上，二符号上，三音声模拟。"又曰："埃及国语，盖如墨西哥古语，全籍图解。由图解一变而为记号上，再变而为音声上，遂生今日三种特别文字矣。"中国文化与埃及同出于亚西，皆起于昆仑西坡，故埃及古帝之称号，其音亦近于"伏羲"者。故古代文字，亦同出一源。观今埃及古碑，全用象形文字，与洪崖石刻同。象形者，即图解之谓也；指事者，即符号之谓也；形声者，即音声模拟之谓也。上古之时，未有字形，先有图画，观《世本》言"黄帝之世，史皇作图"，则中国图画甚古。又，顾氏《日知录》云："古人图画，皆指事为之。"故许君以"画成其物,随体诘屈"为象形。《说文序》云:"象形者,画成其物,随体诘屈,日、月是也。"

又,中国文字,出于巴比伦锲文。亦西儒说,见《支那文明史》。"锲""契"古通,如"锲刀"亦作"契刀"是。故文字古称"书契"。《易经》云:"上古结绳而治,后世圣人,易之以书契。"名曰"书契",即出于锲文之谓。且八卦为锲文之鼻祖,而八卦之中,以《乾》《坤》《坎》《离》为母卦,《乾》《坤》《坎》《离》为母卦,而《震》《艮》《巽》《兑》为子卦,见旧著《周易编》。《乾》《坤》《坎》《离》之卦形,即"天""地""水""火"之字形也。《乾》为天,其象为"☰",与"天"字草书作"𠃌"者同。《坤》为地,其象为"☷",而《易经》"坤"字或为"巛",即"☷"形之纵书者也。《坎》为水,其象为"☵",而"水"字篆文作"𝍇",即"☵"形之纵书者也。《离》为火,其象为"☲",沈氏涛以为近古"火"字。其详见旧作《小学与社会学关系篇》。是为象形文字之祖,在"日""月""山""水"之前。观殷高宗洪崖石刻,文字皆象形。"牛"作牛形,"马"作马形。是象形之字,至殷犹存。今此碑在贵州永宁州。

若指事之体,虽以"上""下"为权舆,《说文·序》云:"指事者,视而可识,察而见意,上、下是也。"然立形标物,与埃及符号相同。埃及符号,以半月显日数,以椰树叶显年数。亦见《历史哲学》。谓埃及定日月由于太阳,复以椰树每年生枝也。而中国"日月"之"月",复为"年月"之"月",即以半月显日数之义也;"年"字从"禾",以禾熟为一年,虞代名年曰"载"。"载"字从"车",以巡狩每年一次也。商代名年曰"祀","祀"字训"祭",以祭祀每年一次也。即以椰叶显年之义也。

且据许氏《说文》之《序》观之,如画卦始于伏羲,结绳始于神农,造字始于黄帝。其言曰:"古者庖牺氏之王天下,仰则观象于天,俯则观法于地,观鸟兽之文与地之宜,近取诸身,远取诸物,于是始作《易》八卦,以垂宪象。及神农氏结绳为治,而统其事,庶业其繁,饰伪萌生。黄帝之史仓颉,见鸟兽蹄迹之形,知分理之可相异别也,初造书契。"盖物生有象,见僖十五《左氏传》。表象始于画卦,知画卦即知象形;象而有滋,滋而有数,亦见僖十五年《左氏传》。记数始于结绳,知结绳即知指事。所谓"察而见意"也。故仓颉造书,以依类"依类"即指事也。象形者为文。是则六书起源,不外"指事""象形"二体。即埃及之图解、符号也。

"形声"者，指物形以定字音者也。《说文·序》以"以事为名"为谐声。"事"也者，即事物之形也；"名"也者，名起于言，所以名一切事物也。言出于口，而音声以成。古代声起于形，即象形以定字音者也。如"日"字训"实"，"实""日"二字古通。日形圆实，故即以"实"呼之，因"实"音而转为"日"。"月"训为"阙"，"月"、"阙"二字古音同。月形缺多圆少，故即以"缺"呼之，因"缺"音而转为"月"。又，"山"字篆形为"⛰"，象三峰矗立之形，故人即以"三"字呼之。"三""山"二字音近，故由"三"音转为"山"，则以古无定字之故也。若"水"字之声，亦因水声渐渐，其音近于"水"。"水"音读式轨切，即取水流之声。此义幽深，可为智者道，难与俗人言也。《历史哲学》亦曰："埃及象形文字中，以音声上为其固有之文字，亦从往古图解上之意义变化而成。"予谓中国文字，亦复如此。凡每字之声，无不象每字之形，所谓"声起于形"也。复起于义，即指事以定字音者也。故同义之字，声必相近，如仪征阮氏《释门》数篇所发明之义是也。他证甚多，不具引。或以字音象物音，如"羊"字之音，近于羊鸣；"雀"字之音，近于雀鸣；"鹰"字之音，近于鹰鸣；"鸦"字之音，近于鸦鸣是也。见旧作《小学发微》(此说见《小学发微补》第二十三条，疑"小学发微"下夺"补"字)。惟先具此物，乃锡此名。有名即有音。故形声次于指事，即许君所谓"形声相益谓之字"也。段氏谓形声指形声、会意二体言。然许君明言"形声相益谓之字"，则此专就形声一体言矣。有指事、象形者谓之文，有形声始谓之字，故指事、象形、形声为文字之纲。

若会意、转注、假借三体，则象形为会意之纲，指事为转注之纲，形声为假借之纲。象形穷，然后有会意；指事穷，而后有转注；形声穷，而后有假借。两形并列者为会意，《历史哲学》云："埃及国语第二之特异，为其名称附加于物体上之音声。若名称不显者，以物体之图示之是也。假如谓'舞蹈之人'，则'人'为名称，'舞蹈'为动词，画人之图，而附加舞蹈图。"予按，此即中国会意之字也。中国有"儛"字，从"人"、从"舞"，即画人而加以舞蹈形者也。又如"人""言"为"信"，在上古时，必画一人，作欲语之形。若"位"字，从"人"、从"立"，必画一人直立之形；"伐"字从"人"、从"戈"，必画一人荷戈之形。《说文·序》以"比类合谊"为会意，"比类合谊"者，即两形并列之谓也。又如"集"字从"雥"、从"木"，即鸟在木上之图也；"牢"字从"宀"、从"牛"，即牛在屋下之图也，皆会意之出于图画者也。两字同意者为转注,《说文·序》以"察而见意"为指事,是指事以字意为主;而转注者,则"建类一首,同意相授"之谓也。二字一意者为转注,而段氏又以转注为互训。盖质而言之,凡数字共指一事者,其意必同;意同之字,必可互相训释,如《尔雅·释诂》三篇是也。如江氏之说,则转注即部首;凡偏旁同者,即为转注之字。不知古代之字,凡偏旁之字相近者,皆由字义相通。江说不如段说也。一音两用者为假借。《说文·序》以"本无其字,依声托事"者为假借。盖古代字少,故假借之始,始于本无其义,如以"号令"之"令"读为"县令"之"令","长远"之"长"读为"长正"之"长"是也。厥后各有本义,取同声之字相通用,与假借稍殊。然二字通用之由,则以同声之字,义必相同。故自有假借,而同形、同声之字,由本字假为借字矣,故曰"一音二用"也。指事、象形、形声者,文字之本原也;会意、转注、假借者,文字之作用也。六书之例,备于此矣。

特洪荒之世,民智初萌,故观察事物,知具体不知抽象,而言词单简,亦与后世迥殊。西儒告尔敦曰:"达马拉人举数,以左手撮右手之指计之,故其数至五而止。"见日本岸本能武太《社会学》所引用。予观中国文字,"五"字以下,咸有古文;"六"字以上,咸无古文,是古人以"五"为止数也。其证见旧作《小学与社会学之关系》。又如中国之言数也,率多至五而止,如五声、五色、五味、五行之类,亦其证也。此由于古人不能离实物而言数。日本岸氏《社会学》曰:"文明幼童,与野蛮近。欲言赤色,则言'金鱼';欲言黑色,则言'薪炭'。"予观中邦古籍,五色之字,咸有代名:曰"铁"、曰"墨",如《月令》"驾铁骊",即黑色之马也。又如"墨继""墨几",犹黑继、黑几也。皆"黑"字之代名也;曰"金"、曰"华",见王氏《春秋名字解诂》"晋羊舌赤字伯华"条。皆"黄"字之代名也。他如"校"字、"騩"字为青色之代名,"驳""骊""骒""瑕""缋""璊"六字为赤色之代名,"权"字、"蠸"字为黄色之代名,"翰""骆"各字为白色之代名,"纯""阴"各字为黑色之代名,咸见王氏《经义述闻》"五色之名"条。是古人不知离物言象之确证。岸氏《社会学》又云:"小儿言一狗一狸,其近于抽象者,曰'吾家之黄者',曰'邻家之白者'云耳。"予按,李太白诗有云:"小时不识月,呼作白玉盘。"亦不能舍物言象之证也。

且即古代之文字言之,自父而上之,皆曰"祖";如《书·微子之命》言"乃祖成汤"是也。是古人不知区世系远近,而别称以名。自子而下之,皆曰

"孙"；如《诗》"后稷之孙，实惟太王""周公之孙，庄公之子"是也。狩猎、耕稼，咸称为"田"；如"田猎""田畴"之类是。见旧作《小学与社会学之关系》。市府、国家，咸称为"邑"。亦见旧作《小学与社会学之关系》。则以草昧之初，民群暗昧，如凡女皆称为"妇"，凡有职者皆称为"君"，亦此类也。余不具引。事物虽殊，名词未别，岸氏《社会学》又云："原人观念范围，限于五官所触。"予观《说文》"尺"字下云："人手却十分，动脉为寸口。十寸为尺。"又曰："周制，寸、尺、咫、寻、常、仞诸度量，皆以人之体为法。"是观念范围限于五官之确证也，与英人《俄属游记》所载布哈耳用尺法相同。故言文单纯，非若后世之字各一义也。

要而论之，言文未具之前，两间事物，必审形而知其义，审义而锡以名，所谓"形先而音后"也；言文既具之后，则必即名以穷其义，即义而求其形，所谓"音先而义后"也。故三皇之世无文，见《孝经纬援神契》。行封禅者七十君，铭功勒石，亦大抵苗族之言文。钱塘夏氏以封禅七十二家，苗族必居大半，其名字非吾族方言所固有。及仓颉造书，后世称为"古文"。《说文》所引"古文"，皆仓颉所造之字。然五帝三皇之世，已改易殊体。见许氏《说文序》。又以古代之民，方言各殊。及文字既兴，各本方言造文字，见第一册《文章原始》（"第一册"，指《国粹学报》第一期《文章原始》收入《左盦外集》卷十三）。言文之淆，自此始矣。

成周初兴，保氏以六书为教。《周礼》"保氏教国子六艺"，五曰"六书"，而《内则》亦曰："十岁学书计。"而《尔雅》一书，诠释字义，以类相属，由综合而知归纳，《尔雅》一书，以字义为主，故《释训》《释言》《释诂》三篇，大抵不外乎转注，所为"互训"也。然《释训》一篇，有合主词、所谓、词缀、系词而成句者，如"反曲者为罶""鬼之为言归也"是也。《释宫》以下，用此法者尤多。大抵《释诂》以下，皆用归纳法，所谓"数字一义"也；《释宫》以下，皆用缀系法，所谓"一物一名"也。故观于《尔雅》一书，知周代之时，观察事物，不独明抽象之法，抑且明综合之法，可以知当时人民之进化矣。故周公以为诏民，史佚以之教子。及宣王之时，史籀易古文为大篆，而字体以更。《说文·序》云："及宣王太史籀，著大篆十五篇，与古文或异。"复著书十五篇，分别部居，有条不紊，实启后世《史篇》之祖。《史籀》十五篇，至汉犹存，见《艺文志》。其体式，大约同后世之《史篇》，以物类立子目。每篇之中，句各有韵；每句之中，有一定之字数；每章之中，有一定之句数，与《仓颉篇》相同。故小学昌明，而卿士、大夫，咸能式于古训。《诗》言"古训是式"，指仲山甫言也，钱氏竹汀指为古人通小学之证。

东周以降，虽故训式微，然公卿民庶，咸尚考文。如《左传》所载，楚庄王言"于文，止戈为武"，伯宗言"故文，反正为乏"，秦医言"皿虫为蛊"，师服言"嘉耦曰妃，怨耦曰仇"。是当时之人，咸明造字之义，足证六书之学，春秋之时尚未尽沦。著之简策者谓之"文"，如《论语》言"史阙文"，《中庸》言"书同文"之类。顾亭林曰："三代以上，言'文'不言'字'。"宣之语言者谓之"名"。见第一册《论理学史序》（指《国粹学报》第一期《周末学术史序》。下同）。特当此之时，诸侯各邦，文各异形，致言文未能画一。此意得证甚多。同义同声之字，形各不同，如"委蛇"或作"委佗"，或作"逶迤"，或作"逶夷"，或作"威移"。又如"佑""祐""右"三字，一也，在《书》为"佑"，在《易》为"祐"，在《诗》为"右"；"惟""维""唯"三字，一也，在《书》为"惟"，在《诗》为"维"，在《易》为"唯"。推之，四家之《诗》，字各不同。《春秋》三《传》，其《经》字各自不同，其证一。周代钟鼎之存于今者，约载于阮氏《钟鼎款识》，而钟鼎之中，往往同用一字，而字之形象，则此器与彼器不同，是各国有各国文字，其证二。"师燋"二字为楚国方言，而见于《左传》；"登""都"等字为齐国方言，而见于《公羊》；"央"字为关中方言，故见于《秦诗》《周诗》；"些"字为南方方言，故见于屈、宋《楚词》。此皆以方言入文字者也，其证三。盖言文各殊之由，一因五帝三王之世，改易字体；一因诸侯各邦，各本其方言造文字，故各国之中，皆有特别之文字也。洪容斋《五笔》以《春秋》所载各人名字，不以何国，大抵皆同，得证数十条，以证三代之世，书皆同文，似未足尽信也。儒家者流，想象同文之盛，故《中庸》言"书同文"也。既以雅言宣之口，《论语》："子所雅言，《诗》、《书》、执礼，皆雅言也。"仪征阮氏、宝应刘氏咸以"雅言"为今官话；"尔雅"者，音之近于雅音者也。其说最确。盖儒家者流，皆用雅言垂教，故《荀子》亦曰："楚人肆楚，君子肆夏。""夏"亦雅言也。复以古文笔之书，《说文序》云："至孔子书《六经》，左丘明述《春秋传》，皆以古文。"是孔子之著书，咸用仓颉之古文也。汉初藏于鲁壁之经书，皆古文也。诚以非雅言不能读古文也。《大戴礼记》孔子告哀公曰："尔雅以观于古，足以辩言矣。""尔雅"者，方言之近于官话者也；"尔雅以观于古"，即以雅言读古文也。故《汉·艺文志》曰："古文读应尔雅。"即此义也。且孔子之考文也，说字形如"一贯三为王""推十合一为士""儿象人脐之形，故诘屈""黍可为酒，从禾入水""牛、羊之字,以形举视""犬之字,如画狗",皆孔子之说字形者也。而穷字音,如"乌,盱呼也,取其助气,故以为乌呼""狗,叩也,叩气吠以守""粟之为言续也""貉之为言恶也",皆孔子之说字声者也。小学家言,奉为圭臬。

儒家而外,若老子之释"希夷",《老子》曰:"视之不见,名曰夷;听之不闻,名曰希;搏之不得,名曰微。"乃道家之解字也;韩非之解"公私",《韩子》曰:"自营曰私,背私为公。"《说文》亦引之。乃法家之释字也。李斯作《仓颉篇》,亦法家明小学之证。推之,墨家、名家盛言名理,而解字析词之用,亦隐寓其中。见第一册《论理学史序》。是则遵修旧文,贯通字学,实为诸子之所同矣。

及秦定天下,采儒家"同文"之说,罢黜天下之异文,《史记》:"始皇二十六年,书同文字。"《说文序》亦曰:"秦兼天下,李斯奏罢其不与秦文合者。"而小篆、隶书之体,亦至此而兴。秦、汉以降,小学日沦。惟许君《说文》据形系联,条牵理贯,使古代六书之精义,赖以仅存。此近代说经诸儒所由以《说文》为小学津筏也。

工艺学史序

生民之初，与万物俱生，己身而外无长物。太古之时，人己之界极严，故称人为"佗"。"佗"者，蛇也。是古人视己身以外之人，皆与蛇蝎同。其所恃以为用者，仅手、足、齿、牙而已。然手、足、齿、牙，不克自奉自卫也，由是假物以为用，见《荀子》。而器具之用，咸因经验而发明。

上古之民，由狩猎进为游牧，故饰材辨物，亦以动物为滥觞。牛以易中，《社会通诠》谓，太古之民，以牛为易中。凡货之值，皆以牛计。予按，中国"物"字从"牛"，《说文》释之曰："牛为大物。"是中国古代物产，悉可以牛该之。羊以供膳。中国字书，训"羊"为"祥"；而"美"字、"善"字皆从"羊"，而"养"字亦从"羊"。盖古代狩猎之时，以所获之物养为家畜，而以羊为始，故"养"字从"羊"。又，《说文》"美"字下云："美，甘也。从羊、大。羊在六畜，主给膳也。"而用物所资，不外骨、角、羽、革。析角以为弓，观《周礼·考工记·弓人》，以"角"列六材，复论角之本、角之中、角之终诸用。盖以木为弓在后，而以角为弓在前。《诗》曰："角弓其觩。"又曰："骍骍角弓。"此其证也。又，《说文》"觭"字下云："角曲中也。"即《考工记》所谓"夫角之中，恒当弓之畏"也。"觲"字下云："调弓也。"即《周礼》郑《注》所谓"调搦其干"也。"觼"字下云："雄射收繁具也。从角，发声。"觛"字下云："雄射收缴具。从角，酋声。"盖"觼""觛"亦弓矢之属，而皆以角为之。足证古人所需之物，首在射猎之具，而兼以防身。萃角以注酒，古代酒器，无不以角为之。《说文》"觚"字下云："厄也。从角，且声。"觵"字云："兕牛角可以饮者也。从角，黄声。""觥"字下云："觵，俗作觥。""觯"字下云："乡饮酒觯。从角，单声。""觗"字下云："觯或作觗。""觚"字下云："《礼经》觯。""觞"字下云："实曰觞，虚曰觯。从角，炀省声。""觚"字下云："乡饮酒之爵也。一曰觞受三升曰觚。从角，瓜声。"是古代酒器用角之证。故量物之器亦用角，观"斛"字从角可见。《说文》"觗"字下云："角匕也。"是古人之匕亦以角为之。屈角以为环，《说文》"觟"字下云："环之有舌者。从角，夐声。"是古人以角为环。又，"觿"字下云："佩角。锐端，可以解结。从角，巂声。《诗》曰：'童子佩觿。'""觿"即佩、环之类。是古人之"觿"，用角而不用金也。吹角以为音，《说文》"觱"字下云："羌人所吹角屠觱，以惊马也。"此即后世之觱栗。窃疑古代乐器，以角为之，故后世以角为夷乐，唐人诗中多咏之。此古代以角为器之证也。析骨为器，吾友田北湖云："弓矢之制，由骨镞而石镞。"又引《尔雅》"骨镞不翦羽谓之志"以为证。画骨记数，北湖又谓，即今之骨牌。别有说，甚详。此古代以骨为器之证也。饰兵器者为羽旄，《周礼》曰："折羽为旌。"《尔雅》云："注旄首曰旌。"《说文》云："游车载旌，折羽注旄首也。"李巡《尔雅注》云："以牦牛尾著旄首。"郭《注》亦曰："载旄于竿头，如今之幢。"又，郑注《明堂位》云："夏后氏之绥。绥，以旄牛尾为之，缀于幢上。"（《礼记·明堂位》"夏后氏之绥"郑《注》云："绥，谓注旄牛尾于杠首，所谓大麾。"此所引，则为《周礼·天官·夏采》郑《注》文，刘氏误记。）是古代以牛尾、鸟羽为旌旗，非若后世用布帛也。故《左传》有"羽旌"，而"旄"字亦从"毛"。又，《尔雅》言："金镞翦羽谓之鍭，骨镞不翦羽谓之志。"是古代矢镞，亦以羽为饰。操翿纛者为羽舞，《说文》"翌"字下云："乐舞，以羽翌自翳其首，以祀星辰也。从羽，王声。""翟"字下云："乐舞，执全羽以祀社稷也。从羽，友声。""翿"字下云："翳也，所以舞也。从羽，寿声。"此即《诗经》"左执翿"之"翿"字，与"纛"字同。盖古代乐舞，始于羽乐，所谓"葛天氏时，三人操牛尾而舞"也。此古代以羽为器之证也。后世犹多以羽饰车。以革束物谓之韦，《说文》"韦"字下云："兽皮之韦，可以束物，枉戾相韦背，故借以为皮韦。"又，《礼记》郑《注》云："古者，佃渔而食之，衣其皮。先知蔽前，后知蔽后。后王易之以韦帛。"是古代以皮革束身也。故"韠"字、"韎"字、"袜"字皆从"韦"，而"鞶"为大带，"鞮"为革履，是古代之衣饰，无一非以革为之。故驭车之用靷，驭马之用缰，乘马之用鞍，无一非以革为之，则以古人以革束物也。制革作衣谓之甲，古代之甲，悉以革为之，所谓犀甲、兕甲、合甲也，故古人称用兵为"金革之事"。即古人之弓衣，亦多以革为之。系革挽弓谓之弦，古代弓弦，悉以革为之，故《说文》"韘"字下云："射决也，所以拘弦。"而其字亦从"韦"。足证古代弓弦之属，悉以革为之。击革作音谓之鼓，八音之中，革居其一。《考工记》："韗人为皋陶。""韗人"者，即治鼓之工也。是鼓为皮革所制，此亦最古时代之乐器。鼛与鼓同。画革作书谓之字,《汉书》称西域各国,画革成字。盖时无竹帛,故书字于皮革之上也。中国上古之时,当亦如是。竹简以前,当有革书之制。此古代以革为器之证也。推之,以皮致敬,开古人聘觐之先;昔伏羲制嫁娶,以皮币为礼。盖古人以皮制服,非徒衣身,且以赠人,故古代臣下朝君,亦执皮币。而《孟子》之言太王避狄也,亦曰“事之以皮币”,其确证也。以血衅器,开后世画缋之先。周代之时,凡宫室、器具之落成者,皆刑牲以祭之,亦古代之遗风也。盖古代人民,以狩猎牧畜为生,故茹饮所馀,复能备物利用,当前俯拾,无假他求,而自奉、自卫之具,备于此矣。大约酒器各物,由于古人之好饮;兵器各物,由于古人之射猎、战事,固不出自奉与自卫二端也。

及游牧易为耕稼,伐林辟莱,《周礼·遂人》以田百亩、莱五十亩者为上地,以田百亩、莱百亩者为中地,以田百亩、莱二百亩者为下地。盖耕稼之始,与田牧并行。田以殖谷,莱以饲畜,故至周时,犹有莱也。渐知植物之用,其为具至少,为用亦至简。一曰草器,二曰瓠器,三曰竹器,四曰木器。草器之用,以麻缕为滥觞。上古之时,民未知蚕丝之利,故以麻缕为器用。始也用之于绳索,继也用之于冠裳。如结绳记数,为文字之基;结绳作网,为佃渔之基;以绳量物,为测算之基,而用以驾车马、系牲畜者,无一而非绳。若夫制麻为衣,后世用为丧服,则非上古之物。故曰草器或以麻缕为滥觞也。又案,《书》有“卉服”,此以草制服者也。《礼》言“黄桴、苇钥”,为伊耆氏之乐,此以草为乐器者也。又,《诗》有“葛屦”,则亦以葛为履者也。又如后世车轮,以蒲轮为最贵,蒲轮亦草器时代之物。盖草器发明,先于木器。瓠器之用,以饮食为始基。《礼记》云:“器用陶瓠,以象天地之始也。”是瓠瓠之制最古。又,“瓠”与“壶”通。是古人以瓠为壶器,即瓠也。若《庄子》言“大瓠为瓢”,《古史考》言“许由瓢饮”,按之《说文》,则一瓠析为二者曰瓢,一名为蠡,一名为蠡,皆可为饮器之用。又考八音之中,亦有瓠音。《国语》伶州鸠言“瓠竹利制”,又曰“瓠以宣之”,是瓠可为乐器。而竹器、木器,其用尤弘。用之于兵刑,古代之矢,以竹为之。《说文》“箭”字下云:“矢竹也。”故关西以矢为箭。又,《说文》云:“荡可为干,筱可为矢。”是竹矢之外,兼有竹弓,即《考工记》所谓“取干之道,竹为下”也。又,“竿”字下云:“竿,竹梃也。”“梃”亦古代之兵器。又,“箙”为弩矢之箙,“欑”为积竹杖,皆兵器之用竹者也。以木为兵,厥证尤多。《易》言“弦木为弧,偃木为矢”,一证也。“槌”,从“木”,“追”声,亦古代击人之器。又,《说文》“椎”字下云:“所以击也。齐谓之终葵。从木，隹声。"是古代只有木椎，后世乃有铁椎，二证也。又，"棓"，从"木"，"咅"声，亦古代杀人之器，即《淮南子》所谓"羿死于桃棓"也。"挩"为木杖，亦杀人之器，即《穀梁传》所谓"挩杀谓之杖杀"也，三证也。盖上古以竹为杖，《说文》云："殳者，以杖殊人也。"殳以积竹为之。厥后易竹为木，故"杖"字、"殳"字皆从"木"，即《孟子》所谓"制梃挞秦、楚"也。此竹、木用为兵器之证。《书》言"鞭作官刑，朴作教刑"，"鞭"即竹刑，故"箠"字、"笞"字俱从"竹"；"朴"即木刑，而"桎""梏"诸字，亦从"木"。此竹、木皆用为刑器之证。用之于礼乐，古代祭祀设几筵，用笾豆，陈簠簋，皆古人所谓礼器也。然"筵"字从"竹"，而"几"亦以竹为之；"笾"为竹豆，"豆"为木豆，而"簠""簋"为盛谷之器，字亦从"竹"。又如"籑"为盛肉之器，"筐"为饲牛之器，字咸从"竹"；而"樽""櫑""椑""榼""杯""槃"之属，字咸从"木"，皆以竹、木为礼器者。若竹、木之用于乐器者，如"竽""笙""箫""管""簧""笛""筝""筑"，皆以竹为乐器者也；"鼓""敔"之属，皆以木为乐器者也，故"乐"字从"木"也。用之于服御，古人之车，先以竹为之，故篝曰"筻篧"，箯曰"竹舆"。后乃易而用木，如见于《周官·考工记》"攻木之工"者是。而一切器物，悉惟竹、木之是资。器之用竹者，如"籍""筥""筲""簟"是也。若木之为用，见于《周易》者，如"耒耜""舟楫""棺椁""弧矢""栋宇"以及"断杵""击柝"皆是也。他证则甚多。观建筑之"筑"，兼从"竹""木"得声，是古代以竹、木为宫室也。观"栽"字为筑墙长版，而其字从"木"。《说文》"楣"字下云："古用木，今以石为之。"即此一端，可见建筑宫室，石器在后，木器在前。且宫室之制，殷人为重屋。郑注《周礼》云："重屋，复笮也。""笮"即《尔雅·释宫》之"筄"，乃编竹以为椽者也。此古代以竹为屋之遗制。典章文献，咸凭方策流传。是古代以竹木记文字也。如"篇"训为书，"籍"训为簿，而"简""策"诸字，亦皆从"竹"。是古代书籍记于竹也。古代"典"字作"箪"，"册"字作"筴"，"筴"与"策"通。又，"等"字训齐简，字从"竹"、从"寺"，又为官曹之等平。是古代典则，记于竹也。"篆""籀"二字从"竹"，是古代文字书于竹也；"符""節"二字从"竹"，是古代契约必用竹也。木之为用，次于用竹，然"椠"为牍朴，"检"为书署，"檄"为尺二书，字咸从"木"，不独古人以方为木板也。特制器次第，木后而竹先。大约太古之世，六艺之用，咸惟竹器是资。笾、筐、簠、簋，礼器也；笙、箫、管、笛，乐器也。竹箭，射之用竹者也；竹舆，驭之用竹者也；简策者，书之用竹者也；筹算者，数之用竹者也。竹器既该六艺之用，则制器必在木先。有竹杖，然后有木杖；有竹车，然后有木车；有简策，然后有方板；有筐筥，然后有俎豆。故木器发明，必在神农之后，观《易·系词》可知。然未有舟楫，必用皮船；未有栋宇，必用茅茨。木器以前，未尝无器物以代其用也，特不尽可考。

自木器发明以后，予按《说文·木部》，知铜器多由木器改造。此可窥古代器物进化之例矣。如"棒"为薅器，字或作"镈"。"茶"为两刃臿，字或作"鿙"。"枱"为耒端，字或作"铇"。"盘"为承盘，字或作"鎜"。推之，"锥"字《说文》作"椎"，"锅"字《说文》作"楇"，"钻"字《说文》作"櫕"。又，《说文》训"楣"为"斫"，一名"兹箕"，而"兹箕"或作"镃錤"。此尽由木器易为铜器之证。而森林灌莽之间，风火相摩，寝以生火。圣人仰观俯察，而用火之术渐次发明。用火之术发明，其利益民生甚大。由茹毛饮血，易为炮燔，一也。焚烈林木，用启田畴，二也。施光暗地，三也。古有燧人氏，虽发明用火之术，然其用未宏。自神农以火烈山，而用火之利愈巨。《史记·楚世家》言："重黎为帝喾火正，能光融天下，名曰祝融。"盖此时用火之术始大明也。然取火必以木。《周礼》言"国火取之五行之木"，《论语》亦曰："钻燧改火。"此其证也。火利既修，即知合土，《礼运》云："后圣有作，然后修火之利，范金合土。"然合土先于范金。而抟埴之工以兴。《说文》"匋"字下云："昆吾氏始作陶。"昆吾为颛顼之孙。是瓦器之用，至五帝时始发明也。瓦器之用，瓶、甋、罂、瓮、壶、瓯、瓨、缸诸物，瓦之作器者也。甍、甓诸物，瓦之作室者也。凡烧土为器者，皆曰瓦器。遂与土器并崇。土器似稍在瓦器之前。"穴"也者，古人之土室也；"甗"也者，古人之土甑也。《明堂位》言土鼓为伊耆氏之乐，《墨子》以土阶为尧时之制，皆古人抟土为器之证。

然当此之民，渐知用石。削石为兵，如石砮、《说文》"砮"字下云："砮，石可以为矢镞。从石，奴声。《夏书》曰：'梁州贡砮丹。'《国语》曰：'肃慎氏贡楛矢、石砮。'"是以石为矢之证。又，《晋书·挹娄传》云："有石砮、楛矢，国有山出石，其利入铁。"《唐书·黑水靺鞨传》云："其矢石镞，长二寸。"盖石砮之法，犹存于野蛮之国也。宋洪容斋家犹有之，见《容斋随笔》中。石钬、《说文》云："钬，斫莝刀也。""斫"字从"石"，是古代以石为钬。又，《范睢传》言"匈当椹质"，"椹"为斩人之具，而汉人以斩刍之具为藁砧。《古诗》云："藁砧今何在？"释之者谓此句隐含"夫"字之义，而"钬"字亦从"夫"，是"砧"即"钬"也，而其字从"石"，非石钬之证也？石刀、任昉《述异记》云："范文，日南奴也。见两石，石有铁文，因治作两刀，因举刀向鄣，众推为君。"此古籍之言石刀者。窃疑古代刀剑之属,皆系石物,故"刀"字无偏旁。石礵、《述异记》又言:"玉门西南有一国,国中有山,石礵千枚,名霹雳礵。从春雷而礵减,至秋礵尽。雷收复生。"案,此即雷斧之类也。石椎、《说文》云:"段,椎物也。"又云:"碫,碫石也。"而《诗经》"取厉取锻",字或作"锻"。《笺》云:"碫石,所以为锻质也。"而《考工记》"段氏为镈器",亦属攻金之工。"段""碫""锻"三字古通,而本义训为椎物,足证古代之椎,先有石椎,而后有铁椎也。石跻《左传》:"跻动而鼓。"贾《注》云:"以机发石也。"此即用炮之权舆。古人之言用军也,咸曰"亲临矢石","石"即跻属也。是也。又如,《尚书·费誓》云:"段乃戈矛,厉乃锋刃。""段""砺"取义于碫石、砺石,足证"段""厉"二字,为石器时用兵家之遗言矣。制石为器,今内地各省居民,犹有击石取火者,号曰"火石"。又如,古史所称"饮酒一石",即借用"石"字,是古代以"石"计轻重也。如石磬、故石列于八音。石栉、石履、按,《述异记》又云:"兴安县水边有平石,其上有石栉、石履各一具。"按,此亦石器时代之物也。石阙、石碣是也。推之,古史所记石室、石坛、石冢、石穴、石床之属,皆石器时代之遗物也。

及轩辕御宇,舍石用铜。《拾遗记》云:"昆吾山,其下多赤金,色如火。昔黄帝伐蚩尤,陈兵于此地,掘深百尺,犹未及泉,惟见火光如星。地中多丹,炼石为铜,铜色青而利。"此铜器始于黄帝时之证。而冶铁之用,亦由异域输华。铁器由苗族输入华夏,故古文"铁"字从"夷",见第二册《论中国人民以尚武立国篇》("第二册",指《国粹学报》第二期)。又,《管子》伯高对黄帝曰:"上有丹沙者,下有黄金;上有磁石者,下有铜金;上有陵石者,下有铅锡;上有赭者,下有铁。"是黄帝之时,已知用铁矣。特三代之时,制铜为器,铁器之用未宏。《左传》楚子赐郑伯金,与之盟曰:"无以铸兵。"故以铸三钟。杜《注》云:"古者以铜为兵。"《韩非子》谓董安于之治晋阳,公宫令舍之堂,皆以炼铜为柱、质;《史记》谓荆轲击秦王,中铜柱,皆其证也。且古代金分三品,夏后之时,九牧贡金,铸鼎荆山之下,亦非纯用铁质也。又,《史记》言始皇铸金人十二,《三辅黄图》作"铜人"。《吴越春秋》言阖闾冢铜椁三重,《汉书·食货志》言贾谊谓"收铜勿令布,以作兵器",《韩延寿传》"为东郡太守取官铜,作刀、剑、钩、镡",江淹《古剑考》谓"古剑多用铜",皆古代以铜为器之证。《越绝书》引《风胡子》曰:"轩辕、神农、赫胥之时,以石为兵;黄帝时,以玉为兵;禹穴之时,以铜为兵;当今之世,作铁兵。"此语叙古代器物之进化,最为精确可信。厥后舍铜用铁,《日知录》云:"战国纷争纷乱,铜不充用,故以铁足之。铸铜难,求铁易,是故铜兵转少,铁兵转多，而铜工稍绝矣。"而冶铸之术愈精。是动物之用，先于植物；植物之用，先于矿物。西人考古代器物，分石器、铜器、铁器三时代。此专指矿物之次第而言。然矿物以前，尚有动物时代、植物时代，特西人言之者少耳。按之古籍，有不爽者。

又，昆仑为产玉之乡，实为中邦祖国，由是有用玉为器者矣。如黄帝之时，以玉为兵。三代之时，以玉为佩，而圭、璧、琮、璋之属，莫不以玉为之。推之，西王母献玉琯，纣作玉箸，孰非古代之玉器乎？而产玉之地，实在西方，观《山海经》《穆天子传》可见。九州经洪水之灾，水族孳生日众，由是有用贝为货者矣。《说文》云："古者货贝而宝龟。"而"货""财"诸字，凡含有财产之义者，其偏旁皆从"贝"，是中国以贝为货之证。特以牛易物，在以贝易物之先。以贝易物，由于洪水既平，地多蜔贝，不可胜用。观今蒙古、翰海之间，螺、蚌甚多，见康熙《几暇格物篇》。以今例古，固不爽也。且蜃蛤可以为食，吹蠡可以成音，皆贝之利于民用者也。又，《说文》"鼎"字下云："古文以贝为鼎，籀文以鼎为贝。"盖古代鼎与贝并重。且凡礼之初，始于饮食。观"器"训为"皿"，《说文》"器"字下云："皿也，象器之口。犬，所以守之。""皿"为食器，《说文》"皿"字下云："饭食之用器也，象形，与'豆'同意也。"引伸之，而"器"为用物之统称。如《尔雅·释器篇》是也。"艺"训为"种"，如《诗》"不能艺稷黍"、《孟子》"树艺五谷"之类是也。义同"播谷"，引伸之，而"艺"为工技之总称。如"工艺""技艺"并称之类是也。又，"六艺""艺文"，亦由"技艺"引伸。是则百工之业，起于饮食之微。当此之民，自奉之外，只知自卫，故"秤""程""科""稯""秭""秅"诸字，字皆从"禾"。盖既知耕稼，则所获之粟，不得不比较多寡重轻，而量物之器出矣。此仍器用之由于自奉者。若夫"短"字从"矢"，"近"字从"斤"，"刉"字从"刀"，而《说文》"弓"字下亦云："弓，以近穷远。"足证上古之世，多用兵器以测量，而尺度之制以兴。此乃器用之由于自卫者。又，"刀"为"刀剑"之"刀"，"币"为"皮币"之"币"，"布"为"布帛"之"布"，而三代之钱，亦名"泉刀""布币"。盖刀为贵重之器，而币为易中之品，故后世铸钱，亦仿其形。古人器物，无一非有原因者。

特上古之世，"工"与"巫"同。《说文》"工"字下云："巧饰也。象人有规矩，与巫同意。凡工之属皆从工。㺪，古文工从彡。"又，"巫"字下云："巫祝也，女能事无形，以舞降神者也。象人两袖舞形，与工同意。"释《说文》者，大抵谓"工""巫"皆尚手技，故其义同。予谓上古之时，民智未开，凡能造一器者，则莫不尊之如神，故

"医"与"巫"通；而能以术惑民者，称为方技，则"工""巫"义同，乃以工、巫皆能用巧术以示民也。"巫"为一国之酋长，酋长即巫，为草昧时代之制。"工"亦百官之总称，古代"官"与"工"通，《孟子》"工不信度"，即"官不信度"也。故百工之事，皆圣王所作，见《考工记》。而共工亦为古代之尊官。古代共工有三：一在太昊后、神农前，即以水纪官之共工也，以明于工业之故，遂霸九州。一在尧时，即《尧典》所记之共工也，亦以明工艺之故，为尊官。一在舜时，即《舜典》所命之"垂"也。足证当此之时，"工"为贵官。共工而外，复有五行之官。《左传》曰："木正曰勾芒，火正曰祝融，金正曰蓐收，土正曰后土，水正曰玄冥。"此盖颛顼朝之制。木正，即舜时之虞官，掌林木；火正，如《周礼》司爟之类，掌用火之事；金正，主铜器、铁器之制作；土正，主陶器、土器之制作；水正，主堤防之法：所谓五行之官也。"正"即长也。官宿其业，见《左传·昭公二十九年》。予按，舜习陶业，而其后阏父，仍为周陶正；重黎为火正，复以弟吴回为火正，皆官宿其业之确证也。而令辟贤臣，亦伺迹工人之列。如舜陶于雷泽，作什器于寿邱，以及傅说举于版筑，皆古人重艺之证。古人重工艺，此其征矣。

　　特上古工业，知劳力而忘穷理，如"技"字从"手"，足证古人作工，舍劳手足而外，决无他长。故"巧"字从"工"，亦训为"技"，"技"即手技之谓也。以一人而兼万能，此由上古之世，不知分功之故。草昧之风未尽革也。夏、殷工学，历久失传。《周礼》一书，虽缺《冬官》，汉儒以《考工记》补其缺。今即《记》文考之，知周代之制，有攻木、攻金、攻皮诸职；而刮摩、设色、抟埴，亦设专官。及稽核《曲礼》，复有"六工"之名。《曲礼》云："天子之六工，曰土工、金工、石工、玉工、兽工、草工，典制六材。"土工司陶器，金工司铜、铁、锡诸器，石工司石器，玉工司玉器，兽工司角、骨、羽、革诸器，草工司草器，是盖周代天子之制也。盖工掌于官，使民劬于业，不见异物而迁，故工列四民之一。

　　且周代士民，洞明九数，《说文》"士"字下云："士，事也。数始于一，终于十。从一、十。孔子曰：'推十合一为士。'"此即古人重祘之征。又，"祘"字下云："明视以算之。从二示。《逸周书》曰：'士分民之祘。'均分以祘之也。"与"推十合一为士"之例，互相发明。盖周代之时，无人不知数学，故九数列六艺之一。而《内则》又言："六岁教数。"士者，发明数学之人也。仁和叶浩吾语予，谓："'推十合一为士'，即合十等之人，统治于君主也。人有十等，使之统于一尊也。"而田自芸复语予曰："倒干为士，此古人重武之征。"证以《说文》，似皆未确。故良冶巧工，克以数学辅工学。《考工记》言："审曲、面、埶，谓之百工。""曲"为勾股之形，《说文》："曲，古文作乚。"其形与勾股形同。《考工记·冶氏职》云："已勾则不决。"又云："戟，倨勾中矩。"《辀人职》云："鼓四尺，倨勾磬折。"《磬氏职》云："倨勾，一矩有半。"《匠人职》云："凡行奠水，磬折以参伍。"《车人职》云："一柯有半，谓之磬折。""磬折"者，即勾股之形也；"审曲"者，所以求其勾股之形也。郑司农说皆未足据。"面"为平分之形，"面"与"面积"之义同，以面积之法，求器物方广之形。《轮人职》云："萬之以眡其匡。"《舆人职》云："方者中矩。"方者，所以求面积之形也。凡《考工记》所言"广博"，皆指面积之"方"言也。制器者求面积广博，与地学家求面积广狭同。"埶"为立方之形。"埶"为"槷"字之讹。《匠人》言"水地以县，置槷以县，眡以景"，后郑以"树木为臬"释之，是"槷"为圭臬之义。引申之，凡物具立方形者，亦谓之"槷"。凡《考工记》所言"崇"字、"县"字，皆立方之形也。而测量水地，亦知审势辨形，见程易畴《水地小记》，不具引。则工学原于数学之效也。如商高谓"数出于方圆"，荣方、陈子论"以勾股量天"，此周初数学昌明之证。

特三代之时，国之大事，在祀与戎。见《左传·成公十三年》。故古人制器，以祭器、古人之器，鼎为最重。鼎必有铭，所以铭祖宗之功烈，见《礼记·祭统篇》。且尊、彝、罍、敦之属，亦为祭器。不独此也，建筑、绘画之术，亦因古代祭祀鬼神，建立庙坛。庙坛既设，必有上栋下宇、峻宇雕墙之制，而建筑之术愈精；有丹楹刻桷、山节藻棁之制，而画缋之术愈工，亦美术咸因祭祀而振兴也。军器见第二册《论中国人民以尚武立国篇》。即古人制造钟鼎，亦因记功称伐，以示后人。为最崇，而一二圣王，复能振兴工艺，如阏父为陶正，周王以其利器用，封之于陈。且古代之时，工执艺事以谏，非古人振兴工艺之确证乎？齐其度量，同其文字，别其尊卑，其详见阮芸台《商周铜器说》。勒工名以考厥成，见《月令》。案，周代之器，多勒工名，则此亦周制也。禁奇巧以隆风俗。见《王制》。然禁奇巧，则器用不能改良矣。观戈、戟、见阮氏《揅经室集》及程易畴《通艺录》。泉刀倪模《古今钱略》所载最详。之故式，敦、盘、钟、鼎阮氏书所载最详。之遗型，器历千年，至今未泯。然材美工巧，罕与匹伦。经生既详释其文词，畴人复详征其度数。工学昌明，于此可见一班矣。

东周以降，工学寖微。儒家者流，"道""器"并言。《易》曰："形而上者谓之道,形而下者谓之器。"《乐记》曰:"德成而上,艺成而下。"孔子作《易·系词》,以"成器利民"属于圣人之业,至谓古人制一物,必有制一物之宜,而备物致用,至理即寓乎其中,如《下系词》第二章所言者是也。则实用之学,固非儒者所耻言。然道、艺相衡,艺轻道重,轩轾之词,夫固彰彰可考矣。如孔子言"吾不试故艺",子夏言"小道,君子不为",皆重道轻艺之证。且格物致知,精深广远。以道寓器,孔子从师襄学琴,曰:"已习其数,然后可得其志,然后可得其为人。"诚以非器则道无所寓。以器譬道,所谓"以有形之物,喻无形之理"也,《周易》"乾为金、为玉"之类是也。《大学》由絜矩之道悟平均,《孟子》以规矩之用喻法守,与《庄子》之论斲轮者同例。工学之理,与政通矣。道家者流,卑视工业。观难得之货,老子贱之;《老子》曰:"不贵难得之货。"桔槔之机,庄子斥之,即汉阴丈人之诘子贡者是也。观于《庄子》,知古人所用为机者,不外用木,故"机"字、"械"字,其偏旁皆从"木"也。则器物之粗,不啻视如糟粕矣。管子以道家兼法家,以工与农桑并重,使工之子恒为工,见《管子》。奖励工业,如重女红、铸钱币,皆管子重工业之证。与商、韩殊。商君只知重农,不知重工也。墨家贵艺,于名、数、质、力之学,咸能研精殚思,见《理科学史序》。而云梯之技,竞胜鲁班。见《墨子·备梯篇》中。兵家之孙、吴,此得墨子用兵之技者。杂家之《吕览》,此得其格致之学者。《淮南子》亦然。于墨家之学,略得其偏端。若农家者流,则欲以一人之身,备百工之业,见陈相对孟子之言。昧于分功之义。孟子斥之,未为过也。

　　吾观东周之时,公输作木鸢,此盖如诸葛武侯作木牛流马之类。欧冶铸剑器,风胡子诸人,亦精铸剑之术者也。学趋实用,奇技竞兴,岂得以淫巧目之哉?中国自古以来,最恶奇巧。盖以奇巧日兴,则伪心日启。防之之严,不啻洪水猛兽矣。秦、汉以降,士有学而工无学,卿士、大夫,高谈性命,视工艺为无足重轻。中国后世工学,或精而不传,如张衡之类是也;或巧而不当于用,如何稠之类是也。此工学所由日衰与?此工学之精所由逊于晳种也,能勿叹哉!

法律学史序

此篇专论法律,与前册《政法学史》("政法学史",指《国粹学报》第二期《周末学术史序·政法学史序》)有别。著者识。

昔苗民制刑,以刑为法。《吕刑》云:"苗民弗用灵,制以刑。惟作五虐之刑曰法。"是苗民以刑该法。若汉土圣王,则设官守法,如《周礼》所设六官,各有专司是也。以"法"为制度之统称。凡"宪""章""典""则",咸为同实而异名。如《周礼》言"县法",《论语》言"审法度",皆制度也。若夫《管子》之"布宪",《国语》之"施宪",《诗》言"率由旧章",《书》言"有典有则",亦即制度之谓也。是"法"字之义,所该甚广,非仅刑法一端也。不独"法"与"刑"殊,亦且"刑"与"罚"殊。《吕刑》言"五刑",复言"五罚",则"刑"与"罚"又有别矣。特"刑"统于"法",《周礼》六官,仅司寇一官司刑,是"刑"特法中之一端耳。"罚"统于"刑",刑以坊民。罚者,刑之及民者也。然"刑"字包禁令而言,所该甚广;"罚"特用刑之一端耳,不得以"罚"该"刑"也。以之为坊民之用耳。

春秋以降,法学分歧。或言劝赏而畏刑,蔡归生谓楚子木曰:"善为国者,赏不僭而刑不滥。"又曰:"若不幸而过,宁僭无滥。""古之治民者,劝赏而畏刑。"见《左传·襄二十六年》。或言察情而议制。鲁庄公曰:"小大之狱,虽不能察,必以情。"见《左传·庄十年》。叔向与子产书曰:"先王议事以制,不为刑辟,故诲之以忠。"见《左传·昭六年》。奉法治民,大抵不违于仁、恕。

法家则不然。《汉书·艺文志》云:"法家者流,出于理官。信赏必罚,以辅礼制。"《隋书·经籍志》云:"法者,人君所以禁淫慝、齐不轨而辅于治者也。"与《汉·志》所言无异。惟《汉·志》兼言赏,《隋·志》专言刑。盖"理"字本训为"治玉",引伸其义,则为事理、物理之称。《说文》云:"理,治玉也。"段

《注》云："理为剖析。凡天下一事一物，必推其情，至于无憾而后即安，是之谓天理。"盖事物之理，必因分析而后明，而国家立法，亦必析及毫芒，见焦氏循《理说》。辨章分北，故法官亦号"理官"。《月令》云："命理瞻伤。"郑《注》云："有虞氏曰士，夏曰大理，周曰司寇。"《管子》："皋陶为李。"《注》云："古治狱之官。""理"与"李"同。

儒家者流，不尚成文之法典，《孟子》曰："徒法不能以自行。"《荀子》曰："有治人，无治法。"此儒家不贵成文典之证也。盖儒家之意，以为法令既密，则上下相蒙。以居敬行简临民，仲弓曰："居敬而行简，以临其民，不亦可乎？"仲弓即子弓。仲弓此言，所以明儒家不以法律治国也。以为古代圣王，准理以制义，《礼》云："义理，礼之文也。"又云："礼也者，理也。"故即用礼以止刑。孔子言："齐之以刑，民免而无耻；齐之以礼，有耻且格。"是儒家以礼代刑也，故不以法制禁令为法律。礼禁未然之先，法施既然之后，见《太史公自序》。此儒家所由崇教化也。又，儒家制礼，首重等差，《中庸》云："亲亲之杀，尊贤之等，礼所生也。"盖儒家之论等差也，一曰亲疏之别，二曰贵贱之差。凡名物制度，咸因此而生差别。是儒家以礼为法也。以礼定分，《礼运》曰："礼达而分定。"《荀子·大略篇》亦曰："礼者，法之大分也。"以分为礼。凡犯分，即为犯律，《王制》曰："凡听五刑之讼，必原父子之亲、立君臣之义以权之。"故出乎礼者入于刑。《礼》曰："罪多而刑五，丧多而服五。"是礼与刑相为表里也。馀见《后汉书·陈宠传》。是则儒家所谓法典者，不外礼制之文而已。复以礼顺人情，《礼·坊记》云："礼者，因人之情。"《丧服四制》曰："凡礼之大，体顺人情。"故折狱以察情为本；孔子曰："无情者，不能尽其词。"是折狱以情为主。盖小宰以叙听情，小司寇求民情，本《周官》遗法。度情为恕，儒家最崇仁恕之道。故省刑为治国之先。《汉·刑法志》引孔子曰："古之知法者，能省刑本也。"而孟子亦言"省刑罚"，孔子复言"无讼"，荀子谓"古无肉刑而有象刑"，皆此义也。西汉贾、董诸儒论法，亦本此义。此儒家异于法家者也。

名家亦出礼官，别区制度，审合刑名，《汉·元帝纪》："以刑名绳下。"袁枚曰："刑名者，其法在审合形名也，故曰'不知其名，视其形'。是'刑名'当作'形名'也。"以名明法，董子《春秋繁露》云："古之名家，用名以明法饰罚。"故复由名以至刑。公孙龙之学，由道至名，由名至刑。见《四库提要》。邓析之流，以刑纠民，如作竹刑是。赏罚兼崇。《邓析子·无厚篇》云："喜不以赏，怒不以罚。"《转词篇》云："喜而便赏（'便赏'，明刊本《邓析子》作'使赏'，下'便罚'作'使诛'），不必当功；怒而便罚，不必值罪。"又云："为善者君与之赏，为恶者君与之罚。"而尹文著书，复言度必准法。《尹文子》曰："以名稽虚实，以法定治乱，万事皆归于一，百度皆准于法。"立言颇近申、韩。则名家之言，近法远儒，昭然不爽矣。

　　管子以道家兼法家，故以法治国，见《政法学史序》。而审法之用，首在正名。《管子·枢言篇》云："有名则治，无名则乱。"《心术篇》云："督言正名，故曰圣人。"又虑民之与法相戾也，乃严立赏罚之条，以趋民从法，《管子·七法篇》云："有功必赏，有罪必诛。"《版法篇》云："喜无以赏，怒无以罚（'以罚'，《四库全书》本、《四部丛刊初编》影宋本作'以杀'）。"《法法篇》云："审而不行，则赏罚轻也；重而不行，则赏罚不信也。"《任法篇》云："夫爱人不私赏也，恶人不私刑也。"《九守篇》云："用赏者贵诚，用罚者贵义。"是管子言赏罚，贵公不贵私。非仅胶于刑律也。观《轻重甲篇》《乙篇》，咸言赏而不言罚。盖当此之时，民俗衰靡，匡时之士，知宽缓之政不足齐民，故任法为治，隐师象魏之悬。郑铸刑鼎，《左传·昭六年》。晋铸刑书，《左传·昭三十年》。而子罕、见《韩非子》。而李斯亦言："宋子罕身行刑罚。"子产之俦，咸甄明典律，以法范民，是犹皙种之颁法典也。故慎到、田骈兼崇道、法，与管子同。《荀子·非十二子篇》之论田骈、慎到也，谓其"尚法而无法"，又曰："终日言成文典。"是田、慎二家，皆崇成文法典也。又，《慎子·内篇》言"殊赏殊罚"，《御览》引《慎子》佚文，言虞、夏、商、周，皆以赏罚并言，则慎子亦言赏罚。而商君治秦，以实核名，正名、明分，隐师尸佼之谋。尸子为商君之师，亦法家也。其言曰："以实核名，百事皆成。"又云："明分则不蔽，正名则不虚。"皆商君治国所本。今观商君所为书，大抵纠力尚功，如以军功官人，以垦田稽勤惰是也。敦本抑末，而施赏行诛，《去强篇》云："重罚轻赏，民死上。"又云："王者刑九赏一。"《开塞篇》云："赏施于告奸，则细过不失。"是商君重罚不重赏也。悉以著于令甲者为准。《商君书》所言，皆令甲也。虽淫刑以逞，作法于凉，如按囚渭水，死七百人，弃灰者有刑是也。然迫民从法，不得不威以严刑，秦民最愚，非有严刑峻法，不能令行禁止也。陈兰甫谓，韩非之意，以为先用严刑，使天下莫敢犯，然后可以清净为治。吾于商君亦云。乃以刑辅法，而非以刑该法也。且法家定制，不尚等差，一绳以法，司马谈曰："法家不别亲疏，不殊贵贱，一断于法，则亲亲、尊尊之恩绝矣。"此法家不尚等差之证。班《志》斥之为"伤恩薄厚"，《汉·志》论法家云："及刻者为之，则无教化，去仁爱，专任刑法，而欲以致治。至于残害至亲，伤恩薄厚。"贾谊《治安策》亦曰："商君捐礼义，弃仁恩。"盖贾、班皆习儒家之术，见法家不立亲疏贵贱之等差也，遂以"伤恩薄厚"斥之。则是执儒家以绳法家也。儒家以伦理治国，法家以法律治国。岂知以法治国，则君臣上下，悉当范围于法律之内哉？

惟申、韩、李斯，综名核实，虽多祖述商君，申不害书云："圣人贵名之正也，主处其大，臣处其细，以其名听之，以其名视之，以其名命之。"故《史记》言"申子卑卑，施于名实"。若《韩非·心度篇》《制分篇》，则无不以赏罚为主，即《史记》所谓"引绳墨，切事情"也。然申、韩以术辅法，《韩非子》云："申不害言术，而公孙鞅为法。术者，人主之所执也；法者，臣之所师也，是申子与商君不同。"案，《申子》书云："名者，天地之纲，圣人之符。张天地之纲，用圣人之符，则万物之情无所逃之矣。"而《韩非·外储说》所引申子说，亦不外使人主自秘自专。《韩非子·难三篇》云："术者，藏之于胸中，以潜御群臣者也。"而《定法篇》亦曰："主用申子之术。"是韩非之说，以操纵臣民为主，近权谋家。李斯以术督臣，见《史记》所载李斯对二世问。此则法家之弊矣。申、韩、李斯皆欲君智而民愚，主佚而臣劳，故以术辅法，已开舞文弄法之先。以术督臣，即为尊君抑臣之旨。此则法家之流毒后世者也。

墨家废礼如"僾差等"是。轻刑，如《兼爱》三篇是。迥殊儒、法，以为国家立法，《非命篇》言"宪章"，则墨子非不立法。贵顺民心，如《法仪篇》是。"法天"即以法民也。《天志篇》同。使君民一体。又虑人君用法之偏也，由是以刑赏之权，归之冥漠。如《耕柱篇》曰："鬼神之明，智于圣人也。"《明鬼下篇》以"赏必于祖"为"告分之均"，"僇必于社"为"告听之中"，复言勾芒祐郑穆公，祩子殪祏观辜，社神殪中里徼，与佛家果报无异。盖以人世之赏罚不足凭，故以赏罚之权归之于鬼神。复以鬼神临下，能以赏罚及君身。《天志篇》云："顺天意则得赏，反天意则得罚。"又云："天子有善，天能赏之；天子有恶，天能罚之。"而《明鬼下篇》之记周宣杀杜伯也，至谓"凡杀不辜，鬼神诛之"。是则以无形法律辅有形法律之穷也。法家以君臣上下同受制于有形法律中，墨家以君臣上下同受制于无形法律中，所以明平等之义，使君主不能擅用法律也。然辨章功实，如《尚贤篇》所言是。则固无异于法家。又，《墨子·尚贤下篇》有"见恶不告，连坐"之条。

道家以清净为治，以治律（"治律"，疑当作"法律"）为乱国之源。

如《老子》言："法令滋章，盗贼多有。"又言："民不畏死，奈何以死惧之？"轻视夫律，与儒家同。特儒家以礼为法，道家则斥为乱首，惟以合于自然者为法。典章宪令，弃若弁髦。由于嫉当时法令之繁苛。夫岂圣王齐民之道哉？

　　战国以降，秦尚严刑，汉崇清净，若司马迁言"法令非所以为治"，贾生以刀笔筐箧为"俗吏所务"，皆沿儒家、道家之术。而一二儒生，复能引经术以决狱讼，如董仲舒、兒宽是。著章句以解律文，如马融、郑玄是。甚至借礼文以舞法，如张汤之流是。执空理以绳民。如宋儒是。惨鸷刻深，远迈申、韩之上，而比附经谊，咸求伺籍于儒家。大抵尊君抑民，且舞文弄法。刑律之淆，至此始矣，安能行之而无弊乎？卓茂言："律设大法，礼顺人情。"则律非顺人情而设，明矣。

文章学史序

言以足志，文以足言。文章者，所以抒己意所欲言，而宣之于外者也。草昧之初，天事、人事，相为表里，故上古之"文"，其用有二：一曰抒己意以示人，有由上命下之词，则为诏令；有由下告上之词，则为奏疏；有同辈相告之词，则为书启、尺牍。一曰宣己意以达神。以人告神，则为祝文、诔辞；其人已死，以文记人，则为墓铭、行状、碑志。其类甚多。则周末得文章正传者，仅墨家、纵横家二家而已。何则？墨家出于清庙之守，《汉·志》云："墨家者流，盖出于清庙之守。"又曰："宗祀严父，是以右鬼。"则工于祷祈；纵横家出于行人之官，《汉·志》云："纵横者流，盖出于行人之官。"又曰："当权事制宜，受命而不受词。"此其所长也。则工于辞令。

吾观成周之制，宗伯掌邦礼，于宗庙、鬼神之典，叙述尤详。而礼官协辅宗伯者，于祭祀之典，咸有专司，如巫史、祝卜是也。

试观《周礼·太祝》，掌六祈以同鬼神，一曰类，二曰造，三曰襘，四曰禜，五曰攻，六曰说。"攻""说"者，即《冥氏》所谓"以攻、说襘之"也，盖亦古人祀神、告神之文。故六词之中，其五曰"祷"。即后世祭文之祖也。如汉昭烈《祭告天地文》、董仲舒《祀日食文》、傅毅《祈高禖文》是也。又考《礼》所载"土反其宅"四语，即古代之祝文。太祝掌六祝之词，一曰顺祝，郑云："顺祝，顺丰年也。"此即古人祈谷之文也。殷史辛甲作《虞箴》，以箴王缺，见《左传·襄四年》。即后世官箴之祖也。又，太祝所掌六词，"命"居其次，"诔"殿其终。"命"也者，后世哀册之祖也；惠氏《礼说》引《春秋》"王锡桓公命""追命卫襄公"，以证太祝之"命"，即今哀册。其说是也。"诔"也者，后世行状、诔文之祖也。《说文》："诔，谥也。"累列生时行迹，读之以作谥者。《论语》皇《疏》云："诔，今之行状也。"又，

《太史职》云："遣之日，读诔。"是太祝掌作诔，太史则掌读诔也。颂列六义之一，以成功告于神明。见《诗大序》。故"三颂"多祭祀之诗。屈平《九歌》，其遗制也。《九歌》为楚国祀神之乐章。铭为勒器之词，以称扬先祖功烈，见《礼·祭统》。汉、魏墓铭，其变体也。古代鼎铭，表章祖德，称美不称恶，与后世墓铭同，且同为韵文，故知墓铭出于鼎铭。且古重卜筮，咸有繇词，见《左传》者数十事。遂启《易林》《太玄》之体；古重盟诅，咸有誓诰，遂开《绝秦》《诅楚》之先。况古代祝宗之官，类能辨姓氏之源，以率遵旧典，见《国语·楚语》。观射父对昭王言，论巫、祝、宗三官之职最详。由是后世有传志、以文传人。叙记以文记事。之文；德刑礼义，记于史官，见《左传·僖七年》。余见《周礼·太史》《小史》。由是后世有典志之文。以文记故制旧典。文章流别，夫岂无征？又考《太祝》掌六词，三曰"诰"，四曰"会"。王伯厚谓"诰"即"典诰"。王伯申读"会"为"话"，即告戒下民之词。又，《内史》："凡命诸侯及孤、卿大夫，则策命之。"是古代诰令、册文，亦掌于祝史。又，师旷云："史陈书。"即奏疏之祖也。

抑又考之，成周之世，礼官之职最崇。殷代礼官之职尤重。册祝告神者，史官之职也；见《尚书·金滕篇》。御王册者，亦太史之职也。见《尚书·顾命篇》。而巫祝之官，亦大抵工于词令。楚观射父论巫觋曰："其智能上下鬼神。"黄氏以周曰："谓巫祝善词令，能比上下，以荐信于鬼神也。"此巫必善词之证也。又观《易·说卦》，"兑"为"口舌"，复为"巫"、为"少女"。盖为巫者，能以口舌擅长，而为巫者多少女，故并取象于"兑"也。《说文》云："兑，说也。从儿，㕣声。"虞翻注《周易·大有卦》曰："口助者，祝之职也。"上文云："《大有》，上卦为《兑》。《兑》为口，口助称祐。"此祝必工文之证也。《说文》"祝"字下云："祭主赞词者。从示，从人、口。一曰从兑省。兑为口，为巫。"此亦祝必工文之确证。又，《说文》"祠"字下云："多文词也。"亦祭祀崇尚文词之确证也。

东周以降，祭礼未沦，故陈信鬼神无愧词者，随会之祝史也；《左传·昭二十年》。能上下说乎鬼神者，"说"，读为"游说"之"说"。楚王之左史也。《国语·楚语下》。推之，范文虞灾，则祝宗为之祈死；《左传·成十七年》。随侯失德，则祝史兼用矫词。《左传·桓六年》。盖周代司祭之官，多娴文学，郑氏注《周礼》"凡有神仕者"云："男巫有学问才智者也。"此祭官多娴文学之证。与印度婆罗门同，故修词之术，克擅厥长。

墨家之学,远宗史佚,见《汉·艺文志》。复私淑史角所传。见《吕氏春秋·当染篇》中。史为宗伯之属官,与巫、卜、祝、宗并列。试观墨翟所为书,于巫、卜、祝、宗之职,记载甚详。《明鬼篇》云:"必择国之父兄慈孝贞良者,以为祝宗。"《迎敌祠篇》云:"灵巫或祷也,给祷牲。""必敬神之。""巫、卜、祝、史,乃告于四望、山川、社稷。""祝、史舍于社。""祝、史、宗人告社。"余详《号令篇》。盖既溯礼官之职守,必征礼典之仪文。于哀诔,则溯其源;《鲁问篇》云:"诔者,道死人之志也。"于宪典,则明其用。《非命上篇》云:"先王之书,所以出国家,以布施于百姓者,宪也。"又引成汤告天之词,《兼爱下篇》引《汤说》之词,即"唯予小子履"一节,复释之曰:"汤不惮以身为牺牲,以祠说于上帝鬼神。"而《吕氏春秋》复引此文,以为汤祷桑林之文。伪《汤誓》用之。以证古帝祀神之恪。是则墨家之学,敬天明鬼之学也;墨家之文,亦敬天明鬼之文也。故书中多言及鬼神、宗庙。且《经说》诸篇,正名析词,不愧名家之祖。故墨家之徒,以坚白异同相訾。馀详《晋书·鲁胜传》中。持论必加驳诘,如非杨朱、非儒术是。立说必主至坚,《贵义篇》曰:"以其言非吾言者,是犹以卵投石也。"辨言正词,远迈儒书之上,而谨严简直,不尚侈靡。尤近《商书》。如《盘庚》《微子之命》诸篇,皆墨子文体所出。此周末文体之一大派也。

若纵横之学,班《志》谓其"出于行人"。今考《周礼·秋官》,凡奉使、典谒之职,主于大、小行人。司仪、象胥诸官,皆典谒四方之宾客者也;又有环人、掌客、掌讶诸官。行夫、掌交诸官,皆奉使四方之地者也。"纵横"即东西、南北之义,故奉使四方者曰"纵横"。然协词命者属行人,读誓禁者属讶士,则使臣之职,首重修辞。且小行人之官,周悉万民利害,勒之书册,以反命天王,见《周礼》小行人之职。乃文之施于敷奏者也,后世表、章、笺、启本之。凡文之由下而达于上者,皆属此类。掌交之官,巡邦国、诸侯,以及万民之聚,谕以天王之德义,以亲睦四方,见《周礼》掌交之职。乃文之施于谕令者也,又,掌交达万民之说,则又施于敷奏之文,犹《王制》所言"太师陈诗,观民风;命市纳价,以观民之所好恶"也。后世诰、敕、诏、命本之。凡文之由朝而宣于野者,皆属此类。象胥之官,掌传王言于夷使,使之谕说和亲;入宾之岁,则协礼以传词。见《周礼·象胥》及《礼记·王制》。此文之施于通译者也,后世国书、封册本之。凡文之由内而播于外者,皆属此类。

况当此之时，王惠诸侯，使车旁连，赙补有辞，赒委有辞，犒袯有辞，庆贺有辞，哀吊有辞。《小行人》云："若国札丧，则令赙补之；若国凶荒，则令赒委之；若国师役，则令犒袯之；若国有福事，则令庆贺之；若国有祸灾，则令哀吊之；若臣既出，则必致辞于列国矣。"而诸侯各邦，咸行朝觐、聘问之礼，由是有劳使之辞，《司仪》曰："问君，客再拜，对。"又曰："君劳客，客再拜稽首。"郑玄亦云："劳者东，不致命于乡宾。"有致殡之词，贾公彦曰："致馆，有束帛；致殡，空以词；致君，命无束帛。"有交摈之词。见《礼·聘》。故《聘礼》言"辞达"，《聘礼》云："辞多则史，少则不达。"《论语》亦言"辞达"，乃行人应对之辞也。《左传》言"为辞"，《襄三十一年》。《论语》则言"为命"，乃行人简牍之辞也。若诸侯不供王职，则王使责言，由是有文告之辞，有威让之令。见《国语·周语》。羽书军檄，此其滥觞。若诸侯乃心王室，则王使下临，由是有赏功之典，有赐祚之仪。如命宰孔赐齐祚，命叔兴赐晋霸是。册文玺书，此其嚆矢。

东周以还，行人承命，咸以辞令相高。见于《左传》《国语》者，凡数百十事。惟娴习文辞，斯克受行人之寄，所谓"非文词不为功"也。若行人失辞，斯为辱国，故言语之才，于斯为盛。复因行人之奉使四方也，由是习行人之言者，即以"纵横"名其学，载于《汉·志》者十二家，今皆莫存。其所存者，惟《鬼谷子》一书。试究其指归，或以"捭阖""转丸"为名，《捭阖篇》云："捭之者，开也，言也，阳也。阖之者，闭也，默也，阴也。"《转丸篇》久亡。《本经阴符七术篇》屡言"转圆"，孙渊如曰："疑即转丸。"《文心雕龙·论说篇》云："转丸以逞其巧词。"或以"摩意""揣情"为说，《揣篇》《摩篇》，《御览》引作"揣情篇""摩意篇"。《史记索隐》亦引王邵之说，以"揣情""摩意"为《鬼谷子》二章。非惟应变之良谋，抑亦修辞之要指。如老泉之文，出于《捭阖》；东坡之文，近于《转丸》；柳文、韩诗，则皆有得于《揣》《摩》。虽"抵巇""飞箝"，《鬼谷子》有《抵巇篇》，复有《飞箝篇》。说邻险诵，然立说之意，首重论文，如《揣摩篇》："此揣情饰言成文章，而后论之也。"《权篇》云："繁称文词者，博也。"此《鬼谷子》论文之确证。故苏秦、张仪得其绪论，见《史记·苏秦张仪列传》。而《汉·志》"纵横家"亦首列苏秦书，继列张仪书。并为纵横之雄。苏秦之简练、揣摩，即诵文笃志之证也；刺股、书掌，即苦心习文之证也。而战国之文，犹得古代行人之遗意。如《战国策》所载是也。西汉初兴，若蒯通、邹阳、主父偃之伦，咸习纵横之术，

《汉·志》"纵横家"中，有《蒯子》五篇，《邹阳》七篇，《主父偃》二十八篇；又有《徐乐》一篇，《庄安》一篇。虽遗文莫考，然《列传》所载文笔，犹可想见其大凡。蒯通之语，见《韩信传》及《田儋传》；邹阳《上梁王书》、主父偃《谏伐匈奴书》，咸列于本传；而徐乐、庄安言世务书，亦附载焉。此纵横家必工文词之证也。

　　盖周、秦以前，应对最繁，而简牍亦具。《文心雕龙·书记篇》云："三代政暇，文翰颇疏。春秋聘繁，书介尤盛。又行人挈辞，多被翰墨。"汉、魏以后，应对较省，而简牍益增。《史通·言语篇》云："逮汉、魏以降，周、隋而往，世皆尚文，时无专对。运筹划策，自具于章表；献可替否，总归于笔札。"推论由言论转为文词，其确。故工文之士，学术或近于纵横；如房玄龄深识机宜，马周长于机变，魏徵少学纵横，然房长于书檄，马长于敷奏，魏长于谏议。奉使之臣，词翰见珍于绝域。如陆贾之流，以辨士使绝域。而六朝以降，凡奉使通好之臣，皆以文才相高。即将命于外夷者，亦以文学为重，见《北史·李谐传》及《旧唐书·新罗传》。即北宋使契丹之臣，亦以文学优长者充其选。雍容华国，不愧德音。然应对简牍之词，莫不导源于周末，则纵横之学，亦周末文体之一大派矣。词赋诗歌，亦出于行人之官，厥证甚多，予别有文以论之。

　　要而论之，墨家之文尚质，纵横家之文尚华；墨家之文以理为主，纵横家之文以词为主。故春秋、战国之文，凡以明道阐理为主者，如《荀子》《吕氏春秋》是。皆文之近于墨家者也；以论事骋辞为主者，如《国语》《国策》《左传》及《孟子》之类是。皆文之近于纵横者也。若阴阳、儒、道、名、法，其学术咸出史官，见第一期《古学出于史官篇》。与墨家同归殊涂，虽文体各自成家，然悉奉史官为矩矱。后世文章之士，亦取法各殊，然溯文体之起源，则皆墨家、纵横家之派别也，故论其大旨著于篇。

群经大义相通论

序

　　《六经》订于孔门，《易》传商瞿，五传而至田何。何为齐人，是为齐人言《易》之始。《春秋》之学，传于子夏。一由子夏授公羊高，公羊氏世传其学；一由子夏授穀梁赤，再传而至申公。高为齐民，赤为鲁产，由是《春秋》有齐、鲁之学。若夫《尚书》藏于孔鲋，而齐人伏生亦传《尚书》；《鲁诗》出于荀卿，而齐人辕固亦传《齐诗》。即《论语》之学，亦分齐、鲁二家。是则汉初经学，初无今、古文之争也，只有齐学、鲁学之别耳。

　　凡数《经》之同属鲁学者，其师说必同；凡数《经》之同属齐学者，其大义亦必同。故西汉经师，多数《经》并治，诚以非通群《经》，即不能通一《经》也。盖齐学详于典章，而鲁学则详于故训，故齐学多属于今文，而鲁学多属于古文。观《白虎通》所采，以齐学为根基；《五经异义》所陈，则奉鲁学为圭臬，曷尝有仅治一《经》而不复参考他《经》之说哉？后世儒学式微，学者始拘执一《经》之言，昧于旁推交通之义。其于古人治《经》之初法，去之远矣。

　　今汇齐学、鲁学之大义，辑为一编，颜曰"群经大义相通论"，庶齐学、鲁学之异同，辨析昭然，亦未始非治《经》之一助也。

公羊孟子相通考

《公羊》得子夏之传,《孟子》得子思之传。近儒包孟开谓,《中庸》多《公羊》之义,则子思亦通《公羊》学矣。子思之学,传于孟子,故《公羊》之微言,多散见于《孟子》之中。试略举之。

《梁惠王下篇》云:"惟仁者为能以大事小,是故汤事葛,文王事昆夷。惟智者为能以小事大,故太王事獯鬻,勾践事吴。以小事大者,乐天者也;以大事小者,畏天者也。乐天者保天下,畏天者保其国。"

案,《公羊》:"纪季以酅入于齐。"《传》云:"纪季者,何?纪侯之弟也。何以不名?贤也。何贤乎纪季?服罪也。其服罪奈何?鲁子曰:'请后五庙,以存姑姊妹。'"即《孟子》"以小事大"之义。

《梁惠王篇下》云:"凿斯池也,筑斯城也,与民守之,效死而民勿去,则是可为也。"

案,《公羊》:"齐侯灭莱。"《传》云:"曷为不言莱君出奔?国灭,君死之,正也。"即《孟子》"效死勿去"之义。又,"梁亡"。《传》云:"其自亡,奈何?鱼烂而亡也。"言民去而国不守也。亦可与《孟子》之言互证。

《万章篇下》云:"齐宣王问卿。孟子曰:'王何卿之问也?'曰:'卿不同乎?'曰:'不同。有贵戚之卿,有异姓之卿。'曰:'请问贵戚之卿。'曰：'君有大过，则谏；反复之而不听，则易位。'"又云："王色定，然后请问异姓之卿。曰：'君有过，则谏。反复之而不听，则去。'"

案，《公羊》："卫宁喜弑其君剽。"《传》云："曷为不言剽之立？不言剽之立者，以恶卫侯也。"此即明贵戚卿有易位之权。又，"曹羁出奔陈。"《传》云："曹羁者，何？贤也。何贤乎曹羁？戎将侵曹，曹羁谏曰：'戎众以无义，君请勿自敌也。'曹伯曰：'不可。'三谏不从，遂去之。故君子以为得君臣之义也。"此即明异姓卿有去国之义。

《离娄篇上》云："天下之本在国，国之本在家。"

案，《公羊传》云："《春秋》内其国而外诸夏，内诸夏而外夷狄。"又曰："王者欲一乎天下，必自近者始。"即"天下之本在国"之义。此节可与《大学》首章参看。

《告子下篇》云："欲轻之于尧、舜之道者，大貉、小貉也。欲重之于尧、舜之道者，大桀、小桀也。"

案，《公羊》："初税亩。"《传》云："古者什一而藉。古者曷为什一而藉？什一者，天下之中正也。多乎什一，大桀、小桀；寡乎什一，大貉、小貉。什一者，天下之中正也。什一行，而颂声作矣。"与《孟子》同。

《离娄下篇》云："其事则齐桓、晋文，其文则史。孔子曰：'其义，则丘窃取之矣。'"

案，《公羊》："齐高偃纳北燕伯于阳。"《传》云："《春秋》之信史也。其序则齐桓、晋文，其会则主会者为之也，其词则丘有罪焉尔。"与《孟子》同。

《尽心篇上》云:"'舜为天子,皋陶为士,瞽瞍杀人,则如之何?'孟子曰:'执之而已矣。''然则舜不禁与?'曰:'夫舜恶得而禁之?夫有所受之也。'"

　　案,《公羊》:"齐国夏、卫石曼姑帅师围戚。"《传》云:"此其为伯讨,奈何?曼姑受命于灵公而立辄,以曼姑之义,为固可以距之也。"又曰:"然则辄之义,可以立乎?曰:可。其可奈何?不以父命辞王父命,以王父命辞父命,是父之行乎子也;不以家事辞王事,以王事辞家事,是下之行乎上也。"举此例以证《孟子》,则皋陶之当执瞽瞍,犹之石曼姑之当拒蒯聩也;辄之不得禁石曼姑,犹舜之不当禁皋陶也。

以上七条,皆《孟子》与《公羊》相通之义。盖战国诸子,《荀子》之义,多近于《穀梁》;《孟子》之义,多近于《公羊》。故《荀子》之学,鲁学也;《孟子》之学,齐学也。孟子游齐最久,故所得之学,亦以齐学为最优,岂若后儒之空谈大同、三世哉?

公羊齐诗相通考

《春秋》三《传》,《公羊》为齐学,《穀梁》为鲁学。故公羊家言,多近于《齐诗》;穀梁家言,多近于《鲁诗》。今采《齐诗》中有《公羊》义者若干条,以为"《公羊》《齐诗》相通考"。

四国是匡。

案,《公羊传·僖四年》:"古者周公东征则西国怨,西征则东国怨。"何《注》云:"此道黜陟之时也。《诗》曰:'周公东征,四国是皇。'"盖用《齐诗》诗意。

翼奉曰:"窃学《齐诗》,闻五际之要,《十月之交篇》。"又,《春秋纬演孔图》曰:"《诗》含五际六情。"《汉书·翼奉传》孟康《注》云:"五际,卯、酉、午、戌、亥也。阴阳终始际会之岁,于此则有变改之政也。"《诗纬泛历枢》云:"午、亥之际为革命,卯、酉之际为改正。辰在天门,出入候听。卯,《天保》也;酉,《祈父》也;午,《采芑》也;亥,《大明》也。"又云:"《大明》在亥,水始也;《四牡》在寅,木始也;《嘉鱼》在巳,火始也;《鸿雁》在申,金始也。"

案,《公羊·隐元年传》云:"元年者,何?君之始年也。春者,何?岁之始也。"董仲舒亦曰:"一者,万物之所以始也。《春秋》之义,即托新王于鲁之义也。"与《齐诗》所言之"四始",同为革新之说。若"五际"之义,尤与《繁露》改制之说同。"革命""改正",

即《公羊》"拨乱反正"之义也。

《匡衡传》："'商邑翼翼,四方之极。'此成汤所以建至治、保子孙,化异俗而怀鬼方也。"

案,此即《公羊》"大一统"之义,所谓天下、远近、大小若一也。"王者无外",此之谓与? 此殆《公羊》家所谓"太平世"与?

《汉·郊祀志》："匡衡曰:'毋曰高高在上,陟降厥士,日监在兹。'言天之日监王者之处也。'乃眷西顾,此维予宅。'言天以文王之都为居也。"

案,《公羊·隐元年传》云:"王者孰谓? 谓文王也。"何《注》云:"文王,周始受命之王。天之所命,故上系天端。方陈受命,制正月,故假以为王法。"与匡衡所言相近。

《伏湛传》云:"文王受命而征伐五国,必先询之同姓,然后谋之群臣。"

案,此即《公羊》"必自近者始"之义,殆《公羊》所言"升平世"之象也。至谓"文王受命",则为《公羊》之义益明矣。

《萧望之传》曰:"'爱及矜人,哀此鳏寡。'上惠下也。'雨我公田,遂及我私。'下急上也。"

案,《公羊·宣公十五年》"初税亩",《传》云:"什一行而颂声作也。"何《注》所言,皆上惠下、下急上之义,故于公田之制,言之尤详。

《翼奉传》："周公犹作《诗》《书》，深戒成王，以恐失天下。其《诗》则曰：'殷之未丧师，克配上帝。宜监于殷，骏命不易。'"

案，此即《公羊传》"故宋之意，王者所以通三统"也。观《公羊传》，书"宋灾"为王者之后记灾；书"蒲社灾"为亡国之社记灾。其旨深矣。

《匡衡传》云："故《诗》曰：'窈窕淑女，君子好仇。'言能致其贞淑，不贰其操。情欲之感，无介乎容仪；宴私之意，不形乎动静。夫然后可以配至尊，而为宗庙主。"

案，此即《公羊传》"夫人与公一体"之义。此《春秋》所以书纳币、记来媵也。

又云："'念我皇祖，陟降廷止。'言成王常思祖考之业，而鬼神祐助其治也。'茕茕在疚。'言成王丧毕思慕，意气未能平也。"

案，此即《公羊传》"所见世""所闻世""所传闻世"之说也。恩有厚薄，义有浅深。春秋之世，恩衰义缺。此成王之志所由可尚也。

以上九条，皆散见于前、后《汉书》。盖匡衡、翼奉诸儒，皆为《齐诗》之经师。《齐诗》之微言大义，赖此以传。此齐学之可考者也。

毛诗荀子相通考

此义本先伯父恭甫先生所发,故即其义推广之,以辑为此篇。光汉记。

昔汪容甫先生撰《荀卿子通论》,据《经典·叙录》徐整说,谓《毛诗》为荀卿子之传。据《汉书·楚元王传》:"浮丘伯,孙卿门人。"《盐铁论》:"包丘子事荀卿,谓《鲁诗》为荀卿子之传。"据《韩诗外传》屡引荀卿之说,谓《韩诗》为荀卿子之别子。今采掇《荀子》之言《诗》者,得二十有二条。其说事引《诗》者,则不录。然《毛诗》之谊出于《荀子》者,兹固彰彰可考矣。

《劝学篇》曰:"《诗》者,中声之所止也。"

案,《诗·大序》云:"情发于声。声成文,谓之音。"与《荀子》同。

《劝学篇》曰:"《诗》《书》之博也。"

案,此即孔子"多识于鸟兽草木之名"义,故《毛诗》("毛诗",据文意,疑当作"毛氏")作《诗传》,详于训诂名物,不以空言说《经》。

《劝学篇》曰:"《诗》《书》故而不切。"

案,"故"者,即训诂之谓也;"切"者,犹言切于事情也。杨

《注》引《论语》"诵《诗三百》,使于四方,不能专对"证之。盖《诗·大序》有云:"达于世变。"即切于事情之义也。《荀子》虑诵《诗》者不能达世变,故为此言。

《儒效篇》曰:"《诗》言是其志也。"

案,《诗·大序》有云:"诗者,志之所之也。在心为志,发言为诗。"与《荀子》同。

《儒效篇》曰:"故《风》之所以为不逐者,取是以节之也;《小雅》之所以为小雅者,取是而文之也;《大雅》之所以为大雅者,取是而光之也;《颂》之所以为至者,取是而通之也。"

案,"取是"之文,蒙前文之"儒"言之。《诗·大序》云:"变风发乎情,止乎礼义。发乎情,民之性也;止乎礼义,先王之泽也。"杨《注》取以说此节。又,《诗·大序》云:"《颂》者,美盛德之形容,以其成功,告于神明者也。"而杨《注》亦云:"至,谓盛德之极。"亦《荀子》用《诗序》之证。

《大略篇》曰:"善为《诗》者不说。"

案,此即《孟子》"说《诗》者不以文害词、以意逆志"义。董子("董子",疑当作"荀子")本之,亦《毛诗》义也。

《大略篇》曰:"《国风》之好色也,《传》曰:'盈其欲而不愆其止。其诚可比于金石,其声可内于宗庙。'"

案,《诗·大序》云:"《关雎》,乐得淑女,以配君子。忧在进贤,不淫于色。哀窈窕,思贤才,而无伤善之心焉。是《关雎》之义

也。"杨《注》取以为说,则此固《毛诗》义也。《诗·大序》又云:
"《关雎》,后妃之德也,《风》之始也,所以风天下而正夫妇也。故
用之乡人焉,用之邦国焉。"杨《注》又用以释《荀子》,复申其义
曰:"既云'用之邦国',是其声可纳于宗庙者也。"亦用毛义。又,
《汉书·匡衡传》云:"衡上书曰:'妃匹之际,生民之始,万福之源。
孔子论《诗》,以《关雎》为始,言能致其贞淑,不贰其操。情欲之
感,无介于容仪;宴私之意,不形于动静,夫然后可以配至尊,而为
宗庙主。'"案,衡习《齐诗》,而此《疏》亦用《荀》义,殆此义为齐、
毛二家所同与?

《大略篇》曰:"《小雅》不以于污上,自引而居下,疾今之政以思往
者,其言有文焉,其声有哀焉。"

　　案,《诗·大序》云:"雅者,正也,言王政所由废兴也。""居上
　　("居上",据文意,疑当作"居下")思往",即陈古刺今之义。若
　　"其言有文",即《大序》"声成文谓之音"之义;而"其声有哀",
　　即《大序》"乱世之音怨以怒"之义也。
　　以上《诗》总义。

《解蔽篇》云:"其情之至也,不贰。《诗》云:'采采卷耳,不盈顷
筐。嗟我怀人,置彼周行。'顷筐易满也,卷耳易得也,然而不可以贰周
行,故曰:心枝则无知,顷则不精,贰则疑惑。"

　　案,此乃《荀子》引《卷耳篇》之文也。毛《传》云:"顷筐,畚
　　属,易盈之器也。"即用《荀》义。又云:"怀,思;寘,置;行,列也。
　　思君子,官贤人,置周之列位。"荀谓"不可以贰周行",亦与《传》
　　义同。

《宥坐篇》云:"《诗》曰:'忧心悄悄,愠于群小。'小人成群,斯足忧

矣。"

　　案,此乃《荀子》引《柏舟篇》之文也。毛《传》未释"群小",郑《笺》云:"群小,众小人,在君侧者。"亦用《荀》义。

《大略篇》云:"诸侯召其臣,臣不俟驾,颠倒衣裳而走,礼也。《诗》曰:'颠之倒之,自公召之。'"

　　案,此乃《荀子》引《东方未明篇》之文也。毛《传》无解语。《荀子》盖举寻常君召之礼,就臣下言。盖此为古代相传之礼,齐廷行之不当,故诗人刺其无节。《荀子》此言,乃引《诗》以证古礼,非与《小序》"刺时"之义相背也。

《大略篇》云:"霜降逆女,冰泮杀内。"

　　案,此乃《荀子》用《东门之杨篇》之义也。杨《注》不达其旨,释此文云:"此盖误耳,当为'冰泮逆女,霜降杀内',故《诗》曰:'士如归妻,迨冰未泮。'郑云:'归妻,谓请期也。冰未泮者,正月中以前,二月可以成婚矣。'故云'冰泮逆女'。"其说甚误。近儒谢氏墉校《荀子》云:"案,《诗·陈风·东门之杨篇》毛《传》云:'言男女失时,不待秋冬。'孔氏《正义》引荀卿语,并云:'毛公亲事荀卿,故亦以秋冬为昏期。'《家语》所说亦同。《匏有苦叶》所云'迨冰未泮'、《周官·媒氏》所言'仲春,会男女',皆是。要其终言,不过是耳。"其说甚确。盖毛《传》固用《荀子》义也,杨《注》固非;后儒据此以证毛、郑言昏期之不同,亦未尽是。

《劝学篇》曰:"《诗》曰:'鳲鸠在桑,其子七兮。淑人君子,其仪一兮。其仪一兮,心如结兮。'故君子结于一也。"

案,此乃《荀子》引《鸤鸠篇》之文也。毛《传》云:"执义一,则用心固。"即引伸《荀子》之义者也。

《大略篇》云:"天子召诸侯,诸侯辇舆就马,礼也。《诗》曰:'我出我舆,于彼牧矣。自天子所,谓我来矣。'"

案,此乃《荀子》引《出车篇》之文也。毛《传》云:"出车就马于牧地。""就马"二字,本于《荀子》。

《大略篇》云:"《诗》曰:'物其指矣,唯其偕矣。'不时宜,不敬交,不欢忻,虽指,非礼也。"

案,此乃《荀子》引《鱼丽篇》之文也。据《荀子》此文,似合上文"物其有矣,维其时矣"二句释之。"时宜"者,释"维其时矣"句之"时"字也;"敬交""欢忻",皆释此句之"偕"字也。"指""唯"二字,皆异文。毛《传》无解,郑《笺》云:"鱼既美,又齐等。鱼既有,又得其时。"非《荀子》之义也。

《宥坐篇》云:"《诗》曰:'尹氏太师,惟周之氏。秉国之均,四方是维,天子是庳,卑民不迷。'是以威厉而不试,刑错而不用,此之谓也。"

案,此乃《荀子》引《节南山篇》之文也。"氏"字为误文。"卑"字乃"义"字,即"俾"字之假借也。毛《传》仅云"使民无迷惑之忧",而《荀子》则推言之。

《大略篇》云:"故《春秋》善胥命,而《诗》非屡盟。"

案,此乃《荀子》用《巧言篇》之义也。《巧言》曰:"君子屡盟。"郑《笺》曰:"屡,数也。盟之所以数者,由世衰乱,多相违背。"

亦用《荀》义。

《大略篇》曰："《诗》曰：'无将大车,维尘冥冥。'言无与小人处也。"

案,此乃《荀子》引《无将大车篇》之文也。毛《传》无解,郑《笺》云："冥冥者,蔽人目明,令无所见也。犹进举小人,蔽伤己之功德也。"亦用《荀》义。

《不苟篇》曰："《诗》曰：'左之左之,君子宜之。右之右之,君子有之。'此言君子之能以义屈伸变应也。君子,小人之反也。"

案,此乃《荀子》引《裳裳者华篇》之文也。《毛传》云："左,阳道,朝祀之事。右,阴道,丧戎之事。"此语与《荀子》"以义屈伸变应"之语相合,惟未释"君子"。郑君云："君子,斥其先人也。"非《荀子》之义。盖《荀子》所言,乃《毛诗》之义,而郑氏笺毛,则杂采三家《诗》之说也。

《儒效篇》曰："《诗》曰：'平平左右,亦是率从。'言上下之交,不相乱也。"

案,此乃《荀子》引《采菽篇》之文也。毛《传》未释"率从",郑《笺》云："诸侯之有贤才之德,能辩治其联属之国,使得其所,则联属之国亦顺从之。"与《荀子》符,殆亦用《荀子》之义。

《大略篇》曰："《诗》云：'明明在下,赫赫在上。'此言上明而下化也。"

案,此乃《荀子》引《大明篇》之文也。毛《传》云："文王之德,明明于下，故赫赫然著见于天。"郑《笺》云："明明，兼言文、武。"馀与《传》同，咸与《荀》义不合。《荀》谓"上明下化"，"上"指君主言，"下"指臣民言，非指上天言也。意《荀子》此条，乃《鲁诗》《韩诗》之说，与毛义殊，故附辨于此。

《大略篇》曰："《诗》曰：'我言维服，勿以为笑。先民有言：询于刍荛。'言博问也。"

案，此乃《荀子》引《板篇》之文也。毛《传》仅释"刍荛"，郑《笺》云："匹夫匹妇，或知及之。即《洪范》'谋及庶人'之义，所以达民情而公好恶也。"亦用《荀子》之义。

以上《诗》章句。

由以上所言观之，则《荀》义合于《毛诗》者十之八九。盖毛公受业荀卿之门，故能发明师说，与传闻不同。其不合者，即《鲁诗》《韩诗》之说。郑君笺《诗》多引之，则以鲁、韩二家，与《毛诗》固同出荀子也，故析为总义、章句二类，以证《传》说所从来，并以彰荀子传《经》之功焉。

左传荀子相通考

　　刘向《别录》叙《左传》师承也,谓左丘明授曾申,申授吴起,起授其子期,期授楚铎椒,椒作《钞撮》八卷授虞卿,卿著《钞撮》九卷授孙卿,卿授张苍。《左传正义》引。陆氏《经典释文》亦曰:"左丘明作《传》,以授曾申,申传卫人吴起,起传其子期,期传楚人铎椒,椒传赵人虞卿,虞卿传同郡郇卿,卿名况。况传武威按,张苍,阳武人。此云"武威",系传写之讹。张苍,苍传洛阳贾谊。"则《春秋左氏》学,固荀子所传之学矣。故《荀子》一书,于《左传》大义,或明著其文,或隐诠其说。今试举之。

　　成公十四年《传》曰:"《春秋》之称,微而显,志而晦,婉而成章,尽而不污,惩恶而劝善。非圣人,谁能修之?"

　　　　案,《荀子·劝学篇》云:"《春秋》之微也。"杨《注》云:"微,谓褒贬、沮劝,微而显、志而晦之类也。"与《左传》合。此《荀子》发明《左传》大义之语也。又,《劝学篇》云:"《春秋》约而不速。"杨《注》云:"文义隐约,褒贬难明,不能使人速晓其义。"据杨《注》观之,亦与"微而显,志而晦"之旨合。

　　　　庄十八年《传》曰:"王命诸侯,名位不同,礼亦异数,不以礼假人。"
　　成二年《传》曰:"孔子曰:'惟器与名,不可以假人。名以出信,信以守器。'"

　　　　案,《荀子·劝学篇》云:"国家无礼则不宁。"《王制篇》云:"分均则不偏，执齐则不一，众齐则不使。有天有地，则上下有差。明王始立，而处国有制。”又曰：“先王制礼义以分之，使有贫富、贵贱之等。”又曰：“衣服有制，宫室有度，人徒有数，丧祭械用，皆有等宜。”《富国篇》云：“礼者，贵贱有等，长幼有差，贫富、轻重皆有称者也。”《议兵篇》曰：“礼者，治辨之极也。”《礼论篇》曰：“君子既得其养，又好其别。”馀与《富国篇》同。又曰：“礼者，以财物为用，以贵贱为文，以多少为异，以隆杀为要。”《正名篇》曰：“知者为之分别，制名以指实，上以明贵贱，下以辨同异。”《大略篇》亦多此义。皆与《中庸》“亲亲之杀，尊贤之等，礼所生也”相合，亦即《左传》“名位不同，礼亦异数”“惟器与名，不可假人”之义也。盖左氏深于礼，而荀卿亦深于礼，故曲台之礼亦荀氏所传也。

宣四年《传》云：“凡弑君，称君，君无道也。”

　　案，《荀子·正论篇》云：“汤、武者，民之父母也；桀、纣者，民之怨贼也。今世俗之为说者，以桀、纣为君，而以汤、武为弑，然则是诛民之父母而师民之怨贼也。”又，《议兵篇》曰：“汤、武之诛桀、纣也，拱挹指麾，而强暴之国莫不趋使，诛桀、纣若诛独夫。故《太誓》曰‘独夫纣’，此之谓也。”此即“弑君，称君，君无道”之义也。《荀子》之说，与孟子对齐宣王之说合。又，《左传·襄十四年》晋师旷曰：“天之爱民甚矣，岂可使一人肆于民上，以从其淫？”亦为《荀子》之说所本，而《左传》此语，后儒集矢纷纭，抑独何与？

隐四年《传》云：“《书》曰‘卫人立晋’，众也。”

　　案，《荀子·王制篇》云：“君者，善群也。”《王霸篇》云：“合天下而君之。”又曰：“天下归之之谓王。”又曰：“君者，何也？曰能群也。”《大略篇》曰：“天之生民，非为君也；天之立君，以为民也。”此皆君由民立之义。《左氏》之说，与公、穀二《传》相合。得《荀子》而证之,其说益明。盖《左传》所谓"众",即《荀子》所谓"群"也。

成十五年《传》云:"凡君不道于其民,诸侯讨而执之,则曰'某人执某侯',不然则否。"

案,《荀子·王霸篇》云:"官人失要则死,公侯失礼则幽。""失礼"者,即"不道于其民"之谓也;"幽"者,即"讨而执之"之谓也。杨《注》云:"幽,囚也。《春秋传》曰:'晋人执卫侯,归之于京师,置诸深室。'是也。"案,晋执卫侯,亦因卫侯不道于其民之故。

襄廿六年《传》云:"善为国者,赏不僭而刑不滥。赏僭则惧及淫人,刑滥则惧及善人。若不幸而过,宁僭无滥。与其失善,宁其利淫。"

案,《荀子·致士篇》云:"赏不欲僭,刑不欲滥。赏僭则利及小人,刑滥则害及君子。若不幸而过,宁僭无滥。与其害善,不若利淫。"谢氏墉曰:"此数语,全本《左传》。"案,由此数语观之,足证《荀子》曾见《左传》全文矣。

隐元年《传》云:"天子七月而葬,同轨毕至。诸侯五月而葬,同盟至。大夫三月,同位至。士逾月,外姻至。"

案,《荀子·礼论篇》云:"天子之丧动四海;(《荀子集解》下有"属诸侯"三字,当补)诸侯之丧动通国,属大夫;大夫之丧动一国,属修士;修士之丧动一乡,属朋友;庶人之丧,合族党,动州里。"杨《注》云:"属,谓付托之,使主丧也。通国,谓通好之国也。一国,谓同在朝之人也。修士,谓上士也。一乡,谓一乡内之姻族也。《春秋传》曰:'天子七月而葬,同轨毕至;诸侯五月而葬,同盟至;大夫三月,同位至;士逾月,外姻至。'"案,杨《注》引《左传》以释

《荀子》，则《荀子》之文，即本于《左传》。盖此乃古代相传之礼制也。《礼记·王制篇》亦有此文。《礼论篇》又曰："故虽备家，必逾日然后能殡，三日而成服，然后告远者出矣，备物者作矣。故殡，久不过七十日，速不损五十日。"杨《注》云："此皆据《士丧礼》首尾三月者也。损，减也。"案，杨《注》甚确。《荀子》此文，所以释《左传》"士逾月而葬"一语也。《礼论篇》又云："三月之殡，何也？曰：大之也，重之也，所致隆也，所致亲也。将举措之，迁徙之，离宫室而归丘陵也。先王恐其不文也，是以由其期，足之日也。故天子七月，诸侯五月，大夫三月，皆使其须足以容事，事足以容成，成足以容文，文足以容备，曲容备物之为道矣。"杨《注》云："此殡，谓葬也。"案，《荀子》此文，所以释《左传》"天子七月而葬，诸侯五月，大夫三月"三语也。盖《荀子》言礼，固大率本于《左传》也。《左氏》亦深于礼。

隐元年《传》云："赠死不及尸，吊生不及哀。豫凶事，非礼也。"

　　案，《荀子·大略篇》云："货财曰赙，舆马曰赗，衣服曰禭，玩好曰赠，玉贝曰唅。与《公》《穀》隐元年《传》同。赙、赗，所以佐生也；赠、禭，所以送死也。送死不及柩尸，吊生不及悲哀，非礼也。"杨《注》云："皆谓葬时。"案，此亦《荀子》引《左传》之确证。《荀子·大略篇》又云："故吉行五十，奔丧百里。赗、赠及事，礼之大也。"杨《注》云："既说吊赠及事，因明奔丧亦宜行远也。"据杨《注》观之，则《荀子》此文，亦引伸《左传》之说者也。盖《荀子》言礼，多本《左氏》，馀可类推。

昭元年《传》云："中声以降，五降之后，不容弹矣。"

　　案，《荀子·劝学篇》云："《诗》者，中声之所止也。"杨《注》云："《诗》谓乐章，所以节声音，至乎中而止，不使流淫也。《春秋

传》曰：'中声以降，五降之后，不容弹矣。'"盖荀卿说《诗》，即用
《左传》之说。

昭三十一年《传》云："君子曰：'名之不可不慎也，如是。'夫有所
有名，而不如其已。以地畔，虽贱必书地，以名其人，终为不义，弗可灭
矣。是故君子动则思礼，行则思义，不为利回，不为义疚。或求名而不
得，或欲盖而名章，惩不义也。是以《春秋》书齐豹曰'盗'，三畔人名，
以惩不义，警非礼也。"

　　案，《荀子·修身篇》云："害良曰贼。""贼"与"盗"同。《左
传·文十八年》云："毁则为贼。"《昭十四年》云："杀人不忌为贼。"亦可互证。
此即指齐豹等之事言也。又曰："窃货曰盗。"盗地，犹之窃货。此
即指三畔人等之事言也。又曰："保利弃义，谓之至贼。"盖"保利
弃义"，与"不为利回，不为义疚"者相背，即《左传》所谓"不义之
人"也，故《荀子》谓之"至贼"。又，《荣辱篇》云："先义而后利者
荣，先利而后义者辱。"此即"不为利回，不为义疚"之说。又，《君子
篇》云："以义制事，则知所利矣。"此即《左传》"义为利之蕴"之说也。盖义利
之辨，始于《论语》。丘明授业孔门，故"君子曰"以下，皆丘明所
述之语也。荀子传《左氏》之学，故于义利之别，辨之甚精，其旨略
与《孟子》同。又，《不苟篇》云："盗名不如盗货，陈仲、史鳅不如
盗也。"此即《左传》"或求名不得"之义，所谓"有所有名，而不如
其已"也。

昭二十八年《传》云："昔武王克商，光有天下，其兄弟之国者十有
五人，姬姓之国者四十人，皆举亲也。"

　　案，《荀子·儒效篇》云："周公兼制天下，立七十一国，姬姓独
居五十三人，而天下不称偏也。"杨《注》引《左氏》此文，谓"与此
数略同"；又谓"言四十人，盖举成数"。案，《传》云"兄弟之国者

十有五人"，"兄弟之国"者，亦姬姓之诸侯也。合以姬姓四十人，
则为五十五人。此云"五十三人"者，郝懿行曰："'三'当作'五'。"
其说甚确。盖《荀子》此语，亦多《左传》之说也。

隐三年《传》云："且夫贱妨贵，少陵长，远间亲，新间旧，小加大，
淫破义，所谓六逆也。"

　　案，《荀子·富国篇》云："强胁弱也，知惧愚也，民下违上，少
陵长，不以德为政，如是则老弱有失养之忧，而壮者有分争之祸
矣。"案，"少陵长"一语，既本《左传》，而"下违上"一语，即《左
传》"贱妨贵"之义也。"不以德为政"，即《左传》"淫破义"之义
也。此亦《荀子》用《左传》之证。

桓十五年《传》云："诸侯不贡车服，天子不私求财。"

　　案，《荀子·大略篇》云："上重义，则义克利；上重利，则利克
义。故天子不言多少，诸侯不言利害。"此即"天子不私求财"之
义。又，《王霸篇》云："以非所取于民而巧。"此即《左传》讥田赋、
丘甲之旨也。

桓三年《传》云："凡公女嫁于敌国，姊妹，则上卿送之；公子，则下
卿送之。于大国，虽公子，亦上卿送之。"

　　案，《荀子·富国篇》云："男女之合，夫妇之分，婚姻聘内、送
逆无礼。"杨《注》云："聘，问名也。内，纳币也。送，致女也。逆，
亲迎也。"又，《大略篇》云："亲迎之道，重始也。"又曰："以男下女。"考《左
氏》凡例，有"逆女"之例，王逆女，使卿；见《桓八年》。君有故，亦
使卿逆女；见《隐二年》及《桓三年》。为君逆女，则称女；见上。卿臣
逆女，称字。见《庄二十七年》及《僖二十五年》。此即亲迎之礼也。有

"送女"之例,如单伯送王姬、《庄元年》。季孙行父如宋致女《成九年》。是,此即致女之礼也。有"纳币"之例,如公如齐纳币、《庄二十二年》。公子遂如齐纳币是,《文二年》。此即聘内之礼也。《桓三年传》所言,则仅致女之礼耳。

成十二年《传》云:"凡自周,无出。"

案,《荀子·君子篇》云:"天子四海之内无客礼,告无适也。"又引《诗》"普天之下,莫非王土"为证。考《僖二十四年》:"天王出居于郑。"杜《注》云:"天子以天下为家,故天子无外。"与《荀子》合。惟天子无外,故其臣出奔者,亦不书国境也。

文三年《传》云:"民逃其上曰溃。"

案,《荀子·致士篇》云:"国家者,士民之居也。国家失政,则士民去之。"又曰:"无人则土不守。"即"民逃其上"之义。

庄三年《传》云:"过信为次。"十一年《传》云:"凡师,敌未阵,曰败某师;覆而败之,曰取某师。"二十九年《传》云:"凡师,轻曰袭。"

案,《荀子·议兵篇》云:"不潜军,不留众。"盖"过信为次",即"留众"也;覆败敌军,轻袭敌国,即"潜军"也,故《荀子》戒之。

庄二十九年《传》云:"凡物,不为灾,不书。"

案,《荀子·天论篇》云:"天地之变,阴阳之化,物之罕至者也。怪之可也,而畏之非也。夫日月之有蚀,风雨之不时,怪星之党见,是无世而不常有之。"又曰:"雩而雨,何也?曰:犹不雩而雨也。日月食而救之,天旱而雩,卜筮然后决大事,非以为得求也,以文之也。故君子以为文。"其说最确。昔《左传》载内史叔兴之言曰："阴阳之事,非吉凶所生也。吉凶由人。"又,子产有言:"天道远,人道迩。"皆与《荀子》之说相合。盖《左传》一书,素无灾异、五行之说。一志国灾,如雨三日以上为霖,平地尺为大雪;《隐九年》。凡平原出水为大水;《桓元年》。凡火,天火曰火,人火曰灾《宣十六年》。是也。此皆因有害于民而志之。若无害于民,则弗志,故曰:"凡物,不为灾,不书也。"凡《春秋》书旱、书饥,皆指有害于民也。故僖三年《传》云:"不书旱,不为灾也。"此其确证。一志典礼,如龙见而雩,《桓五年》。非日月之眚不鼓《庄二十五年》。是也。盖《左传》之例,君举必书。大雩诸礼,既为君主所躬行,故亦必书之史册,以存旧史之真。此即《荀子》所谓"君子以为文"也。若《左传》记鹳鹆来巢,以"书所无"释之。此即《荀子》所谓"物之罕至者"也,故《左传》亦志之,非若公、穀二《传》之深信灾祥也。

以上十八条,皆《荀子》立说本于《左传》者。且《王霸篇》之论齐桓、管仲,《臣道篇》之记咎犯、孙叔敖,《解蔽篇》之论宾孟,《解蔽篇》云:"昔宾孟之蔽者,乱家是也。"杨《注》云:"宾孟,周景王之佞臣,欲立王子朝者。"《成相篇》之溯昭明,《成相篇》云:"契玄王,生昭明,居于砥石迁于商。"杨《注》云:"《左氏传》曰:'阏伯居商丘,相土因之。'相土,昭明子也。言契居砥石,至相土,乃迁商丘地也。"亦莫不本于《左传》;而论礼、《礼论》曰:"刑馀罪人之丧,棺椁三寸。"杨《注》引简子"桐棺三寸"之语为证。引诗、如《正名篇》引"礼义不愆,何恤于人言"是。考乐,《礼论篇》云:"故钟鼓管磬,琴瑟竽笙,《韶》《夏》《濩》《武》《汋》《桓》《箾》《简象》。"杨《注》引贾逵《左传注》之文为证。案,此类乐名,见襄公二十九年《传》。亦半引《左传》之文,则荀卿深于《左传》学明矣。况荀卿所著之书,有《春秋公子血脉谱》,王伯厚《玉海》引宋李淑《书目》云:"《春秋公子血脉谱》,传本曰荀卿撰。《秦谱》下及项灭子婴之际,非荀卿作,明矣。然枝分派别,如指诸掌,非殚见洽闻不能为。"至宋犹存。案,公卿世系,三《传》之中,惟《左传》记之较详,则荀卿此书,必据《左传》之文,而参以《世本》《姓氏篇》,《世本》亦丘明所作,见《颜氏家训》。在杜预《春秋世族谱》前,不可谓之非奇书也,惜其书湮没不存耳。此亦荀卿通《左氏》之旁证。故荀卿之学,一传而为韩非、毛公。《韩非子》一书,既导源《左氏》,见本册《读左札记》。而毛公作《诗传》,亦多引《左氏》遗文。此荀卿之学,所由为古文家言之祖也。且杨倞注《荀子》,亦广引《左传》,计十馀条,如《劝学篇》《注》引阳虎锾其轴,引中声以降,引先王不为刑辟;《仲尼篇》引策命晋侯为侯伯;《儒效篇》引晋人败范氏于百泉;《王霸篇》引以为大戮,引晋侯执卫侯,引由质要;《议兵篇》引师之耳目在吾旗鼓;《大略篇》引一子守、二子从公,引卫侯使工尹问子贡以弓;《成相篇》引宋祖帝乙;《大略篇》引叔肸、卫侯之弟绖及庆郑。或曰《春秋传》,或曰《左氏传》。以证《荀子》之文,本于《左氏》,则荀卿学术之渊源,杨倞就能识之。特荀卿虽传《左氏》,于公、穀二《传》,亦舍短取长,与后儒执一废百者迥异,此其所以集学术之大成也。

穀梁荀子相通考

杨士勋《穀梁疏》云："穀梁子名俶，字元始，一名赤。鲁人，受《经》于子夏，为《经》作《传》，授荀卿。卿传鲁人申公，申公传瑕丘江翁。"颜氏师古亦曰："穀梁授《经》于子夏，传荀卿。"皆荀卿传《穀梁》之证。特杨《疏》有脱文。魏麋信注《穀梁》，以穀梁子与秦孝公同时。而汉桓谭《新论》亦曰："《左氏传》世遭战国，寝藏。后百馀年，鲁穀梁赤为《春秋》残略，多所违失。"则穀梁子必非亲授《春秋》于子夏矣。惟应劭《风俗通》以穀梁为子夏门人。盖古人亲授业者称弟子，转相授者称门人，则穀梁子乃子夏之再传弟子，犹之孟子之于子思也。又，杨《疏》谓《易》传申公，似亦失之，当云"卿传浮丘伯，伯传申公"。申公为荀卿再传弟子，其证见下文。不然，《公羊》由子夏至胡毋生，已经七传；而《穀梁》由子夏至江翁，仅历四传，此必无之理也。据《汉书·儒林传》，谓申公少与楚元王交，俱事齐人浮丘伯，卒以《诗》《春秋》教授，而瑕丘江公尽能传之。《诗》即《鲁诗》，《春秋》即《穀梁》，则荀卿以《穀梁》传浮丘伯，而浮丘伯复以《穀梁》传申公。凡西汉《穀梁》之学，皆荀卿所传之学也，故汉儒说《穀梁》者，若韦贤、荣广、夏侯胜、史高，皆系鲁人，则鲁学多出荀卿之证也。今观卿所著书，有引《穀梁》之文者，有用《穀梁》之说者，皆荀卿传《穀梁》之证。试述之如下。

《大略篇》云："诸侯相见，卿为介，以其教出毕行，使仁居守。"

案，《穀梁·隐二年传》云："会者，外为主焉耳。知者虑，义者行，仁者守。有此三者，然后可以出会。"《荀子》此文，正与"义者行，仁者守"二语合。

《大略篇》云：“亲迎之道，重始也。”

　　案，《穀梁·隐二年传》云：“逆女，亲者也。范《注》云：“亲者，谓自逆之也。”使大夫，非正也。”是《穀梁》以亲迎为礼，以不亲迎为非礼也。而《荀子》亦以亲迎之道为“重始”，则《荀子》亦以亲迎为礼矣。又，《说苑·修文篇》亦以亲迎为古礼，且历陈诸侯亲迎礼，以补昏礼之遗。刘向传《穀梁》，此必《穀梁》之佚礼也。《公羊》亦曰：“讥始不亲迎。”是《荀子》之说，亦与《公羊》合。

《大略篇》云：“货财曰赙，舆马曰赗，衣服曰禭，玩好曰赠，玉贝曰啥。”

　　案，《穀梁·隐元年传》曰：“赗者，何也？乘马曰赗，衣衾曰禭，贝玉曰含，钱财曰赙。”与《荀子》略同。盖“玩好”该于“货财”之中。又，《说苑·修文篇》说赗马之数云：“天子乘马六匹，诸侯四匹，大夫三匹，元士二匹，下士一匹。”说禭礼之数云：“天子文绣礼各一袭，到地；诸侯覆跗，大夫到踝，士到骭。”向传《穀梁》，则此亦《穀梁》之佚礼，足补《荀子》之缺。《公羊》之说，亦与《穀梁》同。

《大略篇》云：“赙赗，所以佐生也；赠禭，所以送死也。”

　　案，《穀梁·隐三年传》云：“归死者曰赗，归生者曰赙。”与《荀子》同。惟《荀子》“赙赗”二字系“赙赠”之讹，“赠禭”二字系“赗禭”之讹，斯与《穀梁》义合。盖“赗”训为“覆”，当是覆被亡人之义，乃归死之物，非归生之物，故知《荀子》有误文也。且“赗”“赠”字形相近，故传写颠倒。又，《说苑·修文篇》云：“知生者赙赠，知死者赠禭。赠禭，所以送死也；赙赠，所以佐生也。”向传《穀梁》，所记应与《穀梁》同，则《说苑》之有误文，亦与《荀子》同矣。

《大略篇》云："誓诰不及五帝,盟诅不及三王,交质子不及五霸。"

案,《穀梁·隐八年传》云："诰誓不及五帝,盟诅不及三王,交质子不及二伯。"与《荀子》同。惟《穀梁》仅指桓、文言,而《荀子》则指桓、文及秦穆、宋襄、楚庄言耳。又,《荀子》此文,与《礼记·杂记篇》所载周丰语相合。

《议兵篇》云："王者有诛而无战,城守不攻,兵格不击。上下相喜则庆之,不屠城,不潜军,不留众,师不越时。"

案,《穀梁·隐五年传》云："伐不逾时,战不逐奔,诛不填服。"案,"伐不逾时"者,即《荀子》"不留众,师不越时"之义也。"战不逐奔"者,即《荀子》"城守不攻,兵格不击"之义也。"诛不填服"者,即《荀子》"上下相喜则庆之,不屠城"之义也。又,《隐十年传》云："不正其乘败人而深为利。"又即《荀子》"不潜军"之义也。

《君子篇》云："以义制事,则知所利矣。"
《大略篇》云："义胜利者为治世,利克义者为乱世。上重义,则义克利;上重利,则利克义。"

案,《穀梁·隐元年传》云："《春秋》贵义而不贵惠。""惠"即"利"也。盖《穀梁》区言义、利,已开荀、孟之先。

《王制篇》云："君者,善群也。"
《君道篇》云："君者,何也?曰:能群也。"

案,《穀梁·隐四年传》云："'卫人'者,众辞也。其称人以立之,何? 得众也。得众,则是贤也。""得众"与"能群"义同。

《王制篇》云："农农、士士、工工、商商，一也。"

案，《穀梁·成元年传》云："古者有四民：有士民，有商民，有工民，有农民。"与《荀子》合。《管子》始分商、贾为二，则曰"五民"。又，《荀子·解蔽篇》云："农精于田，而后可以为农师；贾精于市，而后可以为贾师；工精于器，而后可以为工师。"亦《荀子》重视农工商之证。

《君道篇》云："请问为人君。曰：以礼分施，均遍而不偏。请问为人臣。曰：以礼待君，忠顺而不懈。请问为人父。曰：宽惠而有礼。请问为人子。曰：敬爱而致文。"

案，《穀梁·庄十七年传》云："逃义曰逃。"义谓君父之义。仲尼曰："天下有大戒二：其一，命也；其一，义也。子之爱亲，命也，不可解于心。臣之事君，义也，无适而非君也。无所逃于天地之间，是之谓大戒。"案，《穀梁》言"义，无适而非君"，即《荀子》"忠顺而不懈"之义也；言"爱亲，不可解于心"，即《荀子》"敬爱而致文"之义也。"解"读如"懈"。"不可懈"者，敬之谓也。盖《荀子》偏重纲常，故《致士篇》云："君者，国之隆也；父者，家之隆也。"亦《荀子》君父并崇之证。

《礼论篇》云："王者天太祖，诸侯不敢坏，大夫士有常宗，所以别贵始。贵始，得之本也。"

案，《穀梁·僖十五年传》言"天子七庙"，又言"是以贵始，德之本也"，与《荀子》符。"得""德"古通。杨倞《注》云："'得'当为'德'，言德之本在贵始。"此言得之。

《君子篇》云："天子也者，势至重，形至佚，心至愉，志无所诎，形无所劳,尊无上矣。《诗》曰:'普天之下,莫非王土。率土之滨,莫非王臣。'"

《王霸篇》云:"人主者,天下之利势也。"

案,《穀梁·隐三年传》云:"天子之崩,以尊也,以其在民上,故崩之。其不名,何也? 大,故不名也。"与《荀子》"天子之尊无上"语同。盖《荀子》之尊君权,固《穀梁》有以启之也。又,《穀梁》以"大上"为天子,范《注》云:"居人之大,在民之上,故无所名。"而《荀子·君子篇》亦曰:"莫敢犯大上之禁。""大上"二字,即本《穀梁》,亦《荀子》传《穀梁》之证。杨《注》改"大"为"太",其误失之。

《解蔽篇》云:"昔人臣之蔽者,唐鞅、奚齐是也。唐鞅蔽于欲权而逐载子,奚齐蔽于欲国而罪申生。"

案,《穀梁·僖九年传》云:"晋里克杀其君之子奚齐。'其君之子'云者,国人不子也。不正其杀世子申生而立之也。"杨倞注《荀子》,即引《穀梁》为证,而不引《左氏》《公羊》,明《荀子》此语本于《穀梁》也。

以上十二条,皆荀子传《穀梁》之证。且《穀梁》之文,多引《论语》。如《隐元年传》云:"成人之美,不成人之恶。"《僖二十二年传》云:"过而不改,是谓之过。"《二十三年传》云:"以不教民战,则是弃其师。"皆《穀梁》引《论语》之证。据郑君《论语序》,则《论语》一书,为仲弓、子夏所撰,而穀梁既师俶子夏,荀子并师俶子夏、子弓,故《穀梁》引《论语》,而《荀子》亦多引《论语》也。观二书之皆引《论语》,则知二家学术之相近矣。盖荀子之传《穀梁》,其善有二:一曰发《穀梁》之微言,一曰存《穀梁》之佚礼。惜《穀梁》古谊,近儒多未诠明。倪能即《荀子》以考《穀梁》,则鲁学渊源,多可考见。此则后儒之责也。又,《荀子·大略》引孟子攻齐王邪心之语。案,"邪心"二字,亦见《穀梁·隐元年传》。

公羊荀子相通考

　　昔汪容甫先生作《荀卿子通论》，谓《荀子·大略篇》言《春秋》"贤穆公""善胥命"，以证卿为《公羊春秋》之学。又，惠定宇《七经古谊》，亦引《荀子》周公东征、西征之文，以证《公羊》之说。则《荀子》一书，多《公羊》之大义，彰彰明矣。吾观西汉董仲舒治《公羊春秋》之学，然《春秋繁露》一书，多美荀卿，则卿必为《公羊》先师。且东汉何劭公专治《公羊》学，所作《解诂》，亦多用《荀子》之文。如《庄公三十一年传》《解诂》云："礼：天子外屏，诸侯内屏。"而《荀子》亦曰："天子外屏，诸侯内屏，礼也。"其引用《荀子》者一。《定四年传》《解诂》云："礼：天子雕弓，诸侯彤弓，大夫婴弓，士卢弓。"而《荀子》亦曰："天子雕弓，诸侯彤弓，大夫墨弓，礼也。"其引用《荀子》者二。《隐元年》《解诂》云："礼：年二十，见正而冠。"《荀子》亦曰："天子、诸侯子，十九而冠，冠而职治，其教治也。"义亦相近。其引用《荀子》者三。若宣十五年"初税亩"《传》，《解诂》虽多引班《志》之文，然与《荀子·王制篇》之文，亦多相合。则《公羊》佚礼，多散见于《荀子》书中，昭然无疑，故邵公多引《荀子》以释《公羊》也。今举《荀子》用《公羊》义者，凡若干条。试述之如下。

　　《王制篇》云："虽王公、士、大夫之子孙，不能属于礼义，则归之庶人；虽庶人之子孙也，积文学，正身行，能属于礼义，则归之卿相、士、大夫。"

　　又曰："尚贤使能，则等位不遗。"

　　《君子篇》云："先祖当贤，后子孙必显，行虽如桀、纣，列从必尊，此以世举贤也。以世举贤，虽欲无乱，得乎哉？"

　　案，《公羊传》云："《春秋》讥世卿。世卿，非礼也。"故于尹氏卒则讥之，于崔氏出奔则贬之，于任叔之子来聘则书之，皆《公羊》讥世卿之义。《荀子》所言，咸与《公羊》相合。

《王制篇》云："桓公劫于鲁庄。"

　　案，此即《公羊传》所记曹沫劫齐桓事。左氏、穀梁二《传》，均未记此事，惟《公羊》有之，故知《荀子》之说本于《公羊》。

《王制篇》云："王者之制，道不过三代，法不贰后王。道过三代谓之荡，法贰后王谓之不雅。"

　　案，"道不过三代"，即《公羊》"存三统"之说；"法不贰后王"，近于《公羊》"改制"之说。

《王制篇》云："四海之内若一家。"又云："北海则有走马、吠犬焉，然而中国得而畜使之。南海则有羽翮、齿革、曾青、丹干焉，然而中国得而财之。东海则有紫紶、鱼盐焉，然而中国得而衣食之。北海则有皮革、文旄焉，然而中国得而用之。"
《君子篇》云："《诗》曰：'普天之下，莫非王土。率土之滨，莫非王臣。'圣王在上，分义行乎下，则士、大夫无流淫之行，百吏官人无怠慢之事，众庶百姓无奸怪之俗，无盗贼之罪，莫敢犯大上之禁。"

　　案，此即《公羊传》"大一统"之义。《公羊传》之言"大一统"也，必推本于正朝廷、正百官，尤与《荀子》义合。

《王制篇》云："故周公南征而北国怨，曰：'何独不来也？'东征而西国怨，曰：'何独后我也？'"

案,《公羊·僖四年传》云:"古者,周公东征,则西国怨;西征,则东国怨。"《注》云:"此道黜陟之时也。"盖周公于用兵之际,兼行黜陟之事,故四方望其来。《荀子》言"周公南征",足补《公羊》之缺。其事见《吕览·古乐篇》。

《王霸篇》云:"以非所取于民而巧,是伤国之大灾也。"

案,此即《公羊传》讥丘甲、讥税亩、讥用田赋之义。

《君道篇》云:"君者,何也? 能群也。"
《大略篇》云:"天之生民,非为君也。天之立君,以为民也。"

案,此即《公羊传》善卫人立晋之义。

《正论篇》曰:"曷为楚、越独不受制也? 彼王者之制也,视形势而制械用,称远迩而等贡献,岂必齐哉?"
又曰:"故诸夏之国,同服同仪;蛮夷、戎狄之国,同服不同制。封内甸服,封外侯服,侯、卫宾服,蛮夷要服,戎狄荒服。甸服者祭,侯服者祀,宾服者享,要服者贡,荒服者终王。日祭、月祀,岁享、时贡,夫是之谓'视形势而制械用,称远近而等贡献',是王者之至也。"

案,《公羊传》言"《春秋》内其国而外诸夏,内诸夏而外夷狄",又言:"王者欲一乎天下,必自近者始。"《荀子》此言,皆与《公羊》义合。又,《王制篇》云:"理道之远近而致贡。"其义亦同。

《礼论篇》云:"郊止于天子,而社止于诸侯。"

案,《公羊传》言:"天子祭天,诸侯祭土。"祭天者,即郊天之礼也;祭土者,即祭社之礼也。

《礼论篇》云："故社，祭社也；稷，祭稷也；郊者，并百王于上天而祭祀之也。"

案，《公羊传》言："天子有方望之事，无所不通。"《注》云："方望，谓郊时所望祭四方群神、日月星辰、风伯雨师、五岳四渎及馀山川，凡三十六所。"是"郊"为合祭之典，与《荀子》义近。

《礼论篇》云："三年之丧，二十五月而毕。"

案，《公羊传》云："三年之丧，实以二十五月。"与《荀子》同。

《大略篇》云："货财曰赙，舆马曰赗，衣服曰襚，玩好曰赠，玉贝曰唅。赙赗，所以佐生也；赠襚，所以送死也。"

案，《公羊传》云："车马曰赗，货财曰赙，衣被曰襚。"与《穀梁传》相同，亦与《荀子》所言相合。馀见前册。

《大略篇》云："《易》之《咸》，见夫妇。夫妇之道，不可不正也，君臣、父子之本也。"
又曰："亲迎之道，重始也。"

案，《公羊》："纪履緰来逆女。"《传》云："讥始不亲迎也。"又，据《五经异义》，谓《春秋公羊》说，"自天子至庶人，皆亲迎"，则《公羊》亦重亲迎之礼矣。

《大略篇》云："《春秋》贤穆公，以为能变也。"

案，《公羊》："秦伯使遂来聘。"《传》云："遂者，何？秦大夫也。秦无大夫，此何以书？贤穆公也。何贤乎穆公？以其能变也。"

荀子之说，本于《公羊》，足证荀子亲见《公羊传》，且确认《公羊》
为说《春秋》之书矣。

《大略篇》云："故《春秋》善胥命，而《诗》非屡盟，其心一也。"

案，《春秋》："齐侯、卫侯胥命于蒲。"《公羊传》云："胥命者，
何？相命也。何言乎相命？近正也。古者不盟，结言而退。"《公
羊》以胥命为"近正"，即以"胥命"为善也。故《荀子》言"《春秋》
善胥命"，其说亦本于《公羊》。

由是观之，则《荀子》一书，多述《公羊》之义，彰彰可考。故杨倞
注《荀子》，亦多引《公羊传》之文。如"卫侯会公"诸条是也。特近人之疑
此说者，以为荀卿治《春秋》，为《穀梁》《左氏》二家之先师；《公羊》师
说，多与《穀梁》《左氏》不同，而卿复杂用其说，似与家法相违。不知
仅通一《经》，确守家法者，小儒之学也；旁通诸《经》，兼取其长者，通
儒之学也。试观西汉刘向，为《穀梁》之大师，兼通《左氏春秋》。其
所著《说苑》一书，亦多刺《公羊》之义。如《说苑》云："夫天之生人
也，盖非以为君也；天之立君也，盖非以为位也。夫为人君，行其私欲
而不顾其人，是不承天意，忘其意之所以宜事也。如此者，《春秋》不予
能君而夷狄之。郑伯恶一人而兼弃其师，故有夷狄不君之词。人主不
以此自省，惟既以失实心，奚因知之？故曰：'有国者，不可以不学《春
秋》。'此之谓也。"此非用《公羊·闵二年传》之义乎？按，《闵二年传》
云："郑弃其师者，何？恶其将也。郑伯恶之，高克使之，将逐而不纳，弃师之道也。"
《繁露·竹林篇》则曰："秦穆悔蹇叔而大败，郑文轻众而丧师，《春秋》之敬贤重民如
此。"盖"轻众"二字，为《春秋》贬郑伯之原因。《春秋》所以战伐必书，皆为重民命
也。盖为国家谋公益而战者则褒之，为人君行私欲而战者则贬之，故孔子言"以不教
民战，是为弃之"，而《孟子》言"善战者服上刑"，复以"我能为君约与国，战必克"者
为"古之民贼"也。圣人重民之旨，不从此可见乎？不然，何以于齐衰复仇则美之、季
子偏战则善之乎？《说苑》又云："孔子曰：'君子务本，本立而道生。'夫本

不正者末必倚，始不盛者终必衰。《诗》云：‘原隰既平，泉流既清。’本立而道生。《春秋》之义，有正春者无乱秋，有正君者无危国。《易》曰：‘建其本而万物理，失之毫厘，差以千里。’是故君子重贵本而重立始。魏武侯问元年于吴子，吴子对曰：‘言国君必慎始也。’‘慎始奈何？’曰：‘正之。’‘正之奈何？’曰：‘明智。智不明，何以见正？多闻而择焉，所以明智也。是故古者君始听治，大夫而一言，士而一见，庶人有谒必达，公族请问必语，四方至者勿距，可谓不壅蔽矣。分禄必及，用刑必中，君心必仁，思民之利，除民之害，可谓不失民众矣。君身必正，近臣必选，大夫不兼官，执民柄者不在一族，可谓不权势矣。’”此非用《隐元年传》之义乎？按，《隐元年传》云：“元者何？君之始年也。春者何？岁之始也。曷为先言王而后言正月？王正月也。何言乎王正月？大一统也。”而《繁露·王道篇》云：“《春秋》何贵乎元而言之？元者，始也，言本正也。”即《说苑》之所本。观《说苑》之说，则“正天下”之义，不外“通、公、中”三字。《说苑》之所谓“不壅蔽”，即“通”也；《说苑》之所谓“不失民众”“不权势”，即“公”与“中”也。此圣人之微言，而《春秋》之大义也。观于刘向治《穀梁》《左氏》而兼采《公羊》，则荀子兼用《公羊》之说，夫何疑乎？惜近儒之治《公羊》者，以为卿治《穀梁》，为鲁学之大师，多与《公羊》立异，故于《荀子》之述《公羊》者，不复一引。此则拘于班《志》之说者也，何足以测通儒之学哉？

周官左氏相通考

　　昔周公作《周官经》，以致太平。春秋之时，贤士大夫多亲见其书，故所言礼制，多与《周官经》相合。又，鲁秉周礼，故《周官经》一书，又为鲁史所藏。丘明为《春秋》作《传》，亦亲见其书，故《左氏》一书，多载《周官经》之说。西汉之时，《周官》《左氏》同为古文家言。考河间献王得《周官》，又请立《左氏春秋》博士；刘歆立《周官》于学官，复昌明《左氏春秋》之学；郑兴受《左氏》于刘歆，传至于众，众作《左氏条例》《章句》。马融、贾徽、贾逵皆为《左氏》学，而郑兴复受《周官》于杜子春，亦传至郑众。马融、贾徽、贾逵复并治《周官经》。是两汉巨儒治《周官》者，皆兼治《左氏》，则二书微言大义，多相符合，可以即彼通此，彰彰明矣。又，许氏作《五经异义》，所举古文家说，多《左氏》与《周官》并言，此尤二书相符之确证。故汇辑《左氏》之文若干条，而证以《周官》之说。凡治古文家言者，或亦有取于斯欤？

　　《左传·隐七年》所云"礼经"，即太宰所掌"建邦之六典"。

　　　　案，《太宰》："掌建邦之六典。"《注》："典，常也，经也，法也。王谓之《礼经》，常所秉以治天下也；邦国、官府谓之礼法，常所守以为法式也。"

　　《哀三年》：以"象魏"为"旧章"，即太宰所司悬法之"象魏"。

　　　　案，《太宰》："乃悬治象之法于象魏。"《注》："象魏，阙也。故鲁灾,季桓子御公,立于象魏之外,命藏象魏,曰:'旧章不可忘。'"《疏》:"周公谓之象魏,雉门之外,两观阙高,魏魏然。孔子谓之'观',《春秋左氏·定二年》'夏五月,雉门灾,及两观'是也。云'观'者,以其有教象,可观望。又谓之'阙'者,阙,去也。仰视治象,阙去疑事。或解阙中通门。是以《庄二十一年》云:'郑伯享王于阙西辟。'《注》:'阙,象魏也。'案,《公羊传》云:'子家驹谓昭公云:诸侯僭天子,大夫僭诸侯'云云。若然,'雉门灾,及两观'及《礼运》'游于观之上',有观,亦是僭也。"又云:"《左传》:'桓、僖庙灾。天火曰灾。'谓桓、僖庙为天火所烧。旧章、象魏,在太庙中,恐火连及,故命藏之。"

《僖四年》言"五侯、九伯",与《太宰》所言"设其监"之制合。

　　案,《太宰》:"立其监。"《疏》:"周之法,使伯佐牧,即《僖公四年》'五侯、九伯'。五侯是州牧,九伯是牧下之伯。"

《昭十七年》言出火之期,与宫正所掌"修火禁"之制合。

　　案,《宫正》:"春秋,以木铎修火禁。"《注》:"火星以春出,以秋入,因天时而以戒。"《疏》:"火星,则心星也。服注《春秋》云:'火出,于夏为三月,于商为四月,于周为五月。'故云'以春出';季秋昏时伏于戌,火星入,故云'以秋入'。"

《昭十六年》言祭有"受脤",与《膳夫》所言"致福"之礼合。

　　案,《膳夫》:"凡祭祀之致福者,受而膳之。"《注》:"致福,谓诸臣祭祀,进其馀肉,归胙于王。"《疏》:"按,《春秋左氏·昭十六年》子产云:'祭有受脤、归脤。'彼《注》云:'受脤,谓君祭,以肉赐大夫;归脤,谓大夫祭,归肉于公也。'"

《昭四年》言"出冰、藏冰",与《凌人》所言"颁冰"之制合。

　　案,《凌人》:"夏,颁冰,掌事。"《注》:"《春秋传》曰:'古者,日在北陆而藏冰;西陆,朝觌而出之。'"《疏》:"《昭四年传》:'火出而毕赋。'服氏云:'火出,于夏为三月,于商为四月,于周为五月。'古者,日在北陆而藏冰。服氏云:'陆,道也。北陆言在,谓十二月,日在危一度。西陆朝觌不言在,则不在昴,谓二月,在娄四度。谓春分时,奎、娄晨见东方而出冰,是公始用之。'今此郑《注》引'朝觌而出之',谓《经》夏颁冰则西陆。《尔雅》曰:'西陆,昴也。'朝觌而出冰,群臣用之。若然,日体在昴,在三月内。得为夏颁冰者,据三月末之节气,故证夏颁冰。此言'夏',据得夏之节气;《春秋》言'火出'者,据周正。"

《昭二十年》晏子所言"山林之木,衡麓守之"一节,与大司徒所掌"分地职、奠地守"之制合。

　　案,《大司徒》:"乃分地职,奠地守。"《疏》:"案,昭二十年《左氏传》,晏子云:'山林之木,衡麓守之;泽之萑蒲,舟鲛守之。薮之薪蒸,虞候守之。海之盐蜃,祈望守之。'《注》云:'衡麓、舟鲛、虞候、祈望,皆官名也。守之,令民不得取之,不共利。'时景公设此守以致疾,故晏子所非,非其不与民同。郑引之者,以证地守之官。若然,此地官唯有衡、虞,无舟鲛、祈望者。此《周礼》举其大纲,《左氏》言其细别,故详略不同。"

《襄二十五年》言"井衍沃、牧隰皋",与《小司徒》所掌井牧田野之制合。

　　案,《小司徒》:"而井牧其田野。"《注》:"郑司农云:'井牧者,《春秋传》所谓井衍沃、牧隰皋者也。'玄谓,隰皋之地,九夫为牧,二牧而当一井。今造都鄙，授民田，有不易，有一易，有再易，通率二而当一，是之谓井牧。昔夏少康在虞思，有田一成，有众一旅。一旅之众而田一成，则井牧之法，先古然矣。"《疏》："衍沃，谓上地。下平曰衍，饶沃之地，九夫为一井。'牧隰皋'者，下湿曰隰，近皋泽之地。言'有田一成，有众一旅'，则地以上、中、下为率者，以为其成方十里、九百夫之地。一旅五百夫，故知是通率之。通率之法，正应四百五十夫。言'一旅'，举成数也。"

《庄二十五年》言"非日月之眚，不鼓"，与鼓人所掌"救日月"之礼合。

　　案，《鼓人》："救日月，则诏王鼓。"《注》："救日月食，王必亲击鼓者，声大异。《春秋传》曰：'非日月之眚，不鼓。'"《疏》："按，《太仆职》云：'军旅田役，赞王鼓。'郑《注》云：'佐击其馀面。'又云：'救日、月食，亦如之。'太仆亦佐击其馀面。按，上解祭日月与天神，同用雷鼓，则此救日月，亦宜用雷鼓，八面。此救日月用鼓，惟据夏四月，阴气未作，纯阳用事。日又太阳之精，于正阳之月，被食为灾，故有救日食之法也。月似无救理。《尚书》'季秋九月，日食，救之'者，上代之礼，不与周同。诸侯用币，伐鼓于朝，退自攻责。若天子法，则伐鼓于社，昭十七年昭子曰：'日食，天子伐鼓于社。'是也。"

《昭二十九年》言"五官之神"，与《大宗伯》所言"五祀"之典合。

　　案，《大宗伯》："以血祭祭社稷、五祀、五岳。"《注》："玄谓，此五祀者，五官之神在四郊，四时迎五行之气。于四郊而祭，五德之帝，亦食此神焉。少昊氏之子曰重，为句芒，食于木；该，为蓐收，食于金；修及熙，为玄冥，食于水；颛顼氏之子曰黎，为祝融、后土，食于火、土。"《疏》："赵商同。《春秋》昭二十九年《左传》曰：颛项氏之子黎，为祝融、后土，食于火、土。"《疏》："赵商问：'《春秋》昭二十九年《左传》曰："颛项氏之子犁，为祝融。共工氏有子曰句龙，为后土。其二祀、五官之神，及四郊，合为黎，食后土。"《祭法》曰："共工氏霸九州也，其子曰后土，能平九州，故祀以为社。"社即句龙。'答曰：'黎为祝融，句龙为后土。《左氏》下言后土为社，谓暂作后土，无有代者。'"

《僖元年》言"救患、分灾"，与《大宗伯》所言"哀邦国之忧"合。

　　案，《大宗伯》："以凶礼哀邦国之忧。"《注》："哀，谓救患、分灾。"《疏》云："此据《左氏·僖元年》文引之者，证'哀'者从后往哀之义。言救患、分灾、讨罪者，'救患'，即邢有不安之患。诸侯城之，是救患也。'分灾'，谓若宋灾，诸侯会于澶渊，谋归宋财，是分灾也。'讨罪'，谓诸侯无故相伐，是罪人也。霸者会诸侯共讨之，是讨罪也。"案，"救患、分灾"，即《宗伯》所言"哀邦国"之礼。

《庄十八年》言"古者名位不同，礼亦异数"，与《大宗伯》所言"以九仪辨位"合。

　　案，《大宗伯》："以九仪之命，正邦国之位。"《注》："每命异仪，贵贱之位乃正。《春秋传》曰：'名位不同，礼亦异数。'"

《僖三十三年》言"烝尝禘庙"，与《邑人》"庙用修"之制合。

　　案，《邑人》："庙用修。"《注》："玄谓，庙用修者，谓始禘时。"《疏》："谓练祭后，迁庙时。以其宗庙之祭，从自始死以来无祭，今为迁庙，以新死者木主入庙，特为此祭，故云'始禘时'也。以三年丧毕，明年春禘为终禘，故云'始'也。郑知义迁庙在练时者，案，文二年《穀梁传》云：'作主、坏庙有时日，于练焉坏庙。坏庙之道，易檐可也,改涂可也。'尔时,木主新入庙,祎祭之。是以《左氏》说,凡君薨,祔而作主,特祀主于寝,毕三时之祭,期年,然后烝尝,祎于庙。许慎云,《左氏》说与《礼》同。郑无驳,明用此礼同。'义与《穀梁传》合。贾、服以为三年终谛,遭烝尝,则行祭礼。与前解违,非郑义也。"

《文六年》言"朝庙",与《司尊彝》所言"朝享"之制合。

　　案,《司尊彝》:"凡四时之间祀,追享,朝享。"《注》:"朝享,谓朝受政于庙。《春秋传》曰:'闰月不告朔,犹朝于庙。'"《疏》:"文公六年《左氏传》云:'闰月不告朔,犹朝于庙。'若然,天子告朔于明堂,而云受政于庙者,谓告朔自是受十二月政令,故名明堂为布政之宫。以告朔讫,因即朝庙,亦谓之受政,但与明堂受朔别也。《春秋》者,彼讥废大行小。引之者,见告朔与朝庙别,谓若不郊,犹三望,与郊亦别也。"

《定四年》言"祝奉以从",与《小宗伯》所言"立军社"之制合。

　　案,《小宗伯》:"若大师,则帅有司而立军社,奉主车。"《注》:"有司,太祝也。王出军,必先有事于社。及迁庙,而以其主行。社主曰军社,迁主曰祖。《春秋传》曰:'军行,祓社、衅鼓,祝奉以从。'社之主,盖用石为之。"

《昭二十三年》言"列国之卿,当小国之君",与《典命》所言"公孤之命"合。

　　案,《典命》:"公之孤四命,以皮帛视小国之君。"《注》:"视小国之君者,列于卿、大夫之位,而礼如子、男也。郑司农云:'九命上公,得置孤卿一人。'《春秋传》曰:'列国之卿,当小国之君,固周制也。'"《疏》:"案,昭二十三年《左传》云:'叔孙婼为晋所执,晋人使与邾大夫坐讼。叔孙曰:列国之卿,当小国之君,固周制也。寡君命介子服回在。'是其事也。若然,先郑引鲁之卿以证孤者,孤亦得名卿,故《匠人》云:'外有九室,九卿朝焉。'是并六卿与三孤为九卿。亦得名卿者,以其命数同也。鲁是侯爵,非上公。亦得置孤者,鲁为州牧,立孤与公同。若然,其孤则以卿为之,故叔孙婼自比于孤也。"

《襄十八年》言"歌风",与《太师》所言"执同律以听军声"合。

案,《太师》:"执同律以听军声。"《注》:"郑司农说以师旷曰:'吾骤歌北风,又歌南风。南风不竞,多死声,楚必无功。'"《疏》:"案,襄公十八年《注》云:'北风,夹钟,无射以北。南风,姑洗、南吕以南。南律气不至,故死声多。'吹律而言歌,与风者出声曰歌,以律是候气之管,气则风也,故言歌风。"

《桓十七年》言"天子有日官",与太史所掌之事合。

案,《太史》:"掌建邦之六典。"《注》:"太史,日官也。《春秋传》曰:'天子有日官,诸侯有日御。日官居卿以底日,礼也。日御不失日,以授百官于朝。'居犹处也。言建六典,以处六卿之职。"《疏》:"桓十七年服氏《注》云:'日官、日御,典历数者也。''日官居卿以底日,礼也。日御不失日,以授百官于朝。'服《注》云:'是居卿者,使卿居其官以主之,重历数也。'按,郑《注》'居犹处也,言建六典,以处六卿之职',与服不同。服君之意,太史虽下大夫,使卿来居之,治太史之职,与《尧典》云'乃命羲和,钦若昊天,历象,日月、星辰',是卿掌历数。明周掌历数,亦是日官。郑意以五帝殊时,三王异世,文质不等,故设官不同。五帝之时,使卿掌历数;至周,使下大夫为之,故云'建六典,处六卿之职'以解之。"

《桓十七年》又言："不告朔,官失之也。"与太史所掌"颁告朔"合。

　　案,《太史》:"颁告朔于邦国。"《注》:"天子颁朔于诸侯,诸侯藏之祖庙。至朔,朝于庙,告而受行之。郑司农云:'颁读为班。班,布也。以十二月朔,布告天下诸侯。'故《春秋传》曰:'不书,日官失之也。'"《疏》:"《春秋》之义,天子班历于诸侯,日食书日;不班历于诸侯,则不书日。其不书日者,由天子日官失之,不班历。"

《昭二年》言"周志",与《小史》所言"掌邦国之志"合。

　　案,《小史》:"掌邦国之志。"《注》:"郑司农云:'志谓记也。《春秋传》所谓周志。史官主书,故韩宣子聘于鲁,观书太史氏。'"《疏》:"《左传》:'《周志》有之:勇则害上。'引韩宣子者,证史官掌邦国之志。此《经》小史掌志,引太史证之者,太史,史官之长,共其事故也。"

《僖五年》言"必书云物",与保章氏所掌之事合。

　　案,《保章氏》:"以五云之物,辨吉凶、水旱降丰荒之祲象。"《注》:"物,色也。视日旁云气之色。郑司农云:'以二至、二分观云色。青为虫,白为丧,赤为兵荒,黑为水,黄为丰。'故《春秋传》曰:'凡分、至、启、闭,必书云物,为备故也。'"《疏》云:"'青为虫'以下,盖据阴阳书得知。按,僖五年《左氏传》:'必书云物,为备故也。'《注》云:'分,春、秋分;至,冬、夏至。启,立春、立夏;闭,立秋、立冬。'据八节而言。"

《僖二十八年》言"策命晋侯",与内史所掌之事合。

　　案，《内史》："凡命诸侯及孤、卿、大夫，则策命之。"《注》："郑司农说以《春秋传》曰：'王命内史兴父，策命晋侯为侯伯。''策'谓以简策书王命。其文曰：'王谓叔父：敬服王命，以绥四国，纠逖王慝。'晋侯三辞，从命，受策以出。"《疏》："按，《曲礼》云：'大国曰伯父，州牧曰叔父。'晋既大国而云'叔父'者，王以州牧之礼命之故也。"此即以《左传》证《周礼》也。

《襄十四年》言军制，与《大司马》所记之制合。

　　案，《大司马》："王六军，大国三军，次国二军，小国一军。军将皆命卿。"《注》："言'军将皆命卿'，则凡军帅不特置，选于六官、六乡之吏。自乡以下，德任者使兼官焉。郑司农云：'王六军，大国三军，次国二军，小国一军。故《春秋传》有大国、次国、小国，又曰：成国不过半天子之军。周为六军，诸侯之大者，三军可也。'"又云："《春秋传》曰：'王使虢公命曲沃伯以一军为晋侯。'此小国一军之见于《传》也。"《疏》："《襄公十四年》：'晋侯舍新军，礼也。成国，礼不过半天子之军。周为六军，诸侯之大者，三军可也。'晋虽为侯爵，以世为霸主，得置三军，故为礼也。云'以一军为晋侯'，庄十六年《传》文。以其新并晋国，虽为侯国爵，以小国军法命之，故一军也。"其说甚晰。

《庄二十九年》所引侵伐例，与《大司马》所言"灭国"之事合。

　　案，《大司马》："外内乱，鸟兽行，则灭之。"《疏》："按，《春秋公羊》《左氏传》，凡征战有六等，谓侵、战、伐、围、入、灭。用兵粗觕，不声钟鼓，入境而已，谓之侵。侵而不服，则战之，谓两陈交刃。战而不服，则伐之，谓用兵精而声钟鼓。伐而不服，则围之，谓匝其四郭。围而不服，则入之，谓入其四郭，取人民，不有其地。入而不服，则灭之，谓取其君。"

《襄九年》言"以出内火"，与《司爟》所言"出火"之制合。

案，《司爟》："季春，出火。"《注》："火，所以用陶冶。民随国而为之。郑人铸刑书，火星未出而出火，后有灾。郑司农云：'以三月本时昏，心星见于辰上，使民出火。九月本昏，心星伏在戌上，使民内火。故《春秋传》曰："以出纳火。"'"《疏》："心星，则大火辰星是也。三月，诸星复在本位，心星本位在卯。三月本之昏，心星始时未必出见卯南；九月本始之黄昏，心星亦未必犹伏在戌上，皆据月半后而言。"

《成十七年》言"在外为奸，在内为轨"，与《司刑》所言"寇贼"之名合。

案，《司刑》《注》："《书传》曰：'降畔，寇贼、劫略、夺攘、矫虔者，其刑死。'"《疏》："按，《舜典》云'寇贼奸轨'，郑《注》云：'强聚为寇，杀人为贼，由内为奸，起外为轨。'案，成十七年，长鱼矫曰：'臣闻乱在外为奸，在内为轨。御奸以德，御轨以刑。'郑与《传》不同。郑欲见在外亦得为轨，在内亦得为奸，故反复见之。或后人传写误，当以《传》为正。《吕刑》：'夺攘矫虔。'《注》云：'有因而盗曰攘。矫虔，谓挠扰。《春秋传》："虔刘我边垂。"谓劫夺人物以相挠扰也。'"

《僖二十七年》言"用夷礼，故曰子"，与《大行人》所言"九州之外，谓之蕃国"合。

案，《大行人》："九州之外，谓之蕃国。"《注》："《曲礼》曰：'其在东夷、北狄、西戎、南蛮，虽大曰子。'《春秋传》曰：'杞，伯也。以夷礼，故曰子。'然则九州之外，其君皆子、男也，无朝贡之岁。父死子立，及嗣王即位，乃一来耳。各以其所贵宝为贽，则蕃国之君，无执玉瑞者，是以谓其君为小宾，臣为小客。所贵宝见《传》者，若犬戎献白狼、白鹿是也。"

《昭九年》以殷聘为礼，与《大行人》所言"殷相聘也"合。

  案，《大行人》："殷相聘也。"《注》："殷，中也。久无事，又于殷朝者及而相聘也。郑司农说殷聘，以《春秋传》曰：'孟僖子如齐殷聘。'是也。"《疏》："《聘义》《王制》皆云'三年一大聘'，此不言三年而云'殷'者，欲见中间久无事，及殷朝者来及，亦相聘，故云'殷'，不云三年也。《昭九年传》曰：'孟僖子如齐殷聘，礼也。'按，服彼《注》云：'殷，中也。自襄二十年叔老聘于齐，至今积二十年聘齐，故中复盛聘。'与此中年数不相当。引之者，年虽差远，用礼则同，故引为证也。"

《定五年》言"归粟于蔡"，与《小行人》所言"槁祭"之制合。

  案，《小行人》："若国师役，则令槁祭之。"《注》："师役者，国有兵寇以匮病者也，使邻国合会财货以与之。《春秋》定五年夏'归粟于蔡'是也。"

《昭十七年》郯子所言官制，与郑氏《叙周礼》之说合。

  案，《序》云："《春秋传》又云：'自颛顼以来，不能纪远，乃纪于近。'是以少皞以前，天下之号象其德，百官之号象其征；颛顼以来，天下之号因其地，百官之号因其事，事即司徒、司马之类是也。昭十七年服《注》'颛顼'之下云：'春官为木正，夏官为火正，秋官为金正，冬官为水正，中官为土正。'高辛氏因之，故《传》云：'遂济穷桑。'穷桑，颛顼所居，是度颛顼至高辛也。"

　　以上所言,皆《左氏》与《周官经》相符之证也。而顾栋高《春秋大事表》则曰:"考《周礼》六官所掌,凡朝觐、宗遇、会同、聘享、燕食,其期会之疏数、币赋之轻重、牢醴之薄厚,各准五等之爵为之杀。而适子誓于天子,则下其君之礼一等;未誓,则以皮帛继子、男。是宜天下诸侯、卿、大夫帅以从事,若今会典之罔敢逾尺寸。而《春秋》二百四十年,若子产之争承,子服、景伯之却百牢,未闻据《周礼·大行人》之职,以折服强敌也。却至聘楚,而金奏作于下,宋享晋侯以《桑林》之舞,皆踰越制度,虽恐惧失席,而不闻据周公之典以折之。他如郑成公如宋,宋公问礼于皇武子;楚子干奔晋,晋叔向使与秦公子同食,皆百人之饩;而楚灵大会诸侯,问礼于左师与子产,左师献公合诸侯之礼六,子产献伯、子、男会公之礼六,皆不言其所考据,各以当时大小、强弱为之等。是皆《春秋》博学多闻之士,而于周公所制会盟、聘享之礼,若目未之见、耳未之闻,是独何与? 若周公束之高阁,未尝班行列国,则当日无为制此礼。若既行之列国矣,而周公之子孙,先未有称述之者,岂果弁髦王制、不遵法守欤? 不应举世皆懵然若此。且孔子尝言:'吾学周礼矣。'而孔子一身所称引,无及今《周官》一字者;孟子言班爵禄之制,与《周官》互异。"顾氏之说,大抵以《左传》不引《周官经》,遂定《周官经》为伪书。今得二《经》相通大义若干条,则《左氏》不引《周官经》之说,可不击而自破矣。

周易周礼相通考

《周易》为周礼之一。《左氏传·昭二年》："韩宣子观书于鲁,见《易象》,曰:'周礼尽在鲁矣。'"又,《礼记·礼运篇》云:"夫礼必本于太一,转而为阴阳,变而为四时。"张氏惠言据此,以证《易》为礼象,其说最精。故郑氏、虞氏均本礼以说《周易》,而《易经》一书,具备五礼。张氏惠言曰:"《易》家言礼者,惟郑氏,惜残缺不尽存。若虞氏,于礼已略,然揆诸郑氏,源流本末,盖有同焉。"试举《易经》之言礼者,列证如下。

郊祀之礼见于《益》;《益》曰:"王用享于帝,吉。"

蔡邕《明堂论》:"正月卦曰《泰》,《经》言:'王用享于帝,吉。'"而庄氏中白又据《月令》"孟春,乃以元日祈谷于上帝"之文,以此为祈谷之礼。非是。张氏惠言订为南郊祭感生帝之礼,是也。

见于《豫》;《豫》曰:"先王以作乐崇德,殷荐之上帝,以配祖考。"

郑《注》引《孝经》"配天,配上帝"之说,张氏惠言曰:"此明堂之祭,以祖配天之礼也。"

见于《鼎》。《鼎》曰:"圣人烹,以享上帝。"

张氏惠言曰:"此言凡祀天之礼也。"

封禅之礼，见于《随》，"王用享于西山。"见于《升》。《升》曰："王用享于岐山。"

　　惠氏栋曰："即《礼运》'因名山升中于天'之义。"张氏惠言曰："是巡狩、封禅之礼。"《升卦》所言，及（"及"，疑当作"即"）文王受命封禅之礼。

宗庙之礼，见于《观》。《观》曰："盥而不荐，有孚颙若。"

　　虞氏以禘祭称之。张氏惠言曰："此明宗庙之祭。"郑以为宾士之礼，亦非。

时祭之礼，见于《萃》，《萃》曰："孚乃利用禴。"见于《升》，《升》曰："孚乃利用禴。"见于《既济》。"东邻杀牛，不如西邻之禴祭，实受其福。"

　　虞氏云："禴，夏祭也。"

馈食之礼，见于《损》，《损》曰："二簋可用享。"又曰："已事遄往。"见于《困》。九二、九四二爻咸言："利用祭祀。"

　　郑注《损卦》曰："言以簋进黍稷于神也。"张氏惠言曰："此同姓之祭礼。《困》九二、九四所言，一为天子大夫之祭礼，一则诸侯之祭礼也。"

省方之礼，见于《观》。《观》曰："先王以省方，观民设教。"皆吉礼也。

　　省方，巡守也。

宾王之礼，亦见于《观》。《观》曰："观国之光，利用宾于王。"

虞《注》引《诗》"来享来王"。张氏惠言曰："即《周礼》'以宾礼亲邦国'也。"

时会之礼,见于《萃》。《萃》云:"王假有庙,利见大人,亨,利贞。用大牲,吉。"

虞《注》以为孝享之事,郑氏以为嘉会之事。张氏惠言曰:"此即《周礼》所谓'时会,以发四方之禁'也。"用郑义。

酬庸之礼,见于《大有》。《大有》曰:"公用享于天子。"

张氏惠言曰:"'公'为上公。《周礼注》:'言上公有功德,加命为二伯。'《诗·彤弓》曰:'钟鼓既设,一朝飨之。'享之者,盖锡命也。"

朝觐之礼,见于《丰》。《丰》曰:"遇其配主,虽旬无咎,往,有尚。"

郑氏《注》云:"初修礼上朝,四、二以匹敌,恩厚待之,虽留十日,不为咎。"张氏惠言曰:"王者受命,诸侯修礼来朝者,恩厚待之。即《聘礼》之稍礼。"

聘礼见于《旅》。《旅》曰:"旅琐琐,斯其所取灾。"

郑氏《注》云:"三为聘客,初与二,其介也。介当以笃实之人为之,而用小人琐琐然。客、主人为言,不能辞,曰非礼;不能对,曰非礼。每事不能以礼行之,即其所以得罪。"又,张氏惠言谓下文"旅"即"次","次"即"宾次"。"怀其资",即圭币。"得僮仆,贞",即有司。

王臣出会之礼,见于《坎》。《坎》曰:"尊酒簋二,用缶,纳约自牖。"皆宾礼也。

虞氏以此为祭礼。郑氏以为,天子、大臣以王命出会诸侯,主国尊酒于簋,副设玄酒而用缶。今用郑义。

田狩之礼,见于《屯》,《屯》曰:"即鹿无虞,惟入于林中。"见于《师》,《师》曰:"田有禽。"见于《比》。《比》曰:"王用三驱,失前禽。"见于《大畜》,《大畜》曰:"日闲舆卫。"见于《解》,《解》曰:"田获三狐。"见于《巽》。《巽》曰:"田获三品。"此军礼也。

虞《注》:"虞,虞人掌禽兽者。田,田猎也。"郑《注》以为驱禽搜狩,习兵之典。张氏惠言以"闲卫"亦指田猎讲武言,"三品"即《王制》之"三田"。

婚礼,见于《泰》,《泰》曰:"帝乙归妹。"见于《归妹》;《归妹》曰:"归妹愆期,迟归有时。"又曰:"女承筐。"

张氏惠言谓,《归妹》,九月卦。周以春季、夏初行婚礼,故以九月为愆。又谓:六五之"妹",即媵女礼;"女承筐",即归祭宗庙礼。

见于《咸》,《咸》曰:"取女,吉。"见于《渐》。《渐》曰:"女归,吉,利贞。"此嘉礼也。

张氏惠言曰:"《渐卦》所言,为请期之礼;《咸卦》则言婚期之正。"

丧礼,见于《大过》;《系辞》谓:"古之葬者,衣之以薪,葬之中野,不封不树,丧期无数。后世圣人,易之以棺椁,盖取诸《大过》。"

见于《益》;《益》曰:"益之用凶事,无咎。有孚中行,告公用圭。"

> 惠氏栋曰:"此凶事用圭之礼。"

见于《萃》;《萃》曰:"赍咨涕洟。"

> 张氏惠言曰:"此天子哭赗同姓诸侯为大臣者之礼。"

见于《涣》;《涣》曰:"王假有庙。"

> 张氏惠言引《曾子问》,谓天子崩,臣下至于南郊告谥之,告必以牲。既定谥,乃立新庙。

见于《小过》。《小过》曰:"过其祖,遇其妣。"此凶礼也。

> 张氏惠言曰:"此即妇祔于皇姑之礼。"

以上所举,皆《周礼》附见于《周易》者。若夫《姤卦》"包有鱼"为馈宾之礼,此类尤多,兹不赘引。若用张氏惠言《虞氏易礼》之例,汇而列之,则《周易》一书,兼有裨于典章制度之学矣。且《易经》大义,不外"元亨利贞"。孔子之释"亨"字也,谓嘉会足以合礼。又,《系辞》上曰:"圣人可以见天下之动,而观其会通,以行其典礼。"亦《易经》言礼之明征。昔《礼运》载孔子之言曰:"吾欲观殷道,是故之宋,而不足征也。吾得《坤乾》焉。"夫《坤乾》为殷代之《易》,孔子言"欲观殷道",即《中庸》所谓"吾学殷礼"。是孔子之于殷礼,征之殷《易》之书。孔子因殷《易》而观殷礼,此韩宣子所由因《周易》而见周礼也。近儒以《易》为言礼之书,岂不然哉!

两汉学术发微论

总　序

　　自汉武采仲舒之言，用田蚡之说，尊崇《六经》，表扬儒术，仲舒《对贤良策》云："《春秋》大一统者，天地之常经，古今之通谊。今师异道，人异论，百家殊方，上无以持一统，下不知所守。臣愚，以为诸不在六艺之科者，皆绝其道，勿使并进。"又，《史记·魏其侯列传》谓"窦婴、田蚡俱好儒术，欲设明堂，以致太平"，而《儒林传》亦言："田蚡为丞相，绌黄老、刑名、百家之言，延文学、儒者数百人。"是儒学统一，乃董、田二人之谋也。而学士大夫悉奉《六经》为圭臬，卑者恃以进身，《前汉书·儒林传赞》云："自武帝立五经博士，开弟子员，设科射策，劝以官禄，讫于元始，百有馀年，传业者寖盛，枝叶蕃滋。一经说至百馀万言，大师众至千馀人，盖利禄之路然也。"贤者用之以讲学。如郑兴、郑玄、颍容之徒，皆闭门授经。由是，有今文、古文之分争，有齐学、鲁学之派别。然汉人经术，约分三端：或穷训诂，或究典章，或宣大义微言。而宣究大义微言者，或通经致用。如平当以《禹贡》治河，仲舒以《春秋》决狱，王式以《诗三百篇》当谏书是。盖汉人说经，迷于信古，一若《六经》所记载，即为公理之所存，故援引经义，折衷是非。且当此之时，儒术统一。欲抒一己所欲言，亦必饰经文之词，以寄引古匡今之意，故两汉鸿儒，思想、学术，悉寓于经说之中，而精理粹言，间有可采，惜后儒未能引伸耳。此《两汉学术发微论》所由作也。"发微"者，就汉儒精确之论，而宣究其理耳。故书中所采，半属汉儒说经之书。

两汉政治学发微论

汉承秦弊，君柄日崇，阉宦弄权，贵戚柄政。然博士仍有议政之权，西汉之时，凡国有大政、大狱，必下博士等官会议。此即上议院之制度也。庶民亦得上书言事，西汉之时，庶民咸得上书言事。其言事善者，即待诏金马门，如严安、主父偃、梅福、东方朔及贾山之流是也。方正、孝廉，出于公举；西汉举贤良方正及孝廉，皆由一乡一邑之人民公举，如公孙弘及朱买臣等是也。啬夫、三老，各治其乡。西汉之时，有三老诸官，以司乡里之教化；有啬夫诸官，以听乡里之狱讼。合于《周礼》设州长、党正之制，即西国地方自治之制度也。盖两汉政治，善于暴秦，而劣于三代。故汉儒说经，往往假经义以言政治。

试推其立说之大纲，大约以人民为国家主体，故毛公有言："国有民，得其力。"刘向有言："无民则无国。"而郑君《周礼注》亦曰："古今未有遗民而可以为治者。"《乡大夫》《注》。既以人民为国家主体，故以人君之立，出于人民。董子之言曰："王者，民之所往；君者，不失其群者也。故能使天下往之，而得天下之群者，无敌于天下。"《春秋繁露·灭国篇》。《白虎通》亦有言："王者，往也，言天下所归往。君者，群也，群下之所归心。"案，训"王"为"往"，训"君"为"群"，皆六书谐声之义。而《尔雅》又训"林""烝"为"君"，"林""烝"之义，与"众"字之义同。足证古代之君，乃人民所共立，先有民而后有君，非先有君而后有民也。故《繁露·深察名号篇》亦训"王"为"往"，训"君"为"群"。是古代立君，必出于多数人民之意向。君由民立，君主者，国家之客体也。故董子又有言："天之生民，非为王也。天之立王，以为民也。"《春秋繁露·尧舜不擅移汤武不擅易篇》。又曰："五帝三王治天下，不敢有君臣之心。"刘向亦有言："天之生人，非以为君也。天之立君,亦非以为位也。"《说苑》。以君位为主,以君为客,与《商君书》所言相同。故盖宽饶又引《韩氏易》之说,谓:"五帝官天下,三王家天下。官以传贤,家以传子。若四时之运,成功者去。"《汉书·盖宽饶传》。而《说苑·至公篇》亦引秦博士鲍令之对始皇之语,谓:"官天下则选贤,家天下则传子。五帝以天下为官,三皇以天下为家。"是盖氏之说,于古有征。然汉儒思想,亦有类此,如眭孟据《公羊》说,使昭帝让天下是。则世袭制度,固为汉儒所排斥矣。

特汉儒虽知君位世袭之非,然以君主为一国之元首,故谓一国之政权,皆当操于君主。观董子训"君"为"原","原"也者,即言一国之政由君而出也。复训"君"为"权"。"权"也者,以君主操有一国之权也。以上见《繁露》之《深察名号篇》。又,毛公《诗传》曰:"王者,天下之大宗。"《板》《传》。何休《公羊解诂》亦曰:"政不由王出,不得为政。"隐元年《解诂》。政由君出,故君主即有表率一国国民之责任。观董子之言天子责任也,谓"当正朝廷以正百官"。《繁露·王道篇》。刘向《说苑》亦曰:"本不正者末必倚,有正君者无危国。"何休《公羊解诂》亦曰:"王者当以至信先天下。"桓十四年《解诂》。即毛公《诗传》亦有言:"上为乱政而求下之治,终不可得。"《小宛》《传》。则所谓表率国民者,非徒托居高临下之空名也,夫亦曰"为民理事"耳。为民理事,即君民一体之意。赵氏《孟子章句》曰:"王道先得民心。"《梁惠王章句上》。郑君《周礼注》亦曰:"为政以顺民为本。"《乡大夫》。又曰:"使民之心晓而正乡王。"即《毛诗笺》亦曰:"人君之德,当均一于下。"《鸤鸠》《笺》。非君民一体之证哉?

夫所谓"君民一体"者,一曰勤民事,二曰达民情,三曰宽民力。董子之言曰:"加忧于天下之忧。"何氏《公羊解诂》曰:"动而无益于民者,虽乐,弗为也。"庄三十一年《解诂》。赵氏《孟子章句》曰:"与天下之同忧者,不为慢游之乐。"《梁惠王章句下·章指》。又曰:"君臣各勤其任,无堕其职,乃安其身。"即郑君《诗笺》亦曰:"劳心者,是周之所以受天命也。"此言民事之当勤也。《韩诗外传》曰:"无使下民不上通。"卷三。刘向《说苑》曰:"古者君始听治,大夫而一言,士而一见,庶人有谒必达,公族请问必语,四方至者勿距,可谓不壅弊矣。"郑君《尚书大传注》亦曰:"一事失,则逆人之心。人心逆则怨。"《续汉书·五行志》《注》引。又,

《毛诗笺》曰："民之意不获，当反责之于身，思彼所以然者而恕之。"《角弓篇》。此言民情之当察也。郑君《易经注》云："人君之道，以益下为德。"《益卦》。赵氏《孟子章指》曰："责己矜穷，则斯民集矣。"《梁惠王章句上·章指》。此言民力之当恤也。虽然，此仍君主应尽之责耳。

至人君所行之德，一曰诚信，二曰公平。郑君《毛诗笺》曰："王道尚信。"《下武》《笺》。又曰："王德之道，成于信。"同上。盖以信符民，则一切权驱术御之计可以不生矣。此贵信之效也。董子讥世卿，《王道篇》。重考课。《度制篇》。刘向《说苑》亦曰："分禄必及，用刑必中。思民之利，除民之害。近臣必选，大夫不兼，执民柄者不在一族。盖存心至公，则行政不流于偏倚。"然所谓"至公"者，即言君主不敢有自专之心也。惟君主不敢有自专之心，故公天下于臣民。董子之言曰："圣人积众贤以自强。其所以强者，非一贤之德也。是以建治之术，贵得贤而同心。"《立元神篇》。郑君《毛诗笺》曰："王当屈体以待贤者。"《卷阿》《笺》。又曰："君子下其臣，故贤者归往。"《南有嘉鱼》《笺》。赵氏《孟子章指》亦曰："大圣之君，由采善于人，故计及下者无遗策，举及众者无废功。"《公孙丑章句上·章指》。此言臣权之当伸也。何氏《公羊解诂》曰："听讼必师断，与其师众共之。"僖二十八年《解诂》。郑君《礼记注》曰："为政当以己心参群臣及万民，然后可施。"此言民权之当伸也。臣民之权既伸，斯臣民与君一体。何氏《公羊解诂》曰："君敬臣，则臣自重。君爱臣，则臣自尽。"隐元年《解诂》。赵氏《孟子章句》曰："男子之道，当以义匡君。"《滕文公章句下》。此言君臣之互尽其伦也。汉儒之论臣僚也，未尝有尊君抑臣之论。如《白虎通》云："臣者，坚也，厉志自坚固也。"郑君《仪礼注》曰："臣道直方。"又，《礼记注》曰："君臣有义则合，无义则离。"未尝言人臣当屈服君主也。惟《说文》训"臣"为"牵"，象屈服之形，似不可据。毛公《诗传》曰："上与百姓同欲，则百姓乐致其死。"《无衣》《传》。又，赵氏《孟子章句》曰："上恤其下，下赴其难。"《梁惠王章句下》。此言君民当互尽其伦也。

夫臣民与君一体，而君主独握主权者，则以君主当循一定之法，不得与法律相违。郑君《周礼注》曰："'典'即《礼经》，王所秉以治天下者也。"《太宰》《注》。又，《礼记注》曰："圣人制事，必有法度。"《深衣》

《注》。《毛诗笺》曰:"王无圣人之法度,管管然以心自恣。"赵氏《孟子章句》亦曰:"为天理民,王法不曲。"《尽心章句上》。此即以法治国之意也。故君臣上下,同受制于法律之中,君主虽有秉法之权,亦未能越法律之范围。此古人限制君权之良法也。郑君戒人君之妄动,《尚书注》曰:"无妄动,动则扰民。"何氏戒君主之崇奢,《公羊解诂》曰:"恶奢泰,不奉古制常法。"董子戒天子作威作福,《保位权篇》。亦汉儒限制君权之一端。

若君主放僻自肆,则为汉儒所不与。郑君《毛诗笺》曰:"人君政教一出,谁能反复之?"《韩诗外传》曰:"有社稷者,不能爱其民,而求民亲己、爱己,不可得也。民不亲不爱,而求为己用、为己死,不可得也。"董子《春秋繁露》曰:"不爱民之事,乃至于死亡。"又曰:"君受乱之始,动盗之本,而欲民之静,不可得也。"刘向《说苑》曰:"夫为人君,行其私欲,而不顾其人,是不承天意,忘其位之所以宜事也。如是者,《春秋》不与。"是汉儒于独夫民贼,未尝不明著其罪也。特于贤君令辟,又未尝不表而章之耳。此西汉、东汉大儒论政治之思想也。或斥为夷狄,如刘向谓《春秋》斥郑伯为夷狄是也;《说苑》。或斥为匹夫,如何休谓鲁隐争利,与匹夫无异是也。《公羊·隐五年》《解诂》。故君失其道,则臣民咸有抗君之权,如董子论汤、武之伐桀、纣是也;《尧舜不擅移汤武不擅易篇》云:"君也者,掌令者也,令行而禁止也。今桀、纣令天下而不行,禁天下而不止,安在其能臣天下也?果其不臣,何谓汤、武弑?且天之生民,非谓王也,而天立王以为民也。故其德足以安乐民者,天予之;其恶足以贼害民者,天夺之。"与《孟子》《荀子》之论相同,所以明君位之无常,而不足自恃也。而民心所归之人,即可为天下之共主,如董子论卫宣之即位是也。《玉英篇》曰:"凡即位,不受之先君而自即者,《春秋》危之,吴王僚是也。虽然,苟能行善得众,《春秋》弗危,卫侯晋是也。俱不宜立,而宋缪受之先君而危,卫宣弗受先君而弗危者,此见得众心之为大安也。"则汉儒论政,首在爱民,董子《竹林篇》云:"秦穆恶塞叔而伤败,郑文轻众而丧师,《春秋》之敬贤重民如此。"馀证尚多。非若后世倡尊君抑臣之说也。惟《白虎通》等书,倡三纲之说。后儒据之,而名分尊卑之说,遂一定而不可复易矣。

特汉儒处专制之朝,欲伸民权之公理,不得不称天以制君。董子之言曰:"《春秋》之法,以人随君,以君随天,故屈君以伸天。"又曰:"以天之端,正王之政。"《二端篇》。又曰:"时编于君,君编于天。天之所弃,天下弗祐。"《观德篇》。夫所谓以天统君者，即言君心当有所惮也。君心有所惮，斯不至以残虐加民。凡汉儒之言灾异者，大抵皆明于此意耳。此两汉之时，所由无残虐之君，而人民有殷富之乐也，谓非汉儒之功与？

两汉种族学发微论

　　粤在西汉，武功卓越。征匈奴，则地拓河西；灭朝鲜，则师临浿水。闽越、南越，扫穴犁庭；车师、康居，输珍纳贡。夜郎自大，亦知纳土；先零不庭，讵敢称兵？及于东汉，疆土益恢。刻石燕然，饮马长城。北虏称臣，东胡保塞，褒牢置郡，交趾戡兵。振大汉之天声，伸攘狄之大义。虽曰兵力盛强之故，然一二巨儒，抱残守缺，亦复辨别内外，区析华戎，明于非种必锄之义，使赤县人民，咸知国耻，故奋发兴起，扫荡胡尘，以立开边之大功，则诸儒内夏外夷之言，岂可没与？三代之人，无人不明种族之义。盖邦国既立，必有立国之本。中国之国本何在乎？则"华夷"二字而已。上迄三代，下迄近今，"华夷"二字，深中民心。如"裔不谋夏，夷不乱华"，言于孔子；"非我族类，其心必异"，言于季文子；"戎狄豺狼，不可厌也"，言于管夷吾，故内夏外夷，遂为中国立国之基。汉儒之言，亦即此意。日本倡攘夷之说，始知排外；中国倡攘夷之说，始知开边。

　　试即两汉之学术考之。虞翻注《易》，世守孟氏家法，以高宗为《乾》象，以鬼方为《坤》象。夫天尊地卑之说，既见于《羲经》，虞氏此义，非即贵华夏而贱殊族之义乎？《易·未济卦》曰："高宗伐鬼方，三年克之。小人勿用。"虞翻《注》云："《乾》为高宗，《坤》为鬼方。"此必孟氏之说。且即此例类求之，则《大易》一书，爻分阴、阳。阳爻象中国，则阴爻必象四夷。凡以阳加阴，即属居中御外。盖《周易》言军事，其有以阳爻加阴爻者，皆指中国征夷狄言也，如《谦卦》言"利用行师"，《离卦》言"王用出征"，皆指征四夷言。故《坎卦》又言："王公设险守国。"故郑君注《易》，既以阴阳区华夷，复以一君二民系中邦之制，二君一民乃夷狄之风，故有君子、小人之别。《易》言："阳一君而二民，君子之道；阴二君而一民，小人之道。"郑君《注》云："一君二民，谓黄帝、尧、舜，地方万里，为方千里者百。中国之民居七千里，七七四十九，方千里者四十九。夷狄之民居千里者五十一，是二民共事一君。"其立说之旨，略与虞同。又，"类族辨物"，见于《同人》，此即类聚群分之义。孔《疏》以"聚类"释之，孔氏《正义》云："言君子法此《同人》，以类以聚也。"此亦汉儒相传之义。盖"同人"犹言"同类"，民相聚则为群。能群，则由分而合，不复与他族相淆。此例如日耳曼人民统为一国，则排奥人于境外；意大利人民统为一国，则亦排奥人于境外。盖同族之民不能由分而合，则异族之民亦不能由合而分也。此《易》学之精言也。王引之以"善恶各以其类"释"同人"，不若以"华夷各以其类"释"同人"也。是种族大义，通《易》学者能明之。

　　此非惟《周易》然也，试征之于《书》。郑君注《书》，以"蛮夷猾夏"即为侵乱中国之阶，《尧典》《注》。无滋他族，实逼处此。郑君忧世之心，何其深与！又"分北三苗"，以"析"训"分"，以"别"诂"北"。《尧典》"分北三苗"，郑君《注》云："三苗犹为恶，乃复分析流之。'北'，犹别也。"案，"北""别"二字音近。疏屏夷狄，此其证也。若夫训"蛮"为"縻"，以为势等羁縻；《禹贡》云："五百里荒服，三百里蛮，二百里流。"郑君《注》云："蛮者听从其俗，羁縻其人耳，故曰'蛮'。'蛮'之言'縻'也。"训"民"为"冥"，以为苗族产凶，故著此氏。《吕刑》云："苗民弗用灵。"郑君《注》云："穆王恶此族数生凶恶，故著其氏而谓之民。'民'者，冥也，言未见仁道也。"又，马融注《书》，以为荒服之疆，政教荒忽。"蛮"意同于"怠慢"，而"流"字训为"流行"，马融《书注》释"荒服"节云："荒，政教荒忽也，因其故俗而居之。蛮，慢也，礼简怠慢，来不距，去不禁。流，流行无城郭及常居处。"以证游牧之民，殊于土著。此即贱视夷狄之词也。又，《书序》有言："帝厘下土，各设居方，别生分类。"孔《传》以"别姓分类"释之。孔《传》云："各设其官，居其方，别其姓族，以分其类。"《传》虽伪托，然此义则系两汉所传。盖种类淆杂，则毡裘之民必与冠带之民齐列，故别姓分类，斯能立华夏之防。此皆《尚书》家之粹言也。

　　试再征之于《诗》。申公释《采薇》之旨，愤戎狄之侵华；申公《鲁诗传》之言曰："周至懿王时，王室遂衰。戎狄交侵，暴虐中国，中国被其苦疾而歌之。及其曾孙宣王，命将出师征伐。诗人美之，故有《采薇》《六月》《出车》之诗。"又云："戎狄破逐周襄王,立子带为天子,侵盗暴虐中国。中国苦之,故诗人歌之曰:'薄伐狁,至于太原。'"《史记·匈奴传》同,魏氏《诗古微》以为本于申公《鲁诗传》。又,《后汉书·马融传》曰:"狁侵周,宣王立中兴之功,是以'赫赫南仲',载在《周诗》。"又,《蔡邕传》云:"周宣王命南仲、吉甫攘狁,威荆蛮。"又,桓宽《盐铁论》曰:"戎狄猾夏,中国不宁。周宣王命南仲、吉甫,式遏寇虐。"王符《潜夫论》曰:"蛮夷猾夏,古今所叹。宣王中兴,南仲征边。"此亦《鲁诗》之义。或此义为三家《诗》之所同欤?刘向引《六月》之章,美宣王之征虏。刘向引《六月诗》,"周室既衰,四夷并侵,狁最强。至宣王而伐之,诗人美而颂之。"夫申公、刘向皆治《鲁诗》,则种族之学,《鲁诗》非不言之矣。匡衡说《诗》,引伸齐学,掇《商颂》之文,以为成汤建治,在于柔殊俗而怀鬼方,匡衡之言,见《前汉书》本传。以明教被四夷,虽荒远之陬,亦可服从于中夏,则种族之学,《齐诗》亦非不言矣。《韩诗》"鬈《毛诗》作"狄"。彼东南",训"鬈"为"除",隐寓扫荡殊方之义。是种族之学,《韩诗》亦非不言也。又,《盐铁论》引《酌篇》,谓公刘处戎狄,而戎狄化之。此即用夏变夷之义。《后汉书·西羌传》释《祈父诗》,言"司马不得其人,则败于夷狄"。此亦三家《诗》之师说也。《毛诗·小序》辨别华戎,峻发严厉,美诸夏之恢边,如《采薇》美守卫中国,《六月》美宣王北伐,《采芑》美宣王南征,《江汉》美召公平淮夷是,皆见《小序》。慨虏夷之内逼。如《卫风·载驰篇》,《王风·黍离篇》,《小雅·渐渐之石》《何草不黄》《苕之华》三篇是,皆见《小序》。至谓《小雅》尽废,则四夷交侵,中国式微。杜渐防微,厥言甚伟。毛公本之释"薄伐狁",则美吉甫之逐戎;《六月》《传》曰:"言逐出之也。"释"淮夷来求",则嫉东国之变俗。《江汉》《传》云:"淮夷,东国,在淮浦而夷行者。"推之,以朔方为北狄,《六月》《传》。诂"追貊"为"戎人"。《韩奕》《传》。○又,郑《笺》言其"见逼东徙",此与通古斯族迁徙之迹合。诠释殊邦,辨章明皙。及郑君笺《毛》,亦守此旨。嫉狁之大恣,《六月》《笺》云:"狁来侵,非其所当度为也。乃至整齐而周处之,言其大恣也。"伤东夷之交侵,《苕之华》《笺》。谓整军所以治戎,《抑》《笺》云:"中国微弱,故复戒将帅之臣,以治军实,以治九州之外不服者。"而和众斯能却狄,《瞻卬》《笺》曰:"释尔被甲之夷狄来侵犯中国者,乃与我为怨。"推郑君之旨,即谓中国人民当协力同心,以排蛮族也。其忧深,其言中,则种族之学,《毛诗》亦非不言矣。

试再征之《春秋》。左氏亲炙孔门，备闻宣尼之绪论，故《左传》一书，斥杞子之从夷，僖二十三年《传》云："杞文公卒，书曰子。杞，夷也。"二十七年《传》云："杞伯来朝，用夷礼，故曰子。"先晋人之有信。《襄二十七年》。辨别华戎，大义凛然。及贾逵、服虔，诠释《传》文，而进夏黜夷之谊，隐寓其中。天王、天子，夷夏殊称。《隐元年》云："天王使宰咺来归惠公仲子之赗。"贾《注》云："畿内称王，诸夏称天王，夷狄称天子。"《成八年》云："天王使召伯来赐公命。"贾《注》云："诸夏称天王，畿内称王，夷狄称天子。王使荣叔归含且赗，以恩深，加礼妾母，恩同畿内，故称'王'。成公八年乃得赐命，与夷狄同，故称'天子'。"《五经异义》云："谨案，《春秋左氏》云：'施于夷狄，称天子。施于诸夏，称天王。施于京师，称王。'"则贾《注》之说，固《左传》之古说也。则华夷殊等，典礼不同，此犹英国君主，于国内称王，于印度则称帝也。故古君对苗民则称皇帝，见《吕刑》。彰彰明矣。即外楚、外吴，亦含屏斥夷蛮之旨。《僖公四年》云："楚屈完来盟于师。"服《注》云："言来者，外楚也。"《僖二十八年》云："楚杀其大夫得臣。"贾《注》云："不书族，陋也。"哀公十三年《传》云："乃先晋人。"贾《注》云："《外传》曰：'吴先歃，晋亚之。'先叙晋，晋有信，又以外吴。"推之，记陈灾，则存陈为国；《昭九年》云："陈灾。"贾、服《注》云："闵陈，不与楚，故存陈而书之，言陈尚为国也。"以证夷狄入华，为《春秋》所不与，则以夷狄本无灭中国之权也。书吴战，则退吴为夷，《昭二十三年》云："吴败顿胡、沈、蔡之师于鸡父。"贾《注》云："鸡父之战，夷之，故不书晦也。"非禁蛮夷之入伐乎？又，《成公三年》："郑伐许。"贾《注》云："郑小国，与大国争诸侯，仍伐许。不称将帅，夷狄之，刺无知也。"所以禁中国之效夷狄也。然攘夷大义，咸赖贾、服而仅存。《左传》一书，所载排外之言甚多，以其非汉儒之言，故不复引。此《左氏》之微言也。《公》《穀》二传，粹语尤多。特《穀梁》汉注，湮没不存。《穀梁·成十二年》："晋人败狄于交刚。"《传》云："中国与夷狄不言战，皆曰败之。夷狄不日。"《成九年》："莒溃。"《传》云："莒虽夷狄，犹中国也。"《宣十一年》："楚子入陈。"《传》云："'入'者，内不受也。曰'入'，恶入者也。何用弗受也？不使夷狄为中国也。"《定四年》："吴入楚。"《传》云："何以谓之吴？狄之也。"《宣十五年》："晋师灭赤狄潞氏。"《传》云："灭国有三术。中国谨日，卑国月，夷狄不日。"《宣十八年》："楚子莒卒。"《传》云："夷狄不卒。卒，少进也。"《襄三十年》："蔡世子般弑其君固。"《传》云："其不日，子夺父政，是为夷之。"《文元年》："楚世子商臣弑其君髡。"《传》云："夷狄，不言正、不正。"此皆《穀梁传》内夏外夷之大义也。惟《公羊》大义，朗若日星。董子《繁露》，翼辅《麟经》，于晋伐鲜虞，则讥晋人之同狄；于晋败于邲，权许楚子之称贤。又谓"《春秋》常辞，不予夷狄"，见《竹林篇》。则华夷大防，董子曷尝决其藩哉？邵公《解诂》，于内外之别，诠释详明，而戎伐凡伯，排斥尤严。以中国为礼义之国，君子不使无礼义制治有礼义，隐七年《传》。则文物之邦，岂可屈从于蛮貉乎？推之，贬邾娄为夷狄，桓十五年《传》《解诂》。美鲁庄之追戎。庄十八年《传》《解诂》。于吴会黄池，则嫉诸夏之事夷；哀十三年《传》《解诂》云："时吴强而无道，大会中国，以诸夏之众，冠带之国，反背天子而事夷狄，耻甚不可忍言，故深为讳词。"于荆败蔡师，则愤华夷之入伐。庄十年《传》《解诂》。驭外之心，至深且密。虽复书楚子之名，《宣十八年》。书吴人之爵，然升平、太平之世，始著此文。至于秦弃周礼，则摈之若狄戎；僖十五年《解诂》云："秦未能用周礼，诸夏斥之，比于戎狄。"吴会钟离，则殊之于中夏。成十五年《传》《解诂》云："吴似夷狄差醇，然适见于所传闻之世，故独殊吴。"进黜之义，固百世不可易也。其所以稍进夷狄者，则以中国亦新夷狄耳，岂可据"不殊其类"之文，昭元年《解诂》云："故君子不殊其类，顺楚而病中国。"遂谓许夷狄者不一而足哉！近儒仁和龚自珍谓，太平世则内外、远近若一，深斥华夷之界；而刘申受则谓，夷狄有礼义，即与中国无殊。不知夷狄之族与中国殊，百世不可易也。

　　试再征之于《礼》。《王制》一篇，多汉儒所辑。谓中国戎夷，民各有性，不可推移，以明种族之殊，定于生初，即"非我族类，其心必异"之谓也。又，《曲礼》言："夷狄戎蛮，虽大曰子。"郑君释之，以为对外之称，殊于对内。《曲礼下》《注》文。推之，于少连之居丧，则美夷人之知礼；《杂记》。此节郑《注》云："言生于夷狄而知礼也。"记子游之论礼，则诚风俗之变夷。郑君注《檀弓下》"有直情而径行者，戎狄之道也。礼道则不然"三句云："与戎狄异。"又谓王者仅用夷乐，不用夷礼。《明堂位》《注》义。溯其起源，出于《白虎通义》，则汉儒之治《小戴礼》者，曷尝昧种族之学哉？又，郑君注《周官·职方氏》，以七闽为八蛮之别，《注》云："玄谓闽，蛮之别也。《国语》曰：'闽，芈蛮矣。'"以"四海"为众夷之称。又云："九夷、八蛮、六戎、五狄，谓之四海。"而秋官之属，复有蛮隶、闽隶、夷隶、貉隶诸官。郑君释之，以为征服遐方，获丑言旋，选为役员，以矜中国武功之竞。其注行人之官也，则以九州之外，君皆子、男，国从夷礼，改爵称子。《大行人》《注》。则汉儒之治《周官经》者，亦侈言种族之学矣。惟《仪礼》之文，多详典制，于华夷之辨，言者颇稀。故汉儒注此经者，亦鲜及摈夷之意。

试再征之《论语》《孝经》。《八佾篇》："夷狄有君，不如诸夏之亡。"包咸释"诸夏"为"中国"，训"亡"为"无"。近世戴望申其义，曰："夷狄无礼义，虽有君，不如诸夏之亡。"推戴望之义，即言蛮族专制国，不若中国之自立共和国耳。又，《子罕篇》："子欲居九夷。"马融释"九夷"为"东夷"，谓君子所居则化，一斥用夷变夏，一主用夏变夷。且包咸之注《子路篇》也，以为夷狄无礼义，包氏曰："虽之夷狄无礼义之处，犹不可弃去而不行。"与邵公注经，其旨相符。马融之注《宪问篇》也，谓世无管仲，民为夷狄。马融曰："无管仲，则君不君、臣不臣，皆为夷狄。"则被发左衽之风，固亦汉儒所痛斥矣。刘楚桢《论语义疏》释马《注》云：《注》言此者，见夷狄入中国，必用夷变夏。中国之人，既习于被发左衽之俗，必亦灭弃礼义，至于不君、不臣也。"此言最得马氏《注》之旨。呜呼！刘氏嫉世之心深矣，惜后人不之察耳。而武进刘氏，昧于《论语》攘夷之旨，遂谓夷狄苟慕华风，即为圣人所深与华夷之名，不以地限。《论语述何》。宝应刘氏从之，夫岂汉儒释《论语》之旨哉？又，孔、郑二儒，训释《孝经》，莫不美王者之无外，《孝经》第十六章《注》。嘉夷族之向风。第二章《注》。即赵岐之注《孟子》，亦与古说相同。赵氏注《孟子》"吾闻用夏变夷，未闻变于夷"二句云："言当以诸夏之礼义，变化蛮夷之人，未闻变化于蛮夷之人。"其言甚精。馀证尤多。呜呼！两汉经师，何出言之先后若一辙耶？使汉儒处用夷变夏之世，其感慨当何如乎？

试更征之小学。《白虎通义》详释典章，兼详故训。其论夷乐舞于门也，谓"夷狄无礼义，不在内"，又谓"夷在东方"，"夷者，蹲夷无礼义也。"又案，《论语》："原壤夷俟。"马《注》云："夷，倨也。"《荀子》杨《注》亦同，皆为"无礼义"之义。蛮在南方，蛮者，"执心违邪"也。陈氏《疏证》云："凡执心违邪者，皆目为蛮。今人语犹然也。"戎在西方，"戎者，强恶也。"北方曰狄，"狄"训为"易"，"辟易无别"也。又谓"北方太阴，鄙吝，故少难化"也。此皆"名其短而为之制名"。亦见《白虎通义》。夫所谓"名其短"者，即《春秋》"不与夷狄"之义也。许君《说文》，立训最精。释"夏"字为华人，《说文》"夏"字下云："中国之人也。"等四夷于异类，谓羌为西戎，其种为羊；《说文》"美"字下云："西戎，羊种也。从羊、儿，羊亦声。"蛮闽居南，其种为蛇；《说文》"蛮"字下云："南蛮，蛇种。从虫、䜌声。""闽"字下云："东南越，它种。从虫，门声。"狄居北方，其种为犬；《说文》"狄"字下云："北狄也，本犬种。狄之为言淫辟也。从犬、亦省也。""北"，或作"赤"。貉亦居北，其种为豸。《说文》云："貉，北方貉，豸种也。从豸，各声。孔子曰：'貉之言貉貉恶也。'"又，"豸"字下云："兽长脊，行豸豸然，欲有所司杀形。凡豸之属皆从豸。"惟东夷、僬僚，其种近人。《说文》"羌"字下云："夷俗仁。仁者寿。""僰"字下云："犍为蛮夷也。""僬"字下云："南方有焦僬人，长三尺。"盖造字之初，隐含贱视殊方之义。文字偏旁，固可按也。且即此例以推之，则"玁狁"从"犬"，"巴蜀"从"蛇"，"羯"字从"羊"，"貊"文从"豸"，皆为贱族之名，非复神明之胄，岂可不限以区域乎？又，应劭《风俗通》，亦多精语。谓东方之人好生，万物抵触地而出，故训"夷"为"抵"；南方之人，君臣同川而浴，极为慢简，故"蛮"训为"慢"；西方之人，斩伐杀生，不得其中，故"戎"训为"凶"；北方之人，父子、嫂叔，同穴无别，故"狄"训为"辟"，其行邪辟。义以定声，声以制义。古人训字，不外叠韵、双声，然应氏此言，亦四夷无礼义之证也。若李巡注《雅》，兼详殊族之名，以玄菟、乐浪、高骊、满饰、凫臾、按，"凫臾"即《汉书》之"夫馀"。索家、东屠、即东胡。倭人、天鄙为九夷，《后汉书·东夷传》同。以天竺、即印度。咳首、焦侥、跂踵、穿胸、儋耳、即今琼州府。狗轵、旁春为八蛮，以僬夷、戎央、即《王会篇》之"央林"。老白、耆羌、鼻息、天刚为六戎，以月支、即大月氏。秽貊、今东三省。匈奴、单于、白屋为五狄。李《注》，见《王制》《疏》。惟未引"东夷"之文，今据《东夷传》文补入。知李《注》本如此也。六合之外，地志克详。使仿其法踵行之，则种族之学，又何难汇为一书哉？若夫《广雅·释言》训"狄"为"辟"，《广雅·释诂》释"夷"为"敭"，《方言》训"戎"为"拔"，《方言》云："戎，拔也。自关而东，江淮、南楚之间，或曰戎。"陈氏《白虎通疏证》云："案，'拔'与'跋'通。《西京赋》：'睢盱跋扈。'《诗·皇矣》《笺》：'畔援，犹拔扈也。''凶'与'拔扈'，皆强恶之议。《说文·戈部》：'戒，兵也。从戈、从甲。'兵所以御强恶。引伸之，亦有强恶义也。"其语甚精。《礼注》训"蛮"为"縻",《周礼·职方氏》"蛮服",郑《注》云:"蛮,用事简慢。"《大司马》《注》云:"蛮,縻也。"陈氏《白虎通疏证》云:"盖以其执心违邪,故直羁縻之也。"莫不以丑恶之称,制四夷之名,又,《白虎通》云:"言蛮,举远也;言貉,举恶也。"训"蛮"为"远",训"貉"为"恶",亦属双声。以彰夷不区华之意。则种族大义,又小学家所深明矣。

即史迁、班固,史笔昭垂,为四夷作《传》,亦加丑诋之词。《史记·自序》云:"自三代以来,匈奴常为中国患害。欲知强弱之时,设备征讨,作《匈奴列传》。直曲塞,广河南,破祁连,通西国,靡北胡,作《卫将军骠骑列传》。"《汉书·匈奴传》云:"苟利所在,不知礼义。"《赞》云:"夷狄之人,贪而好利,被发左衽,人面兽心。其与中国殊章服,异习俗,言语不通,饮食不同。"又,《自序》云:"于惟帝典,戎夷猾夏。周宣攘之,亦可列《风》《雅》。"又云:"至于孝武,爰赫斯怒。王师雷起,霆击朔野。作《匈奴列传》。"此皆以美汉室之攘夷也。馀证甚多,不具引。且非惟史册然也,即汉人之文亦然。"君子不近非类",非刘安之言乎?《淮南子·鸿烈解》云:"君子不近非类,日月不容非气。""蛮夷猾夏,古今所患。"非王符之言乎?见前。以戎狄为四方异气,杂居中国,污辱善人,非鲁恭之言乎?鲁恭之言曰:"夫戎狄者,四方之异气也,蹲夷踞肆,与鸟兽无别。若杂居中国,则错乱天气,污辱善人。"见《后汉书》本传。南夷北狄交侵,则中国不绝若线,非刘歆之言乎?《汉书·韦贤传》引刘歆说,谓"周自幽王后,南夷与北狄交侵,中国不绝若线。《春秋》纪齐桓南伐楚,北伐山戎,孔子曰:'微管仲,吾其被发左衽矣。'是以弃桓之过而录其功"。故观子云之书,则汉武出师,意在保民,非复穷兵黩武,杨子云《谏不受单于朝书》云:"夫前世岂乐倾无量之费,役无罪之人,快心于狼望之北?以为不一劳者不永佚,不暂费者不永宁。是以忍百万之师,以摧饿虎之喙;运府库之财,填卢山之壑,而不悔也。"又云:"北狄真中国之坚敌,三垂比之悬矣。前世重之滋甚,未易可轻也。"黄帝灭四帝之旨也。读侯应之《议》,则穷边之地,设戍开屯,不可一日无兵,侯应《罢边备议》云:"如罢备边,塞戍卒,示夷狄之大利,不可一也。戎狄之情,困则卑顺,强则骄逆,故古者安不忘危,不可二也。匈奴不能必其不犯约,不可三也。匈奴之人,恐其思旧逃亡,不可四也。岂永持至安、威制百蛮之上策哉?"夏禹奋武卫之意也。读长卿之《檄》,司马相如《谕巴蜀檄》云:"蛮夷自擅,不讨之日久矣。"又,《难蜀父老文》云:"夷狄殊俗之国,政教未加,流风犹微。内之则犯义侵礼于边境,外之则邪行横作,放弑其上。"此言夷狄之当内属也。则八方之外,亦当兼容并包,使疏逖不闭,《春秋》大一统之遗也。阅孟坚之《铭》,班固《封燕然山铭》云:"遂逾涿邪,跨安侯,乘燕然,蹑冒顿之区落,焚老上之龙庭,将上以摅高、文之宿愤,光祖宗之玄灵;下以安固后嗣,恢拓境宇,振大汉之天声。"又作《窦车骑北伐颂》,义与此同。若夫扬子云作《赵充国颂》,史孝山作《出师颂》,其表彰武功之盛,亦与孟坚之文相同。则戎虏不臣,大张挞伐,执讯旋归,铭功勒石,诗人歌《出车》之续也。

若夫武帝封燕,爰作策文,于薰鬻氏之虐,三致意焉。其言曰:"呜呼!薰鬻氏虐老兽心,以奸巧边甿。朕命将率,徂征厥罪。"防狄之思,形于言表。又,扬子云作《益州牧箴》《雍州牧箴》《幽州牧箴》《并州牧箴》,于防狄之意,言之尤详。此两汉之武烈所由非后世所克迈也。诸儒讲学之效,岂不伟哉!两汉思想之失,在于知攘夷而戒用兵。明知夷狄不可亲,然或言以德化夷,或言不可穷兵于远,如平津侯谏伐匈奴、淮南王谏伐闽越、蔡邕谏伐鲜卑以及《盐铁论》所言是也。不知国不用兵,则夷不可攘。

两汉伦理学发微论

　　汉儒之学，大而能博。释训诂，明义理，无所偏尚，而伦理之学，实开宋学之先声。自《大学》一书，于伦理条目，析为修身、齐家、治国、平天下四端，与西洋伦理学，其秩序大约相符。"修身"为对于己身之伦理，"齐家"为对于家族之伦理，"治国、平天下"为对于社会及国家之伦理。故汉儒伦理学，亦以修身为最详。

　　吾观许、郑诂经，训"道"为"导"，汉儒之释"道"字也，共分数派。赵氏《孟子章句》曰："道谓阴阳。"此一说也。郑君《礼记注》曰："道谓仁义也。"此又一说也。又，《周礼注》曰："道，多才艺者。"此又一说也。惟《释名》曰："道，导也，所以通导万物也。"为"道"字之正解，馀皆借义。训"理"为"分"。《说文》曰："理，治玉也。"《白虎通》曰："礼义者，有分理。"郑君《礼记注》曰："理，分也。"此皆"理"字之正解。又，郑君《礼记注》曰："理，义也。"又曰："理犹性也。"皆"理"字引伸之义。穷心性之本源，《释名》曰："心，纤也，所识纤微，无物不贯也。"《白虎通》曰："目为心视，口为心谭，耳为心听，鼻为心嗅，是为支体主也。"赵氏《孟子章句》曰："人之有心，为精气主，思虑可否，然后行之。"又曰："心者，人之北辰也。"《春秋繁露》亦曰："心，气之君也。"是汉儒以心为人身之主宰也。又，《说文》"性"字下云："人之阳气。性，善者也。从心，生声。"《白虎通》曰："性者，生也。"又曰："人无不含天地之气，有五常之性者。"《诗经》郑《笺》曰："天之生众民，其性有物象，谓五行，仁、义、礼、智、信也。"又曰："受性于天，不可变也。"又曰："内有其性，乃可以有为德也。"又，赵氏《孟子章句》曰："天之生人，皆有善性。"又曰："惟人之性，与善俱生。"虽泥于性善之说，然汉儒固未尝不言"性善"也。至于董子"性禾善米"之喻，杨子"善恶混"之说，则较之许、郑之说，尤为精卓可信。以仁义为标准，《春秋繁露》曰："以仁安人，以义正我，故'仁'之为言'人'也，'义'之为言'我'也。仁之法在爱人，不在爱我。义之法在正我，不在正人。"《白虎通》曰："仁者，忍也，施生爱人也。义者，宜也，断决得中也。"《释名》曰："仁，忍也，好生恶杀，善含忍也。""义，宜也，裁制事物，使合宜也。"《韩诗外传》曰："爱由情出谓之仁，节爱理宜谓之义。"《说文》云："仁，亲也。""谊，仁所宜也。"皆"仁""义"二字之的解。至郑君以"相人偶"为仁，董子谓"宜在我者，而后可以称义"，立说尤精。**以去恶就善为归**，《说文》曰："善，吉也。"《释名》曰："善，演也，演尽物理也。""恶，扼也，扼困物也。"赵氏《孟子章指》曰："从善改非，坐而待旦。"《韩诗外传》曰："中心存善而日新之，则独居而乐，德充而形。"郑君《礼记注》曰："知于善深则来善物，其知于恶深则来恶物。"又曰："知善之为善，乃能行诚。"何氏《公羊解诂》曰："去恶就善曰进。"又曰："善恶相除者，修身之格言也。"**以克欲遏情为则**。《韩诗外传》曰："防邪禁佚，调和心志。"《释名》曰："克，刻也。刻物有定处，人所克念，有常心也。"郑君注《尚书大传》曰："止思心之失者，在于去欲有所过欲者。"《说文》曰："情，人之阴气有欲者。""欲，贪欲也。"郑君《礼记注》曰："欲为邪淫也。"又曰："穷人欲，则无所不为。"又曰："性不见物则无欲，见物多则欲益众。"又曰："善心生，则寡于利欲。"是克欲遏情之说，汉儒非不言之也。后儒以此为宋儒之说，误矣。**又谓德兼内外**，《说文》曰："悳，外得于人，内得于己也。从直，从心。"《释名》曰："德，得也，得事宜也。"郑君《周礼注》曰："德行，内外之称。在心为德，施之为行。"**诚判贪仁**，《春秋繁露》曰："人之诚，有贪，有仁。仁、贪之气，两在于身。身之名，取于天。天两，有阴、阳之施；身亦两，有贪、仁之性。"萧望之亦曰："民含阴阳之性，有仁义、欲利之心。"非惟有助于修身，亦且有资于治心。

至汉儒伦理之条目，约分五端。**一曰中和**，《说文》云："中，内也。从口。丨，上下通。"又曰："中，正也。"郑君《周礼注》曰："中，犹忠也。和，刚柔适也。"又，《三礼目录》曰："名曰'中庸'者，所以记中和之为用也。"又，《中庸注》曰："中含喜怒哀乐，礼之所从生，政教所自始也。"又曰："过与不及，使道不行。惟礼能为之中。"又曰："用其中于民，贤与不肖，皆能行之也。"《春秋繁露》曰："夫德莫大于和，而道莫大于中。"所以欲人之无所偏倚也。**二曰诚信**，《说文》曰："诚，信也。"《礼记·中庸》郑《注》曰："德性，谓性至诚者；问学，学诚者也。"又曰："大人无诚，万物不生。小人无诚，则事不成。"赵氏《孟子章句》曰："至诚则动金石，不诚则鸟兽不可亲狎。"《韩诗外传》曰："忠易为礼，诚易为词。"又曰："诈伪不可长，空虚不可守。"

孔氏《论语传》曰:"凡事莫过乎实。"是汉儒训"诚"为"实"。所以欲人之真实无妄也。三曰正直,《说文》曰:"正,是也。从止,一以止。"《春秋繁露》曰:"是非之正,取之逆顺。"赵氏《孟子章句》曰:"礼义,人之所以折中。履其正者,乃可为中。"又曰:"秉心持正,使邪不干,犹止斧斤不伐牛山。"《韩诗外传》曰:"正直者,顺道而行,顺理而言,公平无私,不为安肆志,不为危激行。"《毛诗传》曰:"正直为正,能正人之曲曰直。"郑氏《礼记注》曰:"前日之不正,不可复遵行以自伸。"皆言人行之当正直也。所以欲人之不纳于邪也。四曰恭敬,《释名》曰:"恭,拱也,自拱持也。""敬,警也,恒自警肃也。"《说文》曰:"恭,肃也。"又曰:"敬,肃也。从攴、苟。""苟,自急敕也。从羊省,从勹、口。勹口,犹慎言也。从羊,羊与义、善、美同意。""肃,持事振敬也。从聿在開上,战战兢兢也。"郑氏《毛诗笺》曰:"不侮者,敬也。"又,《礼记注》曰:"端悫所以为敬也。"又曰:"恭在貌也,而敬又在心。"又曰:"人不溺于所敬者。"是汉儒非不言恭敬也。所以戒人身心之怠慢也。五曰谨慎,《说文》曰:"谨,慎也。"又曰:"慎,谨也。"郑氏《礼记注》曰:"慎独者,慎其闲居之所为。"又曰:"慎所可亵,乃不溺矣。"又,《仪礼注》曰:"虽知犹问之,重慎也。"又,《易注》曰:"不慎于微而以动作,则祸变必成。"又,《毛诗笺》曰:"天下之事,当慎其小。小时而不慎,后为祸大。"《韩诗外传》曰:"日慎一日,完如金城。"又曰:"官怠于有成,病加于小愈,祸生于懈惰,孝衰于妻子。察此四者,慎终知始。"赵氏《孟子章句》曰:"功毁几成,人在慎终。"所以戒人作事之疏虞也。即言语、容貌之微,亦使之各循秩序,以省愆尤。郑氏《礼记注》曰:"有言不可以无实。"又曰:"善言而无信,人所恶也。"又曰:"以行为验,虚言无益于实也。"又,《毛诗笺》曰:"大言者,言不顾其行,徒从口出,非由心也。"《荀氏易注》曰:"君子之言,必因其位。"又曰:"言,出乎身,加乎民,故慎言语,所以养人也。《春秋繁露》曰:"其言寡而足,约而喻,简而达,省而具,少而不可益,多而不可损。其动中伦,其言当务。如是者谓之智。"此言言语之当慎也。《韩诗外传》曰:"容貌得则颜色齐,颜色齐则肌肤安。"《礼记注》曰:"人之坐思,貌必俨然。"又曰:"心平志安,行乃正。或低或仰,则心有异志。"又曰:"君子虽隐居,不失其君子之容德。"又,《毛诗笺》曰:"人以有威仪为贵。"又注《尚书大传》曰:"止貌之失者,在于去骄忿也。"此言容貌之当慎也。推之,卫身垂训,《春秋繁露》曰:"循天之道,以养其身。"又曰:"男女体其盛,鼻味取其胜,居处就其和,劳佚居其中,寒暖无失适,饥饱无过平,动静顺性命,喜怒止于中,忧惧反之正。此中和常在乎其身。"养气垂箴,《春秋繁露》

曰："治身者,以积精为宝。"《韩诗外传》曰："存其精神,以补其中。"赵氏《孟子章句》曰："气,所以充满形体,为喜怒也;志,帅气而行之,度其可否也。"又曰："浩然之气,与义杂生,从内而入。人生受气,所自有者。"又曰："能养道气而行义理,常以充满五脏。"又曰："君子养正气,不以入邪也。"莫不上撷儒书,下开宋学。

至于禁佚防邪之法,《韩诗外传》曰："防邪禁佚,调和心志。"惩忿遏欲之方,《荀氏易注》曰："惩忿遏欲,所以修德。"御思心于有尤,《尚书大传》曰："御思心于有尤。"昭明德于己躬,《易经》郑《注》曰："地虽生万物,日出于上,其功乃著。故君子法之,而以自明照其德。"又,《礼记》郑《注》云:"君子日新其德,常尽心力,不有馀也。"馀证尚多。存仁心以养正性,赵氏《孟子章句》曰:"能存其心,养育其正性,可谓仁人。"行直道以励廉隅,《毛诗》郑《笺》云:"内有绳,则外有廉隅。"如此之流,未易悉数,可谓伦理之粹言,修身之矩法矣。故两汉鸿儒,类能以礼教植躬,以经训为法,高风劲节,砥柱颓波,则汉儒之修身,又岂仅托之空言哉?

若家族伦理,汉儒言之尤精。盖自契敷五教,即以父子、兄弟、夫妇为伦理,然皆对待之伦理,即父子、兄弟、夫妇,互尽其伦理也。非若后世扶强锄弱,制为不平之伦理也。汉儒之说亦然。

汉儒之言父子一伦也,大抵谓为人父者,当尽其教子之责任。观《说文》《白虎通》二书,训"父"为"矩",《白虎通》曰:"父者,矩也,言以法度教子也。"《说文》"父"字下云:"矩也,家长率教者。从又,举杖。"而《说文》复训"母"为"牧"。《说文》曰:"母,牧也。"是则父母者,施教令于妇子,郑氏《礼记注》曰:"父母者,施教令于妇子者也。"而使之作善者也,《说文》曰:"育,养子使作善也。"故教子当以义方,《韩诗外传》曰:"夫为人父者,必怀慈仁之爱,以畜养其子,抚循饮食,以全其身。及其有识也,必严居正言,以先导之。及其束发也,授明师,以成其技。"郑氏《礼记注》曰:"小未有所知,常示以正物,以正教之,无诳欺。"非徒爱养之谓《文选注》引《韩诗》曰:"《鸤鸠》,所以爱养其子者,适以病之。"也。若为人子者,亦有孝亲之责,故《孝经说》训"孝"为"畜",《孝经说》云:"孝,畜也。"《释名》训"孝"为"好",《释名》云:"孝,好也,爱好父母,如所悦好也。"以贾谊《新书》之说为最确。《新书》有言:"子爱利亲谓之孝。"夫所谓"爱利亲"者,非徒顺亲之谓也。谏亲之失,使之不陷于不义,《论语》曰:"事父母几谏。"《孝经》曰:"父有箴子,则身不陷于不义。"亦爱亲、利亲之一端也。若《礼记》郑《注》云:"子于父母,尚和顺。"又曰:"不以己善驳亲之过。"其说非。又,《繁露》有言:"父不慈,则子不孝。"则慈孝为父子互尽之伦,故《繁露》以"爱而少严"为父道。《韩诗外传》亦曰:"冠子不詈,发子不笞。"所以禁为父者之寡恩也。若肆行残虐,即为贼父子之恩,为汉儒所深绝。观《白虎通》之释《公羊》也,谓晋侯杀世子申生,直称君以甚之,又谓"天地之性,人为贵。人皆天所生也,特托父母气以生耳,父得不专",故父杀其子,罪当诛。则汉儒曷尝有"父尊子卑"之说?又曷尝有"父虽不慈,子不可以不孝"之说哉?

　其言兄弟一伦也,则《释名》训"兄"为"荒","荒"者,大也;训"弟"为"第","第"者,相次第而生也。《诗传》训"兄"为"滋",而《说文》之释"晜""弟"二字也,其本义取于皮韦之相生。是兄弟只有长幼之分,非有尊卑之分也。又,《尔雅》有言:"善兄弟曰友。"《释名》伸其义曰:"友,有也,相保有也。"则悌道为兄弟所共尽之伦矣。毛公有言:"兄尚亲。"《陟岵》《传》。又曰:"兄弟尚恩。"《常棣》《传》。曷尝有"兄尊弟卑"之说哉?郑氏《毛诗笺》亦曰:"兄弟相求,故能立荣显之名。"若夫训"弟"为"悌",谓弟当顺兄,《白虎通》曰:"谓之兄弟何?兄者,况也,况父法也。弟者,悌也,心顺行笃也。"赵氏《孟子章句》云:"悌,顺也。"仅汉儒少数之说耳。盖中国沿袭宗法制度,以为大宗嗣始祖,小宗、群宗咸不得与之齿列。又以同父异母之故,启嫡庶之纷争。惟何休《公羊解诂》曰:"《春秋》变周之文,从殷之质。质家亲亲,明当亲厚于群公子也。""亲厚群公子"者,即为兄者应尽之伦理也。此大宗不得贱视小宗之证,岂若后世据长幼以判尊卑哉?应劭《风俗通》曰:"凡兄弟同居,上也通有无,次也让为下。"则应氏之论兄弟一伦,亦主平等之说。

　其言夫妇一伦也,亦多主平等。许氏《说文》曰:"妻,妇与夫齐者也。从女、从屮、从又。又,持事,妻职也。"刘熙《释名》亦曰:"夫妻,匹敌之义也。"与"夫尊妻卑"之说,迥然不同。又,《公羊》:"诸侯不再娶。"《解诂》云:"不再娶者,所以节人情,开媵路。"盖男子之不得再娶,犹女子之不得再嫁也。此汉儒限抑夫权之精义。若汉儒之论婚礼,亦以择昏之权，得以自专。《毛传》云："言后妃有《关雎》之德，是幽闲贞专之善女，宜为君子之好匹。"郑氏《诗笺》亦云："'深则厉'二句，以水深浅，喻男女之才性贤与不肖及长幼也。各顺其人之宜，为之求妃偶。"何氏《公羊解诂》亦曰："嫁娶当慕贤者。"即昏礼自由之说也。惟《白虎通》则不然，训"妇"为"服"，《白虎通》曰："妇，服也，以礼屈服也。"与《释名》训"妇"为"服"不同。《释名》曰："妇，服也，服家事也。"盖一则指服劳而言，一则指服从而言。又谓"妻不得去夫，《白虎通》曰："妻谏夫不从，不得去之者，本娶妻，非为谏正也。故一与之齐，终身不改，此地无去天之义。"又，《列女传》亦云："终执贞一，不违妇道，以俟君命。"此亦"妻不得去夫"之义。犹地不可去天"，以服从为女子之义务。《白虎通》曰："女者，如也，从如人也。在家从父母，既嫁从夫，夫没从子也。"由是，承其说者，复倡扶阳抑阴之论，以为男先而女后，何氏《公羊解诂》曰："礼，所以必亲迎者，所以示男先女也。"以禁遏女子之自由，郑氏《毛诗笺》曰："妇人无外事，惟以贞信为节。"又曰："妇人无所专于家事。有非，非妇人也；有善，亦非妇人也。"又，《易注》曰："无攸遂，言妇人无敢自遂也。"毛公《诗传》曰："妇人无与外政。"郑氏《易注》又曰："有顺德，子必贤。"以贞顺为妇德，其禁遏女子自由为何如乎？并主张一夫多妻之说，如《诗序》所言"能逮下"及"不妒忌"是也。而婚姻之道苦矣。然此特汉儒一偏之说耳，未可据此以斥汉儒之失也。且汉儒多崇族制，虽所立之说，仍沿宗法社会之遗风，郑氏《礼记注》云："宗者，祖祢之正体。"《白虎通》曰："宗者，何谓也？宗者，尊也，为先祖主者，宗人之所尊也。《礼》曰：'宗子将有事，族人皆侍。'古者所以必有宗，何也？所以长和睦也。大宗能率小宗，小宗能率群弟，通其有无，以纪理族人者也。"又曰："小宗可以绝，大宗不可绝。"此皆宗法制度之最不平等者。然以宗法为维系人群之助，《白虎通》曰："族者，何也？族者，凑也，聚也，谓恩爱相流凑也。上凑高祖，下至玄孙，一家有吉，百家聚之。合而为亲，生相亲爱，死相哀痛，有会聚之道，故谓之族也。"所以亲骨肉，郑氏《毛诗笺》曰："祭祀毕，归宾客之俎。同姓则留，与之燕，所以尊宾客、亲骨肉也。"又曰："族人和，则得保乐其家中之大小。"又曰："骨肉之亲，当相亲信，无相疏远。相疏远，则以亲亲之望，易而生怨。"通有无，以捍卫同族，亦未始非人民亲睦之道也。若三纲之说，虽倡于汉儒，然仅今文家相承之说耳。谓之立说失中则可，若以此言该汉学，夫岂可哉？此汉儒论齐家之大略也。

　　至于社会伦理,汉儒所说,略有二端:一曰师弟之伦,《周礼》:"师以贤得民。"郑《注》云:"有德行以教民者。"又曰:"师,教人以道者之称也。"又,《礼记注》曰:"听先生之言,既说又敬。"《春秋繁露》曰:"善为师者,既美其道,又慎其行。齐时蚤晚,任多少,适疾徐,造而勿趋,稽而勿苦,省其所为,而成其所湛。故力不劳,而身大成。"又曰:"弟子为师服者,弟子有君臣、父子、朋友之道也。故生则尊敬而亲之,死则哀痛之,恩深义重,故为之隆服。"盖汉儒最重家法,故于师弟一伦,言之特详。二曰朋友之伦。《毛诗传》曰:"国君友其贤臣,士大夫友其宗族之仁者。"又曰:"风雨相感,朋友相须。"郑氏《诗笺》曰:"安宁之时,以礼义相切磋,则友生急。"又曰:"大道切磋,以道相成之谓也。"又曰:"以可否相增减曰和。"又,郑氏《周礼注》曰:"同师曰朋,同志曰友。"又,《仪礼注》曰:"朋友虽无亲,有同道之恩。"又,《礼记注》曰:"言知识之过失损友也。"此言与人相交之益。又,郑君《礼记注》曰:"小人徼利,其友无常也。"《白虎通》曰:"朋友之交,近则谤其言,远则不相讪。一人有善,其心好之;一人有恶,其心痛之。货财通而不计,共忧患而相救。生不属,死不托。"包氏《论语章句》曰:"君子疏恶而友贤,九州之人皆可以礼亲。"又曰:"友交当如子夏,泛交当如子张。"又,《韩诗义》曰:"《伐木》废,则朋友之道缺。"此言与人相交之规则,且以明友道之不可一日无也。又,《韩诗外传》云:"仁者必敬其人。敬其人有道:遇贤者则爱,亲而敬之;遇不肖者则畏,疏而敬之。其敬一也,其情二也。"此亦交友之良法也。盖人与人接,伦理始生,故即汉儒所言者观之,一曰贵仁。"仁"训为"亲",《说文》"仁"字下云:"亲也。"《春秋繁露》曰:"仁者,所以爱人类。"其训甚精。即与人相耦之义,《礼记·中庸》《注》曰:"'仁'读如'相人耦'之'人',谓以人道待人,能相耦也。"《仪礼·大射礼》:"揖以耦。"《注》云:"言'以'者,耦之事成于此意相仁耦也。"阮云台曰:"人耦者,犹言尔、我,亲爱之词也。"又引曾子"人非人不济"之语为证。亦即有益于人之谓也。《礼记》郑《注》云:"仁,有恩者也。"一曰贵恕。"恕"训为"平",《说文》训"恕"为"仁",然"恕"与"仁"稍有区别。《礼记注》云:"以先王成法儗度人,则难中也,当以时人相比方耳。"又曰:"人有罪过,君子以仁道治之,不责以所不能。"皆"恕"字之精义也。即以己度人之谓也。《韩诗外传》曰:"圣人,以己度人者也。以心度心,以情度情,以类度类,古今一也。"《贾子新书》亦曰:"以己量人谓之恕。"一曰贵信。"信"训为"诚",《说文》云:"信,诚也。从人、从言,会意。"即推诚布公之谓也。《说文》曰:"丹青之信言象然。"《韩诗外传》

曰："口惠之人鲜信。"郑君《礼记注》曰："诺而不与，其怨大于不许。"推之崇礼让郑君《仪礼注》曰："相下相尊，君子之所以相接也。"而恶乖争，子夏《易传》云："凶者生于乖争。"《韩诗外传》曰："君子有主善之心，而无胜人之色。"又曰："有净气者，勿与论。"郑君《礼记注》曰："人来往所之，当有宿渐，不可卒也。"又，《毛诗笺》："小人争知而让过。"重忠信而轻阿比，毛公《诗传》曰："比周，则党愈少。"孔氏《论语传》亦曰："忠信为周，阿党曰比。"与《论语》"不争不党"之旨，大约相符，则汉儒非不明合群之理矣。

若汉儒所言国家伦理，亦有四端。一曰守法，郑氏《礼记注》曰："圣人制事，必有法度。"《说文》曰："寺，廷也，有法度者也。"《春秋繁露》曰："今世弃其度制，而各从其欲。欲无所从，而俗得自恣，其势无极。大人病不足于上，而小民羸瘠于下，则富者愈富，贫者益贫。"又曰："上下之伦不别，其势不能相治。"又曰："虽有贤才美体，无其爵，不敢服其服；虽有富家多赀，无其禄，不敢用其财。"郑氏《周礼注》曰："民虽有富者，其服不能独异。"又曰："权衡不得有轻重，尺丈釜钟不得有大小，所以欲民之奉法也。"以定国律；二曰达情，赵氏《孟子章句》曰："王道先得民心。"郑氏《周礼注》曰："王道先得民心。"《韩诗外传注》曰："无使下情不上通。"皆此义也。以伸民权；三曰纳税，何休《公羊解诂》曰："王畿千里，畿内之租税，足以供费。"则汉儒之义，固以人人有纳税之义务矣。以富国家之财；四曰服兵，《韩诗外传》曰："今有坚甲利兵，不足以施敌破虏；弓良矢调，不足射远中微，与无兵等耳。有民不足强用严敌，与无民等耳。故盘石千里，不为有地；愚民百万，不为有民。"《尚书大传》曰："战斗不可不习，故于搜狩以闲之也；闲之者，贯之也；贯之者，习之也。"是汉儒之义，固以人人有服兵之责也。又，《白虎通》云："《传》曰：'一人必死，十人不能当；百人必死，千人不能当；千人必死，万人不能当；万人必死，横行天下。'"则兵所以保国矣。以固国家之防。此皆国家伦理之精义。

且汉儒言国家伦理，以身为国家之身，不以身为家族之身，故毛公之释《四牡诗》也，以"思旧"为私恩，以"靡盬"为公义，君子不以私害公，故不以家事辞王事。盖以国家较家族，则家族为轻，国家为重，即贾生所谓"国尔忘家，公尔忘私"也。况汉儒立说，未尝认君主为国家，以国家为君主之私产，故《释名》训"臣"为"坚"，乃厉志坚固之谓也。若《说文》训"臣"为"牵"，以为象屈服之形，实不可信，不若《释名》立说之确也。故尽心国事谓之"忠"，非服从君主亦谓之"忠"也。赵氏《孟子章句》曰："男子之道，当以义匡君。无辅弼之义，安得为大丈夫也？"郑氏《礼记注》曰："近臣亦当规君疾忧。"《韩诗外传》亦曰："不恤乎公道之达义，偷合苟同，以持禄养者，是为国贼也。"是汉儒不以服从君主为臣道也。观郑君言"君臣有义则合，无义则离"，《曲礼》《注》。则臣僚非君主之仆隶明矣，曷尝有"君为臣纲"之说哉？此说惟见于《白虎通》中。惟人人当尽力于国家，故其国安宁，必当为国家兴公益；赵氏《孟子章句》曰："贤者之理世务也，推己以济时物，期于益治而已矣。"郑氏《礼记注》曰："无事而居位食禄，是不义而富且贵。"《白虎通》曰："有能，然后居其位；德加于人，然后食其禄。"薛君《韩诗章句》曰："人但有质朴，而无治民之材，名曰素餐。"是出仕必当图公益也。又，郑君《诗笺》："每人怀其私相稽留，则于事将无所及。"亦此义也。国祚危亡，复当殉己身以延国脉，郑君《礼记注》曰："竭力于其所言之事，死而不负于事。"毛公《诗传》曰："谋人之国，国危则死之，古之道也。"《春秋繁露》亦曰："君子生而辱，不如死而荣。"则汉儒非不明爱国之理矣。

要而论之，汉儒之言伦理也，其最精之理，约有二端。一曰立个人之人格。赵岐有言："志士之操，耿介特立。"《孟子章句》。郑君有言："君子虽困，居险能说。"《易注》说。《韩诗外传》亦有言："厄穷不悯，劳辱不苟。"此言人人之当自重自立也。又，《易》荀《注》云："布衣之士，未得居位，独行其义，不失其正。"赵氏《孟子章句》曰："修礼守正，非招不往。枉道富贵，君子不许。"又曰："君子以守道不回为志。"又曰："守己正行，不枉道以取容。"又，《易经》郑《注》曰："遭困之时，君子固穷。"能自重自立，斯能立贞介之操，不为流俗所囿。此对于己身之伦理也。二曰明义利之权限。《说文》训"事"为"职"，《释名》训"事"为"倳"。《释名》曰："事，倳也。""倳，立也，凡所立之功也。"事者，即义务之谓也。韩婴有言："事不为不成。"《韩诗外传》。郑君有言："人虽无事，其可获安乎？"《毛诗笺》。此言人人咸有应尽之义务也。又，孔安国曰："先劳于事，然后得报。"《论语注》。郑君亦曰："安有无事而取利者？"《礼记注》。盖权利、义务，互相均平。身尽义务，即为享受权利之基。其所以重义轻利者，《春秋繁露》曰："故君子终日言，不及利。"又曰："正其谊，不谋其利。"又曰："义之养生人，大于利。"此皆贱视"利"字之证。所以虑人之见利忘义耳，《易》荀《注》曰："上以不正，侵欲无已，夺取异家。"赵氏《孟子章句》曰："以利为名,则有不利之患。"曷尝谓权利、义务不当相均哉？此对于他人之伦理也。

　　二端而外,粹语尤多。盖汉儒之言伦理也,皆以伦理之道,必合数人而后见,故《繁露》有言："王者爱及四夷,霸者爱及诸侯,安者爱及封内,危者爱及旁侧,亡者爱及独身。"盖仅一人,则伦理不可见。彼洁身自好之徒,克己励行,不复有益于人群,毋亦汉儒所痛斥欤？可不戒哉！

汉宋学术异同论

总　序

　　昔周末诸子，辨论学术，咸有科条，故治一学、辨一事，必参互考验，以决从违。《礼记·中庸篇》之言曰："故君子之道，本诸身，征诸庶民，考之三王而不谬，建诸天地而不倍，质诸鬼神而无疑，百世以俟圣人而不惑。"《管子·七法篇》曰："义也，名也，时也，似也，类也，比也，状也，谓之象。"此即名学之精理。而《庄子·天下篇》亦曰：古之为道术者，"以法为分，以名为表，以参为验，以稽为决，其数一、二、三、四是也。"是则古人析理，必比较分析，辨章明晰，使有绳墨之可循，未尝舍事而言理，亦未尝舍理而言物也。故推十合一谓之"士"，《说文》。不易之术谓之"儒"。《韩诗外传》。

　　汉儒继兴，恪守家法，解释群经，然治学之方，必求之事类，以解其纷；如《释名序》及郑康成《三礼序目》所言是也。立为条例，以标其臬。如《春秋繁露》曰："知其分科条别，贯所附，明其义之所审。"何氏《公羊解诂序》曰："隐括使就绳墨。"而贾逵、颍容治《左氏》，咸先作条例。或钩玄提要而立其纲，如郑康成《诗谱序》说。或远绍旁搜以觇其信，如许君《说文序》及《郑志》说。故同条共贯，切墨中绳，犹得周末子书遗意。及宋儒说经，侈言义理，求之高远精微之地；又缘词生训，鲜正名辨物之功。故创一说，或先后互歧；此在程、朱为最多。立一言，或游移无主。宋儒言理，多有莽无归宿者。由是言之，上古之时，学必有律。汉人循律而治经，宋人舍律而论学，此则汉宋学术得失之大纲也。

　　近世以来，治汉学者咸斥宋儒为空疏。江郑堂曰："濂洛、关闽之学，不究礼乐之原，独标性命之旨。"焦理堂曰："宋儒言心、言理，如风如影。"钱竹汀曰："训诂之外,别有义理,非吾儒之学也。"然近世汉学诸儒解经,多有条例,如戴东原之类是也,咸合于汉人之学派。而治宋学者复推崇宋儒,以为接正传于孔、孟。即有调停汉、宋者,亦不过牵合汉、宋,比附补苴,以证郑、朱学派之同。如陈兰甫、黄式三之流是也,崇郑学而并崇朱学,惟不能察其异同之所在,惟取其语句之相同者为定,未必尽然也。若阮芸台《儒林传序》,则分汉、宋为两派。

　　夫汉儒经说,虽有师承,然胶于言词,立说或流于执一;宋儒著书,虽多臆说,然恒体验于身心,或出入老、释之书,如张、朱、二程,皆从佛学入门。故心得之说亦间高出于汉儒。宋儒多有思想。穿凿之失,武断之弊,虽数见不鲜,然心得之说,亦属甚多。是在学者之深思自得耳。故荟萃汉、宋之说,以类区别,稽析异同,讨论得失,以为研究国学者之一助焉。

汉宋义理学异同论

近世以来,治义理之学者有二派:一以汉儒言理,平易通达,与宋儒清净寂灭者不同,此戴、阮、焦、钱之说也。一以汉儒言理,多与宋儒无异,而宋儒名言精理,大抵多本于汉儒,此陈氏、王氏之说也。

夫学问之道,有开必先,故宋儒之说,多为汉儒所已言。如"太极""无极"之说,濂溪所倡之说也。然秦、汉以来,悉以"太极"为绝对之词,《说文》云:"惟初太极,道立于一,造分天地,化成万物。"即由太极生阴阳之说。郑君注《周易》,亦云:"极中之道,淳和未分之气也。"而"无极"之名,亦见于毛《传》。《维天之命篇》引孟仲子说。濂溪言"无极而太极",即汉由无形而生有形之说耳。何休《公羊解诂》云:"元者,气也,无形以起,有形以分。"赵岐《孟子章句》云:"大道无形,而生有形。""本原之性,气质之性",二程所创之说也。见《二程遗书》中,不具引。大约谓本原之性无恶,气质之性则有恶。然汉儒言"性",亦以"性"寓于"气"中。如郑君注《礼运》"故人者,天地之德"节云:"言人兼此气性纯也。"又注"故人者,天地之心"节云:"此言兼气性之效也。"又,《乐记》《注》云:"气顺性也。"《春秋繁露》亦曰:"凡气从心。"此即朱子注《中庸》"天命之谓性"所本。惟宋儒喜言"本原之性",遂谓人心之外,别有道心,此则误会伪书之说矣。"觉悟"之说,本于《说文》诸书。《说文》云:"斅,觉悟也。从教、冂。冂,尚蒙也。学,篆文斅省。"《白虎通》云:"学之为言觉也,以觉悟所不知也。"郑君注《礼记》云:"学不心解,则忘之矣。"又曰:"思而得之则深。"惟觉悟由于治学,非谓觉悟即学也。及宋儒重觉,遂以澄心默坐为先,此则易蹈"思而不学"之弊矣。案,汉儒之说,最易与宋、明之言心者相混。《释名》云:"心,纤也,所识纤微,无物不贯也。"即朱子"心聚众理"说所本。《说文》云:"圣,通也。"《白虎通》云："圣,通也,明无所不照。"此即朱子"虚灵不昧、豁然贯通"说所本。赵岐《孟子章句》云："圣人亦人也,其相觉者,以心知耳。"即阳明"以知觉为性"说所本。《孟子章句》云："欲使己得其原本,如性自有之然也。"即朱子"明善复初"说所本。赵岐《孟子章句》云："学必根原,如性自得,物来能名,事来不惑。"郑君注《乐记》,云："物来则又有知。"此即程子"思虑有得、不假安排"之说。若夫郑君注《礼记》,言"人情中外相应",即程子"感寂"说所从出也。汉儒注《周易》,曰："君子以明自照其德。"即延平"观心"说所从出也。特汉儒之说,在于随经随释("随经随释",据文意,疑当作"随经而释"),而宋儒则以澄心默坐标宗旨耳。

汉儒言"理",主于分析。《白虎通》曰："礼义者,有分理。"而宋儒言"理",则以天理为浑全之物,复以天理为绝对之词。戴东原曰："宋儒言理,以为如有物焉,得于天而具于心,因以意见当之。"其说是也。然朱子《答何叔京书》则言"浑然仍具秩然之理",是朱子亦以理为分析之物矣,故程、朱言"事事物物,皆有理可格"。此则宋儒解"理"之失矣。朱子言"天即理""性即理",此用郑君之说而误者。郑君注《乐记》云："理犹性也。"注《檀弓》云："命犹性也。"笺《毛诗》云："命犹道也。""犹"为拟词,"即"为实训,此宋人训诂之学所由误也。又如"欲生于情,私生于欲",此亦宋儒之说也。然汉儒说经,亦主"去欲"。《说文》"情"字下云："人之阴气有欲者。"赵岐《孟子章句》云："情主利欲也。"此即宋儒"欲生于情"之说。又,《说文》云："欲,贪欲也。"郑君注《乐记》,曰："欲谓邪淫也。"又曰："穷人欲,言无所不欲。"又云："心不见物则无欲。"又曰："善心生,则寡于利欲。"又笺《毛诗》曰："人少而端悫,则长大无情欲。"《尚书大传》曰："御思心于有尤。"郑《注》云："尤,过也。止思心之失者,在于去欲有所过欲者。"是汉儒不特言寡欲,抑且言无欲矣。特宋儒著书,遂谓"天理"与"人欲"不两立,此则宋儒释欲之非矣。

若夫宋儒"主静"之说,虽出于《淮南》,然孔氏注《论语》已言之;孔安国《论语注》曰："无欲故静。"又,郑君《诗笺》曰："心志定,故可自得。"宋儒"主一"之说,虽出于《文子》,然毛公作《诗传》已言之。毛《传》云："执义而用心固。"《韩诗外传》亦曰："好一则博。"又,汉儒言"仁",读为"相人耦"之"人",郑君注《中庸》云："仁,相人耦也。"即曾子"人非人不济"之义也。近于"恕"字之义,《说文》云："仁,亲也。从人、二。"又云："恕,仁也。""惠,仁也。"是汉儒言"仁",皆主"爱人"之义,故"仁"必合两人而后见也。张子《西铭》本之。

至程、朱以"断私克欲"为"仁",程子言"爱非仁",已与汉儒之说相背。且断私克欲,可训为"义",不可训之为"仁"。则与汉儒之言"仁"相背矣。惟《释名》云:"克,刻也。刻物有定处,人所克念,有常心也。"近于宋儒"克欲"之说,惟不指仁德而言。汉儒言"敬",皆就威仪、容貌而言,《说文》云:"恭,肃也。""敬,肃也。""忠,敬也。""肃,持事振敬也。从聿在胄上,战战兢兢也。"《释名》云:"敬,警也。"郑君注《檀弓》云:"礼主于敬。"又注《少仪》云:"端悫所以为敬也。"是"敬"字皆就"整齐严肃"言。《朱子家礼》本之。至程门以"寂然不动"为"敬",如杨龟山、李延平、谢上蔡之类是。则与汉儒之言"敬"相背矣。

盖宋儒言"理",多求之本原之地,故舍用言体,与汉儒殊。然体用之说,汉儒亦非不言也。《说文》"德"字下云:"外得于人,内得于己。从直、心。"言德兼内外,即宋儒体用之说。又,郑君笺《毛诗》云:"内有其性,又可以有为德也。"亦与《说文》相同。特宋儒有体无用,董子言"性有善端",而赵岐亦言"寻其本性"。宋儒本之,遂谓仁有仁体,性有性体,道有道体,以"体"为本,以"用"为末。致遗弃事物,索之冥冥之中,而"观心"之弊遂生。且"下学上达",汉儒亦非不言也。孔安国注《论语》云:"下学人事,上知天命。"郑君注《缁衣》云:"初时学其近者、小者,以从人事。自以为可,则狎侮之。至于先王大道,性与天命,则遂捍格不入,迷惑无闻。"此其确证。特汉儒由"下学"入"上达",而象山、慈湖遂欲舍"下学"而言"上达"耳。推之,"知几"之说,出于《说文》;《说文》云:"几,微也。"即周子"几善恶"、朱子"几者,动之微"所本。"扩充"之说,出于赵岐;赵岐《孟子章句》曰:"人生皆有善行,但当充而用之耳。""存养"之说,出于《繁露》;周末世硕言"性",以"养性"为主,而《繁露》亦曰:"性可养而不可改。"《韩诗外传》云:"中心存善而日新之。"赵岐注《孟子》云:"能存其心,养育其正性,是为仁人。""慎独"之说,出于郑君。郑君注《中庸》云:"慎独者,慎其闲居之所为也。"则宋儒之说,孰非汉儒开其先哉?即程、朱言鬼神,亦本郑说。

乃东原诸儒,于汉学之符于宋学者,绝不引援,惟据其异于宋学者,以标汉儒之帜;于宋学之本于汉学者,亦屏斥不言,惟据其异于汉儒者,以攻宋儒之瑕。是则近儒门户之见也。然宋儒之讥汉儒者,至谓汉儒不崇义理,则又宋儒忘本之失也。此学术所由日歧欤?

汉宋章句学异同论

　　汉儒说经，恪守家法，各有师承。或胶于章句，坚固牢通。即义有同异，亦率曲为附合，不复稍更。然去古未遥，间得周、秦古义。且治经崇实，比合事类，详于名物、制度，足以审因革而助多闻。宋儒说经，不轨家法，土苴群籍，悉凭己意所欲出，以空理相矜，亦间出新义；或谊乖经旨，而立说至精。此汉、宋说经不同之证也。

　　大抵汉代诸儒，惑于神秘之说，轻信而寡疑。又，谲诈之徒，往往造作伪经，以自售其说，如张霸伪作《百两篇》、若杜林《漆书》，决非伪。刘歆增益《周官经》刘歆于《左氏传》，亦稍有所增益。是也。若宋代诸儒，则轻于疑经，然语无左验，与阎氏疑古文《尚书》之有左验者不同。多属想象之辞。如《易》有《十翼》，著于《汉·志》，故《汉·志》言"《易》十二篇"。而宋儒欧阳修，则疑"十翼"之名始于后世。继其说者，并不信《说卦》三篇。而元人俞玉吾，则并谓《序卦》《杂卦》之名始于韩康伯，咸与《汉·志》《隋·志》不符。而《三坟》为唐人伪作，郑樵转信其书。此宋学不可解者一也。《尚书》有今文、古文，而古文则系伪书，虽吴棫、朱子、王应麟渐知古文之伪，若元人吴澄，亦以古文为伪。然程、张诸子，并疑今文。张子谓《金縢》文不可信，而朱子亦稍疑伏生之通今文。而元儒王柏遂本其意，作《书疑》。王柏举《大诰》《洛诰》，咸疑其伪。近儒斥为邪说，江郑堂。曾为辨诬。此宋学不可解者二也。毛公、郑君皆谓《诗序》作于子夏，而朱子作《诗传》，则屏斥《诗序》，独玩经文；南轩、仁山，皆守朱说。郑渔仲亦主不用《诗序》之说，惟马端临则力言《诗序》不可废。至王柏著《诗疑》，则又本朱子之意，斥郑、卫之《诗》为淫奔，删《诗》三十馀篇。并删《野有死麕》。此宋学不可解者三也。汉儒说《春秋经》，皆凭《三传》，各守家法。如说《公羊》者不杂《左氏》《穀梁》，说《左氏》者不杂《公羊》是。至唐赵匡、啖助、陆淳，始废《传》谈《经》，而《三传》束置高阁。有宋诸儒，孙、孙觉。张、张载。苏、苏轼、苏辙。刘，刘敞。咸说《春秋》，支离怪诞，而泰山、安国之书，亦移经就己。太山《尊王发微》，主于定名分；胡氏《春秋传》，主于别华夷。既杂糅《三传》，复排斥《三传》之非，其不可解者四也。若子由、永叔、五峰咸疑《周官》，君实、李觏、冯休咸疑《孟子》，立说偏颇，殆成风习。且《孝经》经文十八章，自汉、唐以来，从无异议。而朱子说经，辄据汪氏、端明。何氏可久。之妄说，改窜删削，指为误传；于刘炫伪造之古文，反掇拾丛残，列为经文。于伪者既信其为真，于真者复疑其为伪，此诚宋儒说经之大失矣。

且宋儒说经，非仅疑经蔑古已也，于完善之经文，且颠倒移易，以意立说。改《周易·系词》者有程子，改《易·系辞》"天一、地二"一节于"天数五、地数五"一节之上，后世读本从之。改《尚书·洪范》《康诰》者有东坡，东坡改《书·洪范》"王省惟岁"节于"五曰历数"之下，又改《康诰》"惟三月哉生魄"节于《洛诰》"周公拜手稽首"之上。改《论语·乡党》《季氏篇》者有程、朱，程子改《乡党》"必有寝衣"节于"斋必有明衣布"节之下，朱子改《季氏篇》"诚不以富"二句于"民到于今称之"之下。而临川俞氏改易《周官》，妄生穿凿。著《复古编》，谓司空之属，分寄五官，取五官中四十九官，以补《冬官》之缺。此说一倡，而元儒清源邱氏，又以《序官》置各官之首；而临川吴氏以及明人椒邱何氏，于《周官》皆妄有移易，几无完书。及朱子尊崇《学》《庸》，列为《四书》，复妄分章节；于《大学》《孝经》，则以为有《经》有《传》。朱子分《大学》为《经》一章、《传》十章，复改"《康诰》曰"节于"未之有也"下，"瞻彼""淇澳"二节于"止于信"之下；于《中庸》，复分为三十三章；以《孝经》首七章为《经》，馀皆为《传》。王柏继之，而附会牵合，无所不用其极矣。王柏作《二南相配图》《洪范经传图》，于《洪范》妄分《经》《传》，复作《重定中庸章句图》。金仁山、胡允文诸人，多崇奉其妄说。盖宋儒改经，其弊有二：一曰分析经、传，二曰互易篇章。虽汉儒说经，非无此例，如费直以《易·十翼》释上、下《经》，此即合《传》于《经》之例也。若夫郑君《十月之交》四篇为刺厉王诗，以及河间王以《考工记》补《冬官》，马氏增《月令》三篇于《小戴》，皆移易经文篇次者也。然汉儒立说，皆有师承；即与古谊不同，亦实事求是，与宋儒独凭臆说者不同。自宋儒以臆说改经，而流俗昏迷，不知笃信好古，认宋儒改订之本为真经，不识邹、鲁遗经之旧，可谓肆无忌惮者矣。

惟朱子作《易本义》，追复古本；《易》古经为王弼所乱，朱子用吕大防之说，追复古本十二篇之旧，与《汉·艺文志》合。而论次《三礼》，则以《仪礼》为本经，朱子以《仪礼》为本经，其说出郑君"《周礼》为本、《仪礼》为末"之上。皆与班《志》相合。此则宋学之得也。

盖宋代之时，治经不立准绳，故解经之书竞以新学相标。又理学盛行，故注释经文，亦侈言义理，疏于考核，例非汉儒之例，如程大昌谓《诗》无《风》体，而刘氏、胡氏等复重定《春秋》之例是。说非汉儒之说，如程、朱以《大学》为曾子所作，以《中庸》为孔门传心法之书，咸与汉儒之说不合。而所注各书，或以史书释经，或以义理说经。图非汉儒之图。如《易》有先、后《天图》，《易数钩隐图》，《诗》有《二南相配图》，皆不足据。惟程大昌《禹贡地理图》、苏轼《春秋指掌图》、杨复《仪礼图》，稍为完善。而传、注之中，复采摭俗说，武断支离，由于不精小学。易蹈缘词生训之讥。近儒斥之，诚知言也。

汉宋象数学异同论

　　汉儒信谶纬，宋儒信图书。"谶纬"亦称"图书"。《公羊疏》曰："问曰：《六艺论》言'六艺者，图所生也'，《春秋》言'依百二十国史'，何？答曰：王者依图书行事，史官录其行事，言出图书，岂相妨夺？"俞理初曰："百二十国史，仍是图书。古太史书杂处，取《易》于《河图》，则《河图》馀九篇；取《洪范》于《洛书》，则《洛书》馀六篇，皆图书也。"此"谶纬"亦可称"图书"之证也。均属诬民之学。

　　特谶纬、图书，其源同出于方士。上古之时，天人合一，爰有史祝之官，兼司天人之学。凡七政、五步、十二次之推测，星辰、日月、天象之变迁，咸掌于冯相、保章，则太史之属官也。及东周之际，官失其方。苌弘以周史而行奇术，如射狸首是。老子以史官而托游仙。史职末流，流为方士。若赵襄获符，秦王祠雉，以及"三户兴楚"之谣，"五星兴汉"之兆，皆开谶学之先。然卢生入海求仙，归奏亡秦之谶，则谶书出于方士，明矣。至于西汉，儒、道二家竞为朝廷所尊尚，由是，方士之失职者，以谶纬之说，杂糅《六经》之中，如公玉带献《明堂》之图，栾大进封禅之说是也。而儿宽之徒，复援饰经术，以自讳其本原。此谶纬原于方士之证也。

　　若宋人图书之学，出于陈抟。抟以道士居华山，从种放、李溉游，搜采道书，得九宫诸术，倡太极、河洛、先天、后天之说，作《道学纲宗》。其学传之刘牧，牧作《易数钩隐图》，而道家之说始与《周易》相融。周茂叔从陈抟游，隐师其说，马贵与曰："晁氏曰：朱震言程颐之学出于周敦颐，敦颐得之穆修，亦本于陈抟。景迂云：胡武平、周茂叔同师鹤林寺僧寿涯，其后武平传于家，茂叔则授二程。"此周子学术出于陈抟之证也。作《太极图说》。宋代学者皆宗之。夫太极之名，图书之数，先天、后天之方位，虽见于《易传》，然抟、放之图，纵横曲直，一本己意所欲出，似与《易》旨不符。近世诸儒，坚斥宋人图书之说，宋林栗以《易》图为后人依托，非画卦时所本有；俞琰作《易外别传》，以邵子《先天图》阐明丹家之旨。元吴澄、明归有光，亦皆著说争辨。元延祐间，天台陈应润作《爻变义蕴》，确指陈、邵之图为《参同》炉火之说，以为道家假借《易》理，以为修炼之用。厥后，胡渭作《易图明辨》，黄宗炎作《图书辨惑》，毛奇龄作《图书原舛》，皆斥之甚力。此后遂成为定论矣。以陈、邵图书，系属方士炼修之别术。虽指斥稍坚，然宋儒图书，出于方士，则固彰彰可考矣。谶纬、图书，既同溯源于方士，然河、洛之说，汉儒亦非不言也。孔安国、杨雄以图书俱出伏羲世，为刘牧说所本。刘歆则言，图出伏羲时，伏羲以之作《易》；书出禹时，禹法之以作《洪范》，与孔、杨之说迥殊。又，虞翻注《易传》"《易》有太极"节云："四象，四时也。两仪，谓乾、坤也。"而陈、邵《易》图，亦谓太极分为两仪，由两而四，两数叠乘，以成六十四卦之数，由两而四，而八，而十六，而三十二，而六十四。实与古说相符，非徒方士秘传之说也。宋儒若欧阳修、有《论九经请删正义中谶纬札子》，以谶纬非圣人书。魏了翁、重定《九经正义》，尽删谶纬之言。王伯厚，讥《宋书·符瑞志》引谶纬。晁以道亦曰："使纬书皆存，犹学者所弗道，况其残缺不完，于伪之中又伪者乎？"盖宋人不喜纬书，殆成风习也。虽深斥纬书，然朱子注《论语》"河不出图"，《注》云："河图，河中龙马负图。"此引纬书中之说也。注《楚词》"昆仑天阙"，《注》云："昆仑者，地之中也。地下有八柱。"亦本纬书。亦未尝不引纬书也。盖汉代之时，以通谶纬者为内学；惟孔安国、毛公皆不言纬。桓谭、张衡，尤深嫉之。范蔚宗云："桓谭以不喜谶流亡，郑兴以逊辞仅免，贾逵能附会文字差显，世主以之论学，悲矣哉！"宋代之时，以通图书者为道学。汉人言谶纬，并兼言灾异、五行；宋人言图书，并兼言皇极、经世。汉人灾异、五行之说，于《易》有孟氏、孟氏从田王孙受《易》，得《易》家候阴阳灾变书，梁邱氏以为非田生所传。然梁邱氏亦言灾异。惟丁宽《易》，不言阴阳灾变之说。京氏，京氏之学，出于焦延寿。延寿尝从孟喜问故，著《易林》。于《书》有夏侯氏、喜言《洪范五行传》，以之言灾异。刘氏，于《诗》有翼氏、后氏，皆《齐诗》也。称说五际、六情，与《诗纬推度灾》《泛历枢》之说合，盖《齐诗》家法如此。于《春秋》有董氏、眭氏，咸以天变验人事，迄于东汉不衰。

若《皇极经世书》作于邵子,其学出于阴阳家。昔邹衍之徒,侈言五德,以五行之盛衰,验五德之终始。邵子本之,故所作之书,亦侈言世运。大抵以阴阳五行为主,由阴阳五行而生世运之说,由世运之异而生帝、皇、王、霸之分。但彼之所言世运,仍主古盛今衰之说,与进化之公例相为反背也。又,邵子于汉儒之学,最崇杨雄。邵子曰:"洛下闳改《颛帝历》为《太初历》,杨子云准《太初》而作《太玄》,凡八十一卦。九分共二卦,凡一五隔一四。细分之,则四分半当一卦。卦气始于中心,故首《中卦》。"又云:"子云既知历法,又知历理。"又云:"子云作《太玄》,可谓知天地之心矣。"又,邵子诗云:"若无杨子天人学,焉有庄生内外篇?"此皆邵子推崇子云之证也。故程子曰:"尧夫之学,大抵似杨雄。"盖邵子之学,虽由李挺之绍,陈抟之传,然师淑杨雄,则仍汉学之别派也。

且邵子之说,本于汉儒者,一曰卦气之说。夫卦气之说,始于焦赣、京房,谓卦气始于《中孚》,以四正卦分主四方。以《坎》《离》《震》《兑》分主四方,应二至、二分之日,谓四时专主之气,春木、夏火、秋金、冬水。每卦各值一日,以观其善恶;其馀六十馀爻,别主一日,凡三百六十日。《易纬图》相同。子云《太玄》本之。朱子曰:"《太玄》都是学焦延寿推卦气。"案,京、焦言卦气,以《中孚》为冬至之初,《颐》上九为大雪之末。《太玄》亦以《中》为阳气开端节,即以《中孚》为冬至初之说也。《养》有《踦》《嬴》二赞,即以《颐》上九为大雪之末也,以《易》卦气为次序而变其名,朱子之说是也。而邵子之言卦气也,亦用六日七分之说。蔡西山云:"康节亦用六日七分。"此其证也。此宋学之源于汉学者一也。两汉诸儒,皆主六日七分之说。自杨雄、马融、郑玄、宋虞、陆范,皆主其说,皆言卦气始于《中孚》。孔颖达从之。一曰九宫之说。夫九宫之法,见于《乾凿度》。郑君注纬,亦信其言。张平子力排图谶,不废九宫、风角之占,而陈抟喜言九宫,邵子之书,亦兼明九宫之理。毛西河以九宫始于张角,实则汉学亦有此一派。此宋学之源于汉学者二也。夫卦气之占,九宫之法,语邻荒渺,说等无稽,然溯其起原,则两汉鸿儒,已昌此说,安得尽引为宋儒之咎哉?

且宋儒象数之学,出于汉儒者,非仅卦气、九宫已也。即河、洛之图亦然。《易纬河图数》云:"一与六共宗,二与七同道,三与八为朋,四与九为友,五与十同途。"而宋儒之绘《河图》《洛书》也,实与相符。如《河图》之象,一、六同在北,三、八同在东,二、七同在南,四、九同在西,而五则居中。又,刘歆有言："《河图》《洛书》相为经纬，八卦、九章相为表里。"则又宋儒图书相为用之说所从出也。宋儒谓八卦之水、火、木、金、土，即《洪范》之五行；《图》之五十有五，即九畴之子目也。又谓图书皆所以发明《易》理。虽孔安国、刘歆、关朗皆以十为图，以九为书，与刘牧之说不同，刘牧以十为书，以九为图，别为一说。然朱子作《易学启蒙》，仍主汉儒孔、刘之说，蔡元定亦然。则宋学亦未能越汉学范围也。又如"纳甲"之说，朱子所深信也。朱子曰："如纳甲法，《坎》纳戊，《离》纳己，《乾》之一爻属戊，《坤》之一爻属己。留戊就己，方成《坎》《离》。盖《乾》《坤》属大父母，《坎》《离》是小父母也。"然郑君注《易》已言之；"互体"之说，亦朱子所深信也，朱子自言，晚年从《左传》悟得互体。然虞翻注《易》已言之。惟陈、邵先天互体之说，实不可信。即"太极""阴阳"之说，亦为汉儒所已言，郑君注"《易》有太极"云："极，中之道，淳和未分之气也。"此即宋儒以太极为元浑之物之说也。又，《说文》"一"字下云："惟初太极，道立于一，造分天地，化成万物。"此即周子《太极图说》所谓"太极生阴阳，由阴阳以生万物"之说也。又，何氏《公羊解诂》云："元者，气也，无形以起，有形以分，造起天地，天地之始也。"其说亦与《易注》及《说文》相同。特宋儒以太极标道学之帜耳。又，周子《太极图说》谓阳变阴合，而生五行。大约宋儒于马融四时生五行之说，排斥最深，目为曲说。此亦许、郑之旧说也。郑氏《尚书大传注》曰："天变化为阴、为阳，覆成五行。"又，《说文》曰："五，五行也。从二，阴、阳在天地间交午也。"皆五行生于阴阳之说也。特阴阳、五行，古学分为二派，汉儒、宋儒，均失之耳。若夫先天、后天之言，汉、唐以前，初无是说，乃陈、邵臆创之谈。邵子又谓，有已生之卦，有未生之卦。而朱子申之曰："自《震》至《坤》为已生，自《巽》至《坤》为未生。"则又牵《说卦传》以就圆图之《序》，可谓穿凿附会、无所不至者矣。而天根、月窟之说，尤属无稽。黄黎洲曰："邵子所谓'天根者性也，月窟者命也。性命双修，老子之学；康节自诉，其希夷之传'，而其理与《易》无与，则亦自述其道家之学，而其说于《易》无与也。说者求之《易》，而欲得其三十六宫者，可以不必也。"黄氏之说最确。甚至改定新历，亦邵子事。创造新图，以圣贤自拟，此其所以招近儒之指斥也。

　　特汉儒之学，多舍理言数；宋儒之学，则理、数并崇，而格物穷理，亦间迈汉儒。试详举之。

邵子之言曰："天依形，地附气。""或问尧夫曰：'天何依？'曰：'天以气而依于地。''地何附？'曰：'地以形而附于天。'"则其说又稍误，不若此语之确。又曰："其形也有涯，其气也无涯。"程子曰："天气降而至于地，地中生物者，皆天之气也。"又曰："凡有气，莫非天；有形，莫非地。"张子曰："虚空即气。减得一尺地，便有一尺气。"朱子曰："天无形质，但如劲风之旋，升降不息。是为天体，而实非有体也。地则气之渣滓，聚成形质，但兀然浮空而不堕耳。"此即岐伯"大气举地"之说也，见《素问》。与晳种空气之说大约相符。此宋人象数学之可取者一也。

张子之言曰："地对天，不过天特地中之一物尔，所以言一而大谓之天、二而小谓之地。"案，唐孔颖达云："天是太虚，本无形体，但指诸星转运以为天耳。天包地外，如卵之裹黄。"其说亦确。又曰："地有升降。地虽凝聚不散之地，然二气升降，其相从而不已也。阳日上，地日降而下者，虚也；阳日降，地日进而上者，盈也。此一岁寒暑之候也。至于一昼夜之盈虚升降，则以海水潮汐验之为信。"黄瑞节注《正蒙》，谓"地有升降，人处地上，如在舟中，自见岸之移，不知舟之转也"。又谓"地乘水力，与元气相为升降。气升则地沉，而海水溢上则为潮；气降则地浮，而海水缩下则为汐。"其说亦精。朱子亦曰："天地四游，升降不过三万里。"其说稍讹。此即郑君"地有四游"之说，《考灵耀注》云："地盖厚三万里。春分之时，地渐渐而下。至夏至时，地之上畔，与天中平。夏之后，地渐渐而上。至冬至时上游，地之下畔，与天中平。自冬至后，渐渐向下。"盖郑《注》误"日"为"天"。与晳种地球公转之说，大抵相同。此宋人象数学之可取者二也。

程子之言曰："月受日光，日不为亏，然月之光，乃日之光也。"朱子之言曰："月在天中，则受日光而圆。月远日，则其光盈；近日，则其光损。"又曰："月无盈缺，人看得有盈缺。晦日，则日与月相叠。至初三，方渐渐离开。"其说是也。又曰："纬星皆受日光。"此即张衡"日蔽月光"之说，张衡曰："火外光，水含景。月光生于日之所照，魄生于日之所蔽。当日而光盈，就日而光尽。众星被耀，因水转光。当日之冲，光常不合者，蔽于地也。是为阇虚。在星星微，月过则食。日之薄地，其明也。"与晳种月假日明之说，互相发明。此宋人象数学之可取者三也。邵子曰："日月之相食，数之交也。日望月，则月食；月掩日，则日食。"是日月食不为灾异,在北宋时,邵子已知之矣。

　　然宋人象数之学,精语尤多。周子言"动而生阳,动极复静;静而生阴,静极复动",又谓"一动一静,互为其根"。非即效实、储能之说乎? 案,动而生阳,即西人辟以出力之说,所谓效实也。静而生阴,即西人翕以合质之说,所谓储能也。故周子之语甚精。张子言"聚亦吾体,散亦吾体,知死生之不亡,可与言性",非即不生不灭之说乎? 聚散虽不同,而原质仍如故,即不生不灭之说也。又谓"两不灭,则一不可见。一不可见,则两之用息",非即正负相抵之法乎? 物有二,即有对待,故佛家言"三世一时,众多相容"。张子此言,与代数"正负相等则消"之法同。而邵子《观物内篇》曰:"象起于形,数起于质,名起于言,意起于用。"其析理尤精,远出周、张之上。"象起于形"者,即《左传》"物生而后有象"也。物之不存,象将安附? "数起于质"者,即《左传》"象而后有滋,滋而后有数"是也。凡物之初,皆由一而生二,而后各数乃生。"名起于言",如《尔雅》之指物皆曰"谓之"是也。"意起于用",即古人所谓"思而后行"也。以《穆勒名学》之理证之,则"象"即物之德也,"数"即物之量也,"言"即析词之义也,"用"即由意生志、由志生为之义也,故其理甚精。又以水、火、土、石为地体,邵子曰:"太柔为水,太刚为火,少柔为土,少刚为石。水、火、土、石交,而地之体尽。"张子亦曰:"水、火、土、石,地之体也。"以代《洪范》之五行。此则深明地质之学。地质之学,已启其萌。此则宋儒学术远迈汉儒者矣,与荒缈不经之说,迥然殊途。

　　若汉人象数之学,今多失传,然遗文犹可考。试详析之,约分三派。

　　附《周易》者为一派。孟喜、京房、郑玄、荀爽之流,注释《周易》,咸杂术数家言。一曰游魂归魂之学,出于《易传》"游魂为变"一语,说最奇诞。一曰飞伏升降之说,亦孟、京之学,宋衷、虞翻皆信之。一曰爻辰之学,张皋闻曰:"《乾》《坤》六爻,上应二十八宿,依气而应,谓之爻辰。"钱竹汀谓费氏有《周易分野》一书,为郑氏爻辰之法所从出。陈兰浦曰:"郑氏爻辰之说,实不足信,故李鼎祚《集解》刊削之。"一曰消息之学,陈兰浦曰:"十二消息卦之说,必出于孔门。《系辞传》云:'往者屈,来者信,原始反终,通乎昼夜之道。'皆必指此而言之,故郑、荀、虞三家注《易》,皆用此说也。"说经之儒,皆崇此说。此一派也。

　　附历数者为一派。刘洪作《乾象术》,大抵为谈天象之书。郑康成作《天文七政论》,并为刘氏《乾象术》作《注》。郑兴校《三统术》,李梵作《四分术》。推之,霍融作《漏刻经》,刘陶作《七曜论》,论日、月、五星。甄叔遵作《七曜本起》,张衡作《灵宪》《算罔论》,又作《浑天仪》一卷。虽推步之术未若后世之精,然测往推来,足裨实用。张衡之说,最为有用。此一派也。

附杂占者为一派。何休作《风角注训》,"风角"者,谓候四方、四隅之风,以验事物之吉凶。王景作《大衍玄基》,景以《六经》所载,皆有卜筮,而众书杂淆,吉凶相反,乃参稽众家数术之书,冢宅禁忌、堪舆日相之属,适于时用者,集为《大衍玄基》。以及景鸾作《兴道论》,抄《风角》杂书,列其占验。徐岳作《术数纪遗》,莫不备列机祥,自矜灵秘。然说邻左道,易蹈疑众之诛。此又一派也。汉人此派之学,别有《图宅术》及《太平清领书》。《图宅术》者,以五行、五姓、五声,定宫室之向背,王充《论衡》引之。《太平清领书》者,专以五行为主,乃道家之书也。若夫许峻《易新林》《易决》《易杂占》诸书,亦属此派者也。

盖汉人象数之学,舍理言数,仍为五行灾异学之支流。乃近世巨儒,表佚扶微,摭拾丛残,标为绝学,而于宋学之近理者,转加排斥,虽有存古之功,然荒诞之言,岂复有资于经术? 此则近儒不加别择之过也。

汉宋小学异同论

上古之时，未造字形，先造字音。及言语易为文字，而每字之义，咸起于右旁之声，故任举一字，闻其声即可知其义。凡同声之字，但举右旁之声，不必拘左旁之迹，皆可通用。盖造字之源，音先而义后。字音既同，则字义亦必相近。故谐声之字，必兼有义，而义皆起于声。声、义既同，即可相假。况字义既起于声，并有不必举右旁为声之本字，即任举同声之字，亦可用为同义。故古韵同部之字，其义不甚悬殊。

周代以降，汉、宋诸儒，解文字者各不同。汉儒重口授，故重耳学；宋儒竞心得，故重眼学。汉儒知字义寄于字音，故说字以声为本；宋儒不明古韵，惟吴才老略知古韵。昧于义起于声之例，故说字以义为本，而略于字音。由今观之，则声音、训诂之学，固汉儒是而宋儒非也。何则？

《尔雅》一书，凡同义之字，声必相符。如《释诂篇》"哉、基、台"三字，皆训为"始"，然皆与"始"音相近；"洪、庞、旁、弘、戎"五字皆训为"大"，而其音咸相近，皆音同则义通之证也。而东周之世，达才通儒，咸以音同之字，互相训释。如孔子作《易传》，云："乾，健也。""坤，顺也。"其证一。《论语》云："政者，正也。"其证二。又言："貉之为言恶也。"其证三。《尔雅》释草木、鸟兽，如"蒺藜"为"茨"，"萹竹"为"蓄"，皆以切语为名，而"蕾""菖""萑""萑"之类，复以音近之字互释。其证四。《中庸》云："仁者，人也。""义者，宜也。"其证五。馀证尚多。其解释会意者，仅"反正为乏"、《左传·宣十五年》。"止戈为武"、《宣十二年》。"皿虫为蛊"《昭元年》。数语耳。是字义寄于字音，故义由声起。声可该义，义不可该声。汉儒明于此例，观孔鲋作《小尔雅》，多以同音之字互训，以证古人义起于音。见第五册（"第五册"，疑当作"第四册"，指《国粹学报》第四期《读书随笔·音近义通之例多见于小尔雅》)。而许君作《说文》，所列之字，亦以形声之字为较多，而"假借"一门，咸以音同相假用。即"转注"一门，亦大抵义由声起，如"菉""菥"，"㧱""撤"，"火""焜"，"妹""媚"之类，字义既同，而其字又一声之转，盖二字互训，上古只有一字，后以方言不同，造为两字，故音义全同也。犹之《尔雅》训"哉、基、台"三字为"始"也。又，《说文》于谐声之中，复析为"亦声""省声"二目。"亦声"者，会意之字，声义相兼者也。亦声之例有三：一为会意字之兼声者，一为形声字之兼意者，一为在本部兼声与义，而在异部则其义迥别也。然以会意字之兼声者为正例。"省声"者，谐声之字以意为声者也。如"茵"字下云："朗省声。""朗"字会意，而"茵"字兼从之得声是也。馀类推。是会意之字，亦与谐声之字相关。若象形、指事二体，亦多声、义相兼。如"龙"字、"能"字，皆系象形之字，而"龙"从"肉"，"童"省声；"能"字从"肉"，亦系省声。其证一。若指事之字，则"尹"字从"君"得声是也。其证二。是《说文》一书，虽以字形为主，然说字实以字音为纲矣。即刘熙《释名》，区释物类，以声解字，虽间涉穿凿，然字义起于字音，则固不易之定例也。杨雄《方言》详举各地称谓事物之不同，亦多声近之字。且马、郑说经，明于音读，用"读为""读若"之例，以证古字之相通。然汉儒异读，咸取音近之字，以改易经文，则用字之法，音近义通，汉儒固及知之也。

宋人治《说文》者，始于徐铉。铉虽工篆书，然校定《说文》，昧于形声相从之例，且执今音绳古音，于古音之异于今音者，则易谐声为会意。如《说文》"棘"取"枲"声，徐以"枲"为非声。不知"枲"从"台"声，《诗》"棘天之未阴雨"，今本作"迨"，亦从"台"声也。"镮"取"睘"声，徐以"睘"为非声，当从"环"省。不知古人读"睘"如"环"，《诗》"独行睘睘"，《释文》本作"煢煢"，与"睘"声相转，故多假借通用。"熇"取"高"声，徐以"高"为非声，当从"嗃"省。不知"嗃"亦从"高"，且《说文》无"嗃"字，徐氏新增此字。盖"嗃""熇"字通，不当展转取声也。"赣"从"竷"省声，徐以"竷"为非声，按，《诗》"坎坎鼓我"，《说文》引"坎"作"竷"，"坎""空"音近，故"赣""竷"二字，音亦不殊。"醮"取"樵"声，读若"酋"。徐云："樵，侧角反，音不相近。"不知"樵"从"焦"声，平、入异而声相通；郑玄谓秦人"犹""摇"声相近，亦"樵"音近"酋"之旁证也。是古音相通之例，徐氏未及知也。自是以降，吴淑治《说文》学，取书中有字义者千馀条，撰《说文五义》，《宋史·吴淑传》。舍声说义，自此始矣。及荆公作《字说》，偏主会意一门，于谐声之字，亦归入会意之中，牵合附会，间以俗说相杂糅。而罗愿作《尔雅翼》，陆佃作《埤雅》，咸奉《字说》为圭臬，而汉儒以声解字之例，遂无复知之者矣。惟郑樵解"武"字，以"武"字非会意，当从"亡"、从"戈"，"亡"字系谐声。亦误讹杂出，不足信也。

　　且《说文》以"比类合谊，以见指扬"解会意，盖"会"与"合"同，而"谊""义"又为通用之字，"合谊"即"会意"之正解。所以合二字之义而成一字之义也。而宋人解"会意"之"会"为"会悟"，此其所以涉于穿凿也。又如程伊川之解"雹"字也，谓"雹"字从"雨"、从"包"，是大气所包住，所以为"雹"。不知"雹"字从"包"得声，乃谐声而非会意也。朱子之解"忠""恕"也，引"中心为忠、如心为恕"之说。其说虽本孔颖达，然"忠"字从"中"得声，"恕"字从"如"得声，亦谐声而非会意也。古字义寄于声，故声、义相兼，何得舍字声而徒解字义与？惟朱子注《论语》"侃侃訚訚"、注"时习"、注"非礼勿视"，注《孟子》"自艾"、注"不屑就"，注《周易》"天下之赜"，注《诗》，注"近王舅"，皆引《说文》；而"比"字之音，亦用《群经音辨》之说，乃宋儒之稍通小学者。

　　惟王观国以"卢"字、"田"字为字母，《学林》云："庐者，字母也。""田者，字母也。"又云："凡省文者，省其所加之字也。俱用字母，则字义该矣。"说甚精。王圣美治字学，演其义以为"右文"；《梦溪笔谈》云："王圣美治字学，演其义以为右文。"又谓"凡从'戋'之字，皆以'戋'字为义。"张世南谓文字右旁，亦多以类相从，《游宦纪闻》谓"从'戋'之字，皆有浅小之义，从'青'之字，亦皆有精明之义"。明于音同义通之例。近世巨儒，如钱、钱塘欲离析《说文》，系之以声。黄、黄春谷谓"字义咸起于声音"。姚、姚文田作《说文声系》。朱，朱骏声作《说文通训定声》，悉以字之右旁为纲。解析《说文》，咸用其意。是六书造微之学，宋人犹及知之，特俗学泥于会意一门，而精微之说遂多湮没不彰耳。王船山《说文广义》全以会意解古字，特较荆公《字说》为稍优。

　　近代以来，小学大明，而声音、文字之源，遂历数千年而复明矣。此岂宋儒所能及哉？

南北学派不同论

总　论

中国群山，发源葱岭，蜿蜒而东趋，黄河以北为北干，江、河之间为中干，大江以南为南干。盖两山之间必有川，则两川之间亦必有山。中国古代，舟车之利甫兴，而交通未广，故人民轻去其乡。狉狉榛榛，或老死不相往来。《礼记·王制篇》有云："广谷大川，民生其间者异俗。"盖五方地气，有寒暑、燥湿之不齐，故民群之习尚，悉随其风土为转移。观《史记·货殖列传》《汉书·地理志》以及王船山《黄书·宰制篇》可见。"俗"字从"人"，由于在下者之嗜欲也；《王制》曰："中国、戎蛮，五方之民皆有性也，不可推移。"即"俗"字的解。又，"俗"字从"谷"，"欲"字亦从"谷"，则以广谷大川，民生其间者异制之故也。"风"字训"教"，《诗大序》云："风，讽也，教也。"此其证。由于在上者之教化也。《诗大序》云："上以风化下。"而古代太师，有陈诗观风之典。

汉族初兴，肇基西土，沿黄河以达北方，故古帝宅居，悉在黄河南、北。厥后战胜苗族，启辟南方。秦、汉以还，闽、越之疆，始为汉土。故三代之时，学术兴于北方，而大江以南无学。魏、晋以后，南方之地学术日昌，致北方学者反瞠乎其后，其故何哉？

盖并、青、雍、豫，古称中原，文物声名，洋溢蛮貊，而江淮以南，则为苗蛮之窟宅。及五胡构乱，元魏凭陵，虏马南来，胡氛暗天，河北、关中，沦为左衽。积时既久，民习于夷，而中原甲姓，避乱南迁；冠带之民，萃居江表。流风所被，文化日滋，其故一也。

又，古代之时，北方之地，水利普兴。殷富之区，多沿河水，故交通日启，文学易输。水道交通，有数益焉。输入外邦之文学，士之益也；本国物产，输入外邦，商之益也；船舶交通，朝发夕至，行旅之益也；膏腴之壤，资为灌溉，农之益也。

故越南澜沧江,印度恒河、印度河,埃及尼罗河,美国米希失必河,皆为古今来商业发达之地。后世以降,北方水道,淤为民田。如河南、山东古代各水道,今皆不存,惟有故道耳。而荆、吴、楚、蜀之间,得长江之灌输,人文蔚起,迄于南海不衰,其故二也。

故就近代之学术观之,则北逊于南;而就古代之学术观之,则南逊于北。盖北方之地,乃学术发源之区也。试即南北学派之不同者考之。

南北诸子学不同论

　　东周以降,学术日昌,然南北学者,立术各殊,南方学派,起于长江附近者也;而北方学派,则起于黄河附近者也。以江、河为界划;而学术所被,复以山国、泽国为区分。"山国""泽国"四字,见《周礼·掌节》。山国之地,地土硗瘠,阻于交通,故民之生其间者,崇尚实际,修身力行,有坚忍不拔之风;泽国之地,土壤膏腴,便于交通,故民之生其间者,崇尚虚无,活泼进取,有遗世特立之风。此说本之《那特硁政治学》诸书。故学术互异,悉由民习之不同。

　　如齐国背山临海,与大秦同,即罗马国。故管子、田骈之学,以法家之实际,而参以道家之虚无。田骈、慎到皆法家,而尚清净;管子亦为法家,而著《白心》诸篇。若邹衍之谈瀛海,则又活泼进取之证也。由于齐地近地("近地",疑当作"近海"),有海舶之交通,故邹衍得闻此说。西秦、三晋之地,山岳环列,其民任侠为奸,雕悍少虑,见《汉书·地理志》。故法家者流,起源于此,如申、不害。韩、非子。商君是也。申不害、韩非皆韩人,商君为卫人,而李悝亦为魏人,尸子为商君师。盖国多奸民,非法不足以示威。峻法严刑,岂得已乎?鲁秉周公之典,则习于缛礼繁文,苏子由《商论》已有此说。故儒家亲亲尊尊之说,得而中之。宋承殷人事鬼之俗,民习于愚,故《庄子》言野人负暄,梦蕉得鹿,制不龟之药,皆曰"宋人";而《孟子》之言揠苗也,亦言"宋人"。盖宋人当战国时,其民最愚,故诸子以"宋人"为愚人之代表也。故墨子尊天明鬼之说,得而中之。又按,《汉书·地理志》言:"宋地重厚,好蓄藏。"即《墨子》节葬、节用说所出。俞理初有《墨学论》,以墨学为宋学。盖山国之民,修身力行,则近于儒;坚忍不拔,则近于墨。此北方之学所由发源于山国之地也。楚国之壤,北有江、汉，南有潇、湘，地为泽国，故老子之学起于其间。从其说者，大抵遗弃尘世，渺视宇宙，如庄、列是也。以自然为主，以谦逊为宗。《中庸》曰："宽柔以教，不报无道，南方之强也。"如接舆、沮溺之避世，许行之并耕，此即由《老子》"归真反朴"而生者。宋玉、屈平之厌世，《楚词》言"远游"，言"指西海以为期"，言"登阆风而绁马"，虽为寓言，然足证荆、楚民俗之活泼进取矣。溯其起源，悉为老聃之支派。此南方之学所由发源于泽国之地也。由是言之，学术因地而殊，益可见矣。

　　厥后交通频繁，北学由北而输南，南学由南而输北。孔学起源于东鲁，自子夏设教西河，而儒学渐被于河朔，故魏文重其书，荀卿赵人。传其学，三晋之士盖彬彬矣。然秦关以西，为儒术未行之地，则以民群朴质，与儒家崇尚礼文者不同。又，当此之时，子羽居楚，子游适吴，儒教渐被于南，然流传未普。观陈良北学中国，得孔子之传；而其徒陈相，卒倡"并耕"之说，非孔学不宜于泽国之证哉？法学起于三晋，及商君、韩非入秦，其学遂行于雍土，则以关中民俗，与三晋同，非法不克治国也。墨学虽起于宋，然北至晋、秦，如《吕览》言墨子、钜子事秦王犯罪是。南至郑、楚，故《庄子》言"南方之墨者"。皆为墨学所流行，即《孟子》所谓"其言遍天下"也。老学起源荆、楚，然学派所行，仅及宋、郑。庄子，宋人；列子，郑人。偶行于北，辄与北学相融。故韩非、慎到之流，合黄老、刑名为一派，非老学不宜于山国之证哉？

　　乃后儒考诸子学术者，只知征子书之派别，不识溯诸子之源流，此诸子之道所由日晦也。惜夫！

南北经学不同论

　　经术萌芽于西汉。诸儒各守遗经,用则施世,舍则传徒,一经有一经之家法。家法者,即师说之谓也。至于东汉,士习其学,各守师承,而集其大成者,实为郑康成氏。特当此之时,经生崛起于河北。江淮以南,治经者鲜。三国之时,经师林立,而南人之说经者,有虞翻、包咸、韦昭,然师法相承,仍沿北派。又,当此之时,有杜预、王肃、王弼诸人,亦大抵北人。以义理说经,与汉儒训诂、章句学不同。

　　魏、晋以降,义疏之体起,而所宗之说,南、北不同。北儒学崇实际,喜以训诂、章句说经;南人学尚夸夸,喜以义理说经。《魏书·儒林传》之言曰:"汉代郑玄,并为众经注;服虔、何休,各有所说。玄《易》《书》《礼》《论语》《孝经》,虔《左氏春秋》,休《公羊传》,盛行于河北。王弼《易》,亦间行焉。"旧作"王肃注"。由是言之,北方经术,乃守东汉经师之家法者也。又,《隋书·儒林传叙》云:"南、北所治章句,好尚互有不同。江左,《周易》则王辅嗣,《尚书》则孔安国,《左传》则杜元凯;河、洛,《左传》则服子慎,《尚书》《周易》则郑康成。《诗》则并主于毛公,《礼》则同遵乎郑氏。惟不言何休《公羊》。南人约简,得其精华;北学深芜,穷其支叶。""河、洛"即北方,"江左"即南方。是南方经术,乃沿魏、晋经师之新义者也。

　　盖北方大儒,抱残守阙,不尚空言,耻谈新理。自徐遵明倡明郑学,以《周易》《尚书》教授,《北齐书·儒林传叙》云:"经学诸生,出自魏末大儒徐遵明门下。遵明讲郑康成所注《周易》,以传卢景裕及崔瑾。"又云:"《尚书》之业,徐遵明兼通之,授李周仁等,并郑康成所注,非古文也。"旁及服氏《春秋》。《北齐·儒林传叙》云："河北诸儒能通《春秋》者,并服子慎所述,亦出徐生之门。"徐氏而外,习《毛诗》者有王基,见《诗疏》所引。习《三礼》者有熊安生,见《周书》。莫不抑王而伸郑。此北方郑学所由大行也。

　　江左自永嘉构祸,古学消亡,见《经典释文》,魏、隋《儒林传叙》文中。故说经之徒,喜言新理。厥后,王弼《易》学,行于青、豫;《北齐书》云:"河南及青、齐之间,儒生多讲王辅嗣《周易》,师训盖寡。"费甝《书疏》,传入北方,《北齐书》云:"北方诸生,略不见孔氏注解。自刘光伯、刘士元得费甝《疏》,乃留意焉。"而南学由南输北矣。崔灵恩著《左氏条义》,伸服难杜;《梁书·崔灵恩传》:"先习《左传》服解,不为江东所行,乃改说杜义,常申服难杜,著《左氏条义》以明之。"陆澄议置《易》国学,王、郑并崇。《南齐书·陆澄传》云:"国学议置郑、王《易》。澄谓:王弼,玄学所宗;郑亦不可废。"推之,戚衮授《书》文绍,授北方《仪礼》《礼记疏》于刘文绍,见《陈书》。严植之私淑康成,治郑氏《礼》《周易》《毛诗》,见《梁书》。而北学由北输南矣。观李业兴使梁,辨论经义,分析南北,见《魏书·李业兴传》。如答萧衍问"儒玄",答朱异问"南郊",皆辟玄伸儒、辟王伸郑。非南、北经学不同之确征哉?

　　及贞观定《五经义疏》,南学盛行,而北学遂湮没不彰矣。如《周易》用王弼《注》,《尚书》用伪孔《传》,《左传》用杜预《注》,皆南学而非北学也。悲夫!

南北理学不同论

　　自周末以来，道家学术起于南方。迨及东晋、六朝，南方学者崇尚虚无，祖述庄、老，以大畅玄风。又，南方之疆，与赤道近，稽其轨道，与天竺同。中国南方之地，在赤道北二十度至三十度之间，印度北部亦然，故学术相近。自达摩入中国，以"明心见性"立教，不立文字，别立禅宗。大江以南，有昭明太子、刘灵预、陆法和，咸崇其说。由唐至宋，流风不衰。北宋之初，有杨亿、杨杰、张平叔，皆信禅宗。故南方之学术，皆老、释之别派也。

　　北宋以来，南、北名儒，竟以理学相标尚，然开其先者，实惟濂溪周子。濂溪崛起湘、粤，道州人。受学陈抟，著《太极图说》，并著《通书》四十篇，以"易简"为宗，《通书》第六篇曰："天地岂不易简？岂为难知？"以"自然"为主，如《通书》第十篇言"顺化"，三十五篇言"拟议"，及二十三篇称颜子是。以"无言"垂教，见《圣蕴》《精蕴》两篇。以"主静"为归，如《通书·圣学》《慎动》两篇是。又，《圣学篇》曰："一为要。"即老氏"抱一"之旨。虽缘饰《中庸》《大易》，然溯厥渊源，咸为道家之绪论，故知几通神，见《通书·诚几德篇》《圣蕴篇》《思篇》《动静篇》《乾损益篇》。即老氏"赞玄"之说也；"存诚"、周子之言"诚"，即言"静"也，见《诚上》《诚下》两篇中。"窒欲"，《圣学篇》曰："无欲则静。"即庄生"复性"之说也。是为南方学派之正宗。

　　及河南二程受业濂溪，复参考王通、韩愈、孙复之言，故南学、北学两派相融。今观《二程遗书》，以"格物"为始基，如明道言"论学必要明理"，伊川言"今人杂信鬼怪，只是不烛理"，言"凡一物，须先穷致其理"，言"一草一木，有理可格"是。以"仁道"为总归，如二程以"仁"统礼、义、智，而明道《识仁说》《伊川语录》"答论仁"数条亦言之。涵养必先主敬。如伊川言"入道莫如敬"，言"敬是涵养",言"主一之谓敬"是。**进学必在致知**。如明道言"学以知为本",而伊川亦言"学先于致知"。即言"诚"、言"静",亦稍异于濂溪,如明道言"诚"必兼言"敬",伊川亦言"不可把虚静唤做敬"。而持躬严谨,尤近儒家。然以"天理"为绝对之词,明道言"'天理'二字,由己体贴出来",而《语录》"寂然不动"条、"尽心知性"条、"视听思虑"条,以及《伊川语录》"性即理"条、"心有善恶"条,皆以"天理"为绝对之词,此即道家"太空"之说。**致涵养之弊,流为观心**;如明道言"洗心藏密"、言"洒扫应对便是形上"、言"悟则句句皆是为理",伊川言"心是贯澈上下看"、言"只有所向便是欲"是也。盖二程植躬整齐严肃,故提撕收敛,至以静坐为工夫,其弊则流为观心。此闲邪窒欲太过之故也。**进学之馀,易为废学**。如明道言"恍然神悟,不是智力",以谢上蔡读书为"玩物丧志";伊川言"理会文义者,滞泥不通",言"作文害道",已启陆王学派之先。而乐天知命,如明道言"茂叔使之寻孔、颜乐事",以及伊川答鲜于侁之问皆是。知化穷神,如明道言"默而识之",伊川论"屈伸往来"是。尤与濂溪学术相合。盖南学渐杂北学矣。故程门弟子,立说多近于禅宗。如游酢、杨时、吕微仲、邢和叔入于禅,皆见《二程语录》。而程伊川至涪,归叹曰:"学者皆流入异端矣。"盖二程学术,虚实兼尚,故弟子多学其虚空一派,渐与禅学相融。

横渠崛起关中,由二程而私淑濂溪。故书中多称濂溪。然关中之民,敦厚崇礼,故横渠施教,亦以"礼乐"为归,如《正蒙》三十篇,《王禘篇》之言"礼",《乐器篇》之言"乐"是也。旁澈象纬、律历之术。如《参两篇》《天道篇》是。于名数、质力之学,咸契其微,《正蒙》一书,多几何之理,如言"两不灭,则一不可见"诸条是也,且知地球之说。与阴阳家相近。其学多出邹衍。此皆北学之菁英也。然立说之旨,不外"知性""知天",穷鬼神之术,见《天道篇》。明生死之源,见《天道篇》。《动物》出于《庄》《列》。上溯太极、太虚之始:见《天道篇》《神化篇》,其说亦出于《列子》中。此知天之学也。居敬穷理,见《大心篇》中。由诚入明,见《诚明篇》。以求至正大中之极:见《中正篇》。此知性之学也。极深研几,间符《大易》。惟存心至公,流为无欲;如张子言"无所为而为之,谓之人欲"。观化之极,自诩通微,如《参两篇》《天道篇》屡蹈此失。则又老、释之绪馀,程子、张子,皆从老、释入手。濂溪之遗教也。此亦南学北行之证。

　　康节之学，舍理言数，其学以阴阳五行为主，由阴阳五行而生世运之说，由世运之说而生王霸之分。然观物察理，咸能推显阐幽，如《观物外篇》曰："象起于形，教起于质，名起于言，意起于用。"其理最精。与汉儒京、翼之言相似，乃北学之别标一帜者也。其子伯温，始稍杂周、程之说。

　　及女真构祸，北学式微，而程门弟子，传道南归。其最著者，厥惟龟山、杨时。上蔡。谢良佐。上蔡之学，虽杂禅宗，如言"常惺惺"，复言"用心于内"。然殚见洽闻，为程门弟子之冠。故程子讥其"玩物丧志"。康侯从上蔡游，胡安国也。其子五峰传其学，胡宏。皆以博学著书著闻。如康侯注《春秋》，五峰作《知言》。南轩张氏，受业五峰，以"下学"立教，如南轩言"非下学之外，别有上达"，又言"致知、力行，皆是下学"。以"致知力行"为归。龟山夷犹淡旷，见蔡世远文。以"慎独、主静"为宗。如言"静中看喜怒哀乐未发时气象"。一传而为豫章，罗仲素。再传而为延平。李侗。其学以"默坐澄心"为本，守程子"体认天理"之传，以为心体洞然，即可反身自得。见《延平答问》。盖南轩近北学，而延平则为南学也。

　　考亭早年泛滥于佛、老之学，见朱子《答汪尚书书》《答孙近甫书》《答江元适书》，复有《读道书》《斋中读经》二诗。及从延平问道，讲明"性情之德，皆从发端处施功"，乃渐悟佛、老之非。见《朱子年谱》及《延平行状》，庚辰、壬午、癸卯、丁丑、戊寅、己卯《与延平书》，《与刘平南书》《答许顺之书》《答程钦国书》中。由中和旧说，一变而悟未发之真。皆以"涵养"为宗旨。虽为学稍趋平实，而默坐澄观，仍属蹈虚之学。见《太极说》《养观说》《易寂感说》《仁说》，《答许顺之书》《刘平甫书》诸篇是也。朱子之初，于延平之说，亦不甚信。及延平殁，乃深信其言，见陆陇其《与某君书》。朱子晚年，复以延平"澄心静坐"为不然，见《廖德明录》。及从南轩于湘南，丁亥、戊子两年。而治学之方，始易以"察识"为先，以"涵养"为后，见《戊子与程允夫书》《答曾裘夫书》《答何叔京书》《与石子重书》《乙酉答罗参议书》。由蹈虚之学，加以征实之功。迨及晚年，力守二程之说，以为涵养莫如敬，进学在致知，以南轩之说为不然，见《己丑答张钦夫书》《庚寅答张敬夫书》《己丑答林择之书》《答胡广仲书》《吴晦叔书》《己丑答程允夫书》。若夫《答游诚之书》及陈淳所录"择善固执"一节，皆力主程子此二语。故施教之方，必立志以定其本，知性以明其要，如《答陈超宗书》《林德久书》以及《与陈器之论太极是性书》是。**主敬以持其志**，如《敬斋箴》《答陈允夫书》论"可欲"之说，《答何叔京书》论"持敬"之说，《答潘昌叔书》《周舜弼书》论"敬"字，《答吕子约书》《余正叔书》论"日用工夫"，《答杨子德书》论"太极"，以及《语类》卷十一以读书体认天理为"敬"，卷十二言"主一为敬"，复言"主一不可泥"，复言"心无不敬"，卷四十四言"敬以直内"，卷九十一言"主一无适"，皆"主敬"之说也。**穷理以致其知**，如《论书之要》《沧洲精舍谕学者》《读唐志》《读大纪》《王氏续说》《福州经史阁记》，答王子合、张元德、孙敬甫诸书，以及《语类》卷十五论"穷理格物"数条，卷十八论"穷理务实"数条是也。而《大学补传》及《或问》一篇，言之尤详，皆"穷理"之说也。**力行以践其实**，如《王梅溪文集》《李丞相奏议后序》，以及《答曾景建书》《答韩尚书书》《陈睿仲书》，《语类》卷八论"正心诚意"、卷十一论"仁义礼智"、卷四十三论"恭敬忠"是也。**教人也周，用力也渐**。朱子教人，最恶躐等，以逐次渐进为宗，如《癸巳答王季和书》《答陈师德书》《丙午答刘季随书》《庚戌答周南仲书》《甲寅后答林退思书》《乙卯答曾景建书》《丙辰答孙敬甫书》《戊午答林正卿书》，以及陈淳所录《语录》是也。盖力主平易，不主高远虚空之说。于"涵养主静"之说，亦有微词。如《壬寅后答陈睿仲书》《戊申后答方宾王书》，皆疑涵养之说；《丙辰答张元德书》《己未答熊梦北书》，皆斥主静，故王白田言："朱子不言主静。"而讲学之馀，不废作述，如《四书集注》《诗》《易传》《纲目》《家礼》《小学》之类。于典章、如《禘祫议》《郊坛说》《明堂说》诸篇是。声律、如答吴士元、廖子晦书是。音韵如《答杨元范书》是。之学，咸能观其会通，博观约取，盖纯然北学之支派矣。己未以还，益崇下学，如教陈北溪"下学穷理"是。惟虞流入于虚灵。王阳明《朱子晚年定论》多误会。然涵养之说，未尽涤除，朱止泉《与王尔缉书》《与王子中书》以及《读朱子语类》，论之甚详。故收藏敛密，用心于内，如《答王子合书》论"心犹明镜"，《答刘季章书》论"简约明白"是。提撕省察，以察事物之本原；如言"浑然之中，万理毕具"，已近陆王"观心"之说矣。或反观内省，自诩贯通。如《大学补传》"而一旦豁然贯通"，已主"觉悟"之说。又如《答黄子耕书》言"脱离事物名字"，《答李叔文》言"放心不须注解"，《答吕子约》言"心在腔子里"、言"就本原理会"，皆近于佛学者也。虽由实入空，与陆、王异，朱子晚年盖以疲精神于书册，故渐生厌薄之心。故其诗曰："书册埋头无了日，不如抛却去寻春。"然"观心"之说，仍无异于延平。如言"精义入神"是。其说颇近于道家。故解析经文，犹杂禅宗之说。如注《论语》"曾子省身"章,引蔡氏"用心于内"之论;注《大学》首章,言"虚灵不昧,明善复初"之说;注《论语》"子在川上"章,言"形容道体";而注"子欲无言"章,亦颇杂佛书之说,故杨震、顾亭林、戴东原、钱竹汀诸儒,皆力斥之。盖朱子虽崇实学,然宅居南土,渐摩濡染,易与虚学相融,故立学流入玄虚,如言"洒然证悟"是。与佛、老之言相近,较周、程之学,大抵相符。皆虚、实参用之学也。

当此之时,与朱子并行者,厥惟金溪陆氏,即陆子静、陆子寿也。讲学鹅湖,与考亭之言迥异。如陆氏以先、后天非作《易》之旨,以"无极""主静"为老子之学,以程子"主静""知行合一"非孔、孟之言,朱子屡作书辨之。而子寿则始从程学入,后改从子静之说,而子静亦深斥朱学。重涵养而轻省察,象山曰:"涵养是主翁,省察是奴仆。"乐简易象山少年读"有子"章,即疑其言支离。而极高明,废讲学而崇践履,见朱子《答南轩书》,故朱学为"道问学",而陆学则为"尊德性"。以"诠心"为主,以"乐道"为宗,直捷径情,象山之学,恶支离而好直捷,厌烦碎而乐径省,故反约而遗博学。颖悟超卓,李光地曰:"陆子穷理,必深思力索,以造于昭然而不可昧,确然而不可移。"甚至以《六经》为注脚,以章句为俗学,稍及读书格物,则谓之"破碎支离"。见象山《与孙季和书》《胥必先书》《傅克明书》《致孙浚书》以及论曹立之、胡季随,皆是。虽束书不观,易流虚渺,陆子之尚虚,非真尚虚也。如言"实理苟明,自有实行、实事","吾生平学问非他,只是一实",则陆子非不崇实。然陆学擅长之处,亦有三端:一曰立志高超,如象山教人"以扩充四端为先",以"人人皆可为尧、舜",又言"先立乎大,则小者不能夺",又言"人不可沉埋卑陋凡下处",又言"即不识一字,亦须还我堂堂的做个人",其立志如此。二曰学求自得,如象山"言语之学问,只是在我",又言"自立自重,不可随人脚根,学人言语",又言"听人议论,必求其实乃已"。三曰不立成心。如言"此道与溺于意见之人言确难",又言"荆公变法不可非"。综斯三美,感发齐民,顽廉懦立,信乎百世之师矣!

盖考亭之学,近于曾子、子思,后儒以陆学近于曾子,恐非。律以佛学,则宗门中渐悟之派也;荆溪之学,近于曾晳、琴张,律以佛学,则宗门中顿悟之派也。非南学殊于北学之征与?

荆溪弟子有杨敬仲、袁和叔、沈叔晦、舒元质,讲学四明,东南人士,闻风兴起。若魏益之、黄仲山、徐子宜、陈叔向，见《叶水心文集》，不具引。咸以颖悟自矜，与荆溪之言默相印证，盖皆禅学之绪馀也。

当此之时，两浙之间，有金华学派，有永嘉学派，渊源悉出于程门。吕荣公从二程游，而子孙世传其学，以至于东莱。永嘉之学，出于周恭叔。恭叔为程门弟子，再传则为陈、叶。金华学派，以东莱为大师；永嘉学派，以止斋、水心为巨擘。然东莱之学，斥穷理而尚良知；如言"知之者，良知也。忽然识之，是为格物"，又言"闻见未澈，当以悟为则"，且斥伊川"物各付物"之说。水心之文，表禅宗而穷悟本，水心作《宗记序》，虽以"悟道即畔道"为非，又言"予病学者徒守一悟，而不知悟本"，故朱子以水心、荆川读佛书为非。推其意旨，近陆远朱。惟永嘉学派崇尚事功，侈言用世，复与永康学派相同。其故何哉？盖南方学者，咸负聪明、博辩之才，或宅心高远，思建奇勋。及世莫予知，则溺志清虚，以释其郁勃不平之气；如东坡由纵横入黄、老，以及近世汪、罗之徒，皆因壮志未酬，遁入佛学。或崇尚心宗，证观有得，以为物我齐观、死生齐等，故济民救世，矢志不渝。如明颜山农之游侠、金正希等之殉节是。此心性、事功之学所由咸起于南方也。

及南宋末叶，陆学渐衰，而为朱子之学者，或解遗经，如蔡沈、王栢是。或崇典制，如真西山。或尚躬行，如黄勉斋。各择性之所近，以一节自鸣。然斯时朱学尚未北行也。及姚枢、许衡得《朱氏遗书》，是为北人知朱学之始。见孙夏峰《元儒江汉先生太极书院记》。然尺步绳趋，偏执固滞，以自锢其心思，此则倡"主敬""涵养"者末流之失也。

由元迄明，数百年间，专主考亭一家之说。渑池、曹月川。河东，薛敬轩。椎轮伊始；泾野、吕仲木。三原，王右渠。风教渐广。大抵恪守考亭家法，躬行礼教，言规行矩，然自得之学，旷然未闻。此明代北学之嚆矢也。

及康斋受业河东，始有吴学；吴与弼。敬斋受业康斋，因有胡学，胡居仁。咸执守河东绪言，是为北学南行之始。白沙之学，亦出康斋，然以"虚"为本，以"静"为基，以"怀疑"为进德之门，见《与张廷实书》。又，《语录》云："疑者，进道之萌芽。"以"无欲"为养心之要，养端倪于静中，以陈编为糟粕，以"何思何虑"为极则，黄梨洲言："白沙之学，以未尝致力而应用不遗为实得。"以"勿忘勿助"为本然，不为外物所撄，以求合自然之则。盖远希曾点，近慕濂溪，与康斋之恪守北学者，迥然异矣。白沙弟子遍两粤，惟甘泉湛氏以"体认天理"为宗，谓"人心之用，贯澈万物而不遗"，亦惟心之说也。惟排斥"主静"，见《答余督学书》及《语录》。不废诵读之功，见《答仲鹍书》。较之白沙稍为近实。

阳明崛起浙东，用禅宗之说，而饰以儒书，以为"圣人之道，吾性自足，不假外求"，如言"物理不外于吾心"是。以知觉为"性"，以知觉之发动者为"心"，以心为湛然虚明之物，故周澈洞贯之馀，即可任情自发，感寂无两机，显微无二致，即心是理，即知是行，舍实验而尚怀疑，如不主钻研考索。存天理而排人欲，故以"捍格外物"为"格物"。然立义至单，弗克自圆其说。厥后东廓主"戒惧"，双江主"归寂"，念庵主"无欲"，咸祖述"良知"之学，而稍易其词。

然阳明既殁，吴、越、楚、蜀之间，讲坛林立。余姚学派，风靡东南；龙溪、心斋，流风尤远。从其学者，大抵摭拾语录，缘释入儒，以"率性"为宗，以"操持"为伪，以"变动不居"为至道，以"荡弃礼法"为自然，甚至土苴六籍，刍狗圣贤，以为"章句不足守，文字不足求，典训不足用，义理不足穷"，如何心隐、李卓吾、陶石篑是。与晋人旷达之风相似。然流俗昏迷，至理谁察？得讲学大师随机立教，直指本心，推离还源，如寐得觉，故奋发兴起，感及齐氓。如泰州学派中，农、工、商之兴起者甚众，咸自命为圣人云。此虽阳明讲学之功，然二王龙溪、心斋。化民成俗之勋，岂可殁与？此皆明代南方之学也。

当此之时，淮、汉以南，咸归心王学。惟整庵罗氏、作《困知记》，以主敬穷理为主，不尚顿悟，主循序之说。东莞陈氏，作《学蔀通辨》，排陆尊朱。排陆学，正所以排王学。守程、朱之矩矱，遏王学之横流。复有闽人蔡虚齐，亦排王说。然以寡敌众，与以卵投石相同，非北学不适于南方之证哉？

惟北方巨儒，谨守河东、三原之学，若后渠、崔铣，河南人，以程、朱为宗，力辨程学之非虚，作《士翼》及《松窗寤言》。柏斋、何瑭，河南人。力斥理出于心之说，作《儒学管见》《阴阳管见》及《语录》。心吾、吕坤，亦河南人，亦主张程、朱之说，作《呻吟语》诸书。咸砥砺廉隅，敬义夹持，不杂余姚之说。复有平阳曹子汴、河南吕维祺,亦主北学。王门弟子,仅玄庵、穆孔晖,山东人。季美尤时熙,河南人。数人,复有张后觉、孟秋宇,皆山东人;孟化鲤、杨东明,皆河南人。**然大抵尊闻行知,未能反躬自得。**黄氏《明儒学案》曰:"北方为王学者独少。玄庵既无问答,受业阳明,阳明言其无求益之心,其后趋向果异。即有贤者,亦不过迹象闻见之学,自得者鲜矣。"湛门弟子,仅少墟冯氏一人。冯从吾,字仲好,号少墟,陕西人,甘泉之再传弟子。然躬行实践,排斥虚无,如《疑思录》言"格物即是讲学,不可谈玄、谈空",而《论学书》亦言"重工夫、重省察"。易与北学相淆,非复甘泉之旨。**非南学不适于北方之证哉?**

　　明代末叶,南方学者若伯玉、金铉,武进人,多杂佛学。鱼山、熊开元,嘉鱼人。亦喜佛学,后为僧人。正希、金声,徽州人,作《诠心应事篇》。懋德、蔡维立,昆山人。震青,朱天麟,昆山人。咸皈依佛法,复以忠义垂名。黄陶庵诸人亦然。而高、顾诸儒,讲学东林,力矫王学末流之失,以王学近于禅,故以"无善无恶,心之体"为非。弘毅笃实,取法程、朱,然立说著书,虽缘饰闽、洛之言,实隐袭余姚之旨。如梁溪先生言"心无一事之谓敬",而《与管登之书》复曰:"以觉包理,而理乃在外。"而《静坐说》一篇,亦指吾心为性体。陆陇其言:"梁溪一派,看得性,仅明白,却不认得性中条目。"此语近之。又,忠宪解"格物",以"反求诸身"为主,又言"人心明即是天理",与王氏之旨,有何异乎? 蕺山之学,出自东林,以"诚意"为宗,以"慎独"为主,以"改过"为归,而"良知"之说,益臻平实,不杂玄虚。然"改过"之说,出于阳明之"格非";今读蕺山《人谱》,已与袁氏功过格无异,特人弗知耳。"慎独"之言,出于东廓之"戒惧";而"诚意"之旨,亦与念庵"无欲"相同。惟守身严肃,足矫明儒旷放之风,故从其学者,或主考亭,如张考夫、沈昀、应㧑谦是。或主阳明。如沈求、黄梨洲是。两派分歧,纷纭各执。

　　时北方学者,有孙夏峰、李二曲。夏峰讲学百泉,持朱、陆之平,不废阳明之说。故《理学宗传》于宋儒兼崇朱、陆,于明儒兼崇薛、王、罗、顾,而《岁寒集》有曰:"朱、陆不同,岂可相非?"又伸阳明"无善无恶"之旨,盖亦唯心学派也。从其学者,多躬行实践之士。然仲诚、孔伯,仍主陆、王。仲诚之学,多言存心,故唐氏《学案识小》列之心宗。孔伯《上夏峰书》,亦主二曲之学言,晚年则囿于习俗,改从程、朱。耿介亦主心宗。至颜、李巨儒,以实学为天下倡,而幽、豫之士,无复以空言相尚矣。二曲讲学关中,指心立教,不涉见闻,如《二曲语录》言:"读经取其正大,简易直截。"又言:"道理从闻见入者,足障灵源。"又言:"周、程、朱、薛,乃孔门曾卜学派;惟陆、陈、吴、王及龙溪、心斋、近溪、海门,乃邹孟学派。其为学也,不靠见闻,反己自认。"又作《消极说》,以静坐遏欲为宗;又有《答门人论学书》,亦盛称"知觉"。近于龙溪、心斋之学。然关中之地,有王尔缉、李天生,皆敦崇实学,王尔缉为二曲弟子,然崇紫阳之学,见《与张伯行论朱子之学书》。天生亦崇实学,观天生《与孙少宰书》可见。克己复礼,有横渠讲学之遗风。是南学由南输北,辄与北学相融。自是以还,昆石、云一,刘原渌及姜国霖。标帜齐东;彪西、阐章,范镐鼎及李阐章。授徒汾、晋,咸尊朱辟陆,以"居敬穷理"为宗。齐、晋之间,遂为北学盛行之地矣。

南方之儒,嫉王学之遗实学也,亦排斥余姚,若放淫词。然舍亭林、道威、晚村外,时吴中有王寅旭,越中有张考夫,湘中有王船山,赣中有谢秋水,皆排斥王学,以程、朱为指归者。若陆陇其、李光地、杨名时,咸缘饰朱学,炫宠弋荣,与宋、明讲学诸儒异趣。而东林子弟,如高愈、高世泰、顾培之属是也。讲学锡山,吴中学者多应之。如朱用纯、张夏、彭珑是也。大抵近宗高、顾,远法程、朱,然重涵养而轻致知,尊德性而道问学,近于龟山、延平之旨,观朱柏庐《答徐昭法书》以及张氏《小学瀹注》诸书可见。与北方学派不同。至此以还,淮南、徽、歙之间,咸私淑东林之学。淮南学者,以朱止泉为最著,然治心之说,与吴中同。朱止泉治朱学,纯取朱学之虚处。惟徽、歙处万山之间,异于东南之泽国,故闻东林之绪论者,咸敦崇礼教,如施璜、吴慎是。或致知格物,研精殚思,如双池、慎修是。二公皆治朱学者。与空谈心性者迥别。

当此之时,吴、越之民,虽崇桐乡张氏之学,从蕺山入程、朱者。然证人学会、姚江书院启于越东,讲学之旨,大抵宗蕺山而祧阳明。倡其说者,有钱、德洪。沈、国模,字求如。管、宗圣。史孝咸,字子虚。诸子。沈氏弟子有韩仁父、名孔当,学稍趋实。邵子唯、名曾可。劳麟书。名史,近于王心斋之化民。邵氏世传家学,至念鲁廷采。而集其大成,谓人心之伪,伏于孔、孟、程、朱。又言"束书一切不观",馀说甚多。以"觉悟"为宗,与海门、近溪之言相近。若向浚等,则为考夫之别派。又,吴中之地,前有钱氏,见钱竹汀所作《行状》。后有尺木。其学杂糅儒、佛，与大绅、汪缙。台山罗有高。相切磋，而大江以南，习陆、王之学者，以数十计。如唐甄、黄宗羲、全榭山主王学，李穆堂主陆学，其最著者也。复有程云庄等，亦信王学。岂非南方之地，民习浮夸，好腾口说，固与北人之身体力行者殊哉？

晚近以来，伪学日昌，南、北讲学之风尽辍，而名节亦日衰矣。

南北考证学不同论

　　近代之儒，所长者固不仅考证之学，然戴东原有云："有义理之学，有词章之学，有考证之学。"则训诂、典章之学，皆可以"考证"二字该之。袁子才分"著作"与"考据"为二，孙渊如作书辨之，谓著作必原于考据，则亦以"考据"该近代之学也。若目为"经学"，则近儒兼治子史者多矣，故不若"考证"二字之该括也。

　　宋、元以降，士学空疏。其寻究古义者，宋有王伯厚，明有杨慎修、焦弱侯。皆南人而非北人。伯厚博极群书，掇拾丛残，实为清学之鼻祖。《玉海》一书，特备应词科之用。《困学纪闻》稍精，然语无裁断，特足备博闻之助耳。慎修、弱侯，咸排斥宋儒。慎修通文字、地舆、谱牒之学，惟语多复杂，谊匪专门。弱侯观书多卓识，与郑渔仲相类。惟穿凿不足观。

　　殆及明季，黄宗羲崛起浙东，稍治实学。通历算、乐律之学，著书甚多。其弟子万斯大，推究《礼经》，作《学礼质疑》《仪礼商》及《礼记偶笺》。以辩论擅长，然武断无家法。时萧山毛氏，黜宋崇汉，于《五经》咸有撰述，作《仲氏易》《推易始末》《春秋占筮书》《易小帖》四书以说《易》，作《古文尚书冤词》以说《尚书》，作《毛诗写官记》《诗札》以说《毛诗》，作《春秋传》《春秋简书刊误》《春秋属词比事记》以说《春秋》，于《礼经》撰述尤多。牵合附会，务求词胜。德清胡渭作《禹贡锥指》《洪范正论》，精于象数、胡氏不信汉儒灾异，亦不信宋儒《先天》《后天图》。舆图之学，惟采掇未精。吴、越之民，闻风兴起。治《礼经》者，有蔡德晋、作《礼经》《礼传本义》及《通礼》。盛世佐、作《仪礼集编》。任启运；作《礼记章句》。治《毛诗》者，有朱鹤龄、作《毛诗通义》，博采汉、宋之说，博而不纯。陈启源；作《毛诗稽古篇》，亦无家法，惟详于名物典章。治《易》学者，有吴鼎、作《易例举要》《易象集说》。陈亦韩；多论《易》之文。治《春秋》者，有俞汝言、作《春秋平义》《四传纠正》二书。顾栋高，作《春秋大事表》，虽多善言，然体例未严，无家法可称。咸杂糅众说，不主一家，言淆雅俗，瑜不掩瑕，譬若乡曲陋儒，冥行索途，未足与于经生之目。此南学之一派也。若当涂徐文靖以及桐城说经之士，皆此派之支流。

又，东南人士，喜为沉博之文。明季之时，文人墨客，多以记诵擅长。或摘别群书，广张条目，以供獭祭之需。秀水朱彝尊尤以博学著闻，虽学综四部，然讨史研经，尚无途辙。浙人承其学者，自杭世骏、于《两汉书》《文选》，皆有撰择；亦稍治《三礼》，惟语无心得。厉鹗、作《辽史拾遗》《南宋杂事诗》，淹博而不通经术。全祖望，学术出于黄梨洲，编《宋元学案》，尤熟于明末史事，而《经史问答》亦精。咸熟于琐闻佚事，博学多闻，未能探赜索隐；惟祖望学有归宿，馀咸无伦次。口耳剽窃，多与说部相符，然皆以考古标其帜。及经学稍昌，江南学者，即本斯意以治经，由是有摭拾之学，复有校勘之学。摭拾之学，掇次已佚之书，依类排列，单词碎义，博采旁搜。出于王伯厚之辑《诗考》《郑氏易》。校勘之学，考订异文，改易殊体，评量于字句之间，以折衷古本。先是，武进臧琳当康熙时。作《经义杂记》，以为后儒注经，疏于校雠，多讹文脱字，致失圣人之本经。阎百诗《经义杂记序》。于旧文之殊于今本者，必珍如秘笈，以正俗字之讹；于古义之殊于俗训者，必曲为傅合，以证古训之精。虽陈义渊雅，然迂僻固滞，适用者稀。东吴惠氏，亦三世传经。周惕、士奇，虽宗汉诂，然间以空言周惕作《诗说》《易传》，士奇作《易说》《春秋说》，说多空衍，而采掇亦未纯。说经。惠栋作《周易述》，并作《左传补注》，执《注》说《经》，随文演释，富于引伸，寡于裁断，此指《周易述》言。而扶植微学，亦有补苴罅漏之功。此指《左传补注》言。栋于说经之暇，复补注《后汉书》，兼为《精华录》《感应篇》作《注》，所撰笔记尤多。博览众说，融会群言，所学与朱、杭相近；而《九经古义》，甄明佚诂，亦符臧氏之书。弟子余萧客辑《古经解钩沉》，网罗放失，掇次古谊，惟笃于信古，语鲜折衷，无一词之赞。

若钱大昕、王鸣盛之流，虽标汉学之帜，然杂治史乘。钱作《廿二史考异》，并拟补辑《元史》；王亦作《十七史商榷》，采掇旧闻，稽析异同，近于摭拾、校勘之学。惟大昕深于音韵、历算，学多心得，如论反切、七音，皆甚精卓。一洗雷同剿说之谈。钱大昕亦治摭拾之学，所辑古书甚多。惟塘、坫之学稍精绝。塘精天算，坫精地舆。侗、绎以下，无足观矣。鸣盛亦作《尚书后案》，排摘伪孔，扶翼马、郑，裁成损益，征引博烦。惟胶执古训，守一家之言，而不能自出其性灵。江声受业惠栋，作《尚书集注音疏》，其体例略同《后案》。王昶亦以经学鸣，略涉籓篱，未窥堂奥，惟金石之学稍深。作《金石萃编》，集金石学之大成，然亦摭拾、校勘之学。

若孙星衍、洪亮吉，咸以文士治经，学鲜根柢，惟记诵渊雅。星衍杂治诸子，精于校勘。曾刊刻《孙子》《吴子》《司马法》《六韬》《穆天子传》《抱朴子》诸书，又为毕沅校《墨子》《吕氏春秋》《山海经》，明于古训，解释多精。亮吉旁治地舆，勤于摭拾。曾补辑《三国疆域志》，晋、齐、梁《疆域志》。即所辑《汉魏音》，亦摭拾之学也。亮吉作《左传诂》，星衍作《尚书今古文注疏》，精校详释，皆有扶微捃佚之功。继起之儒，咸为群经作疏。《尔雅》疏于邵晋涵，《国语》疏于董增龄，龚丽正亦为《国语》作疏（疑误。龚丽正著有《国语注补》）。《毛诗》疏于陈奂，《左传古注》辑于李贻德，大抵汇集古义，鲜下己见；义尚墨守，例不破注；遇有舛互，曲为弥缝。惟取精用弘，咸出旧疏之上，殆所谓“述而不作，信而好古”者与？与摭拾、校勘之学，殊涂同归。摭拾之学，集古说成一书；而为义疏者，亦引群书证一说。校勘之学，校正文字之异同；为义疏者，亦分析众说之同义（“同义”，疑当作“同异”），特有拓充、不拓充之殊耳。而东南治校勘之学者，前有何焯、齐召南，皆文士也。后有卢文弨、顾千里。卢校诸子，顾校《毛诗》《仪礼》最精，所校群书，不下十馀种。钱泰吉，所校《汉书》最精。虽别白精审，然执古改今，义多短拙。观方氏《汉学商兑》所举数条可见。治摭拾之学者，以臧庸、辑《孝经考异》、《月令杂说》、《乐记注》、《子夏易传》、《诗考异》、《韩诗异说》、《尔雅古注》、《说文古音考》、卢植《礼记解诂》、蔡邕《明堂月令章句》、王肃《礼记注》、《圣证论》、《帝王世纪》、《尸子》诸书。洪颐煊孙星衍之书，多其手辑。馀所辑甚多。为最著，虽抱残守缺，然细大不捐，未能探悉其本义；或疲精殚思，以应富贵有力者之求，而资以糊口。如顾、臧、洪皆是也。斯时吴中学者，有沈彤、褚寅亮、钮树玉，所著之书，咸短促不能具大体。越中学者，有丁杰、孙志祖、梁履绳，以一得自矜，支离破碎，然咸有存古之功。若袁枚、越翼之流，不习经典，惟寻章摘句，自诩淹通，远出孙、洪之下。此南学之又一派也。

及惠、洪、顾、赵，友教扬州，而南学渐输于江北。如江藩为余氏弟子，汪中与孙、洪友善，而贾稻孙、李惇之流，咸与汪氏学派相近。时皖南学者，亦以经学鸣于时。皖南多山，失交通之益，与江南殊，故所学亦与江南迥异。先是，宣城梅文鼎精推步之学，著书百馀万言，足裨治历明时之用。婺源汪绂，兼治汉学、宋学，又作《物诠》一书，善于即物穷理，故士学益趋于实用。江永崛起穷陬，深思独造，于声律、音韵、历数、典礼之学，咸观其会通，长于比勘。弟子十馀人，以休宁戴震为最著。

戴氏之学，先立科条，以"慎思明辨"为归。凡治一学、立一说，必参互考验，曲证旁通，以"辨物正名"为基，以"同条共贯"为纬。论历算，则淹贯中西；初治西法，后复考究《古算经》，通《九章》之学，所著以《勾股割圜记》为最精。论音韵，则精穷声纽；作《转语》二十章，近于字母之学，而解字亦以声为本。论地舆，则考订山川，戴氏考地舆，皆以山川定城邑，见《水地记》。咸为前人所未发。而研求古籍，复能提要钩玄，心知其意。凡古学之湮没者，必发挥光大，使绝学复明；如校《古算经》之类是也。凡古义之钩棘者，必反复研寻，使疑文冰释；如《春秋即位改元考》诸篇是。凡俗学之误民者，必排击防闲，使厄言日绝。如《孟子字义疏证》是。且辨彰名物，以类相求，则近于归纳；如《学礼篇》考古代礼制，各自为篇是也。会通古说，匡违补缺，如《尔雅》《说文》诸书，皆不墨守。则异于拘墟；辨名析词，以参为验，则殊于棱模；实事求是，以适用为归，观《与是仲明书》可见。又作《璇玑玉衡图》《地舆图》，皆合于准望。则异于迂阔。而说经之书，简直明显，尤近汉儒。

戴氏既殁，皖南学者各得其性之所近。治数学者有汪莱，作《衡斋算学》。治韵学者有洪榜，作《示儿切语》。厥后，江有诰尤深韵学。治《三礼》者有金榜、作《礼笺》。胡匡衷，作《仪礼释官》。以凌廷堪、作《礼经释例》。胡培翚作《仪礼正义》。为最深。歙人程瑶田，亦深于《三礼》之学，作《宗法小记》诸书。作《考工创物小记》《磬折古义》，以证工学必原数学；复作《水地小记》，多祖述上海徐氏之书，明于测量之法。而释谷、作《九谷考》。释虫，尤足裨博物之用，可谓通儒之学矣。

戴氏弟子，舍金坛段氏外，段氏治《说文》，精锐明畅；于古本多所改易，则仍戴氏校定《毛诗》《春秋经》之例也。《六书音韵表》，亦由心得。以扬州为最盛。高邮王氏传其形声训故之学，兴化任氏传其典章制度之学。王氏作《广雅疏证》，其子引之申其义，作《经传释辞》《经义述闻》，发明词气之学，于古书文义诎诘者，各从条例，明析辨章，无所凝滞；于汉、魏故训，多所审更。任氏长于《三礼》，知全经浩博难罄，因依类稽求，博征其材，约守其例，以释名物之纠纷。所著《深衣释例》《释缯》诸篇，皆博综群书，衷以己意，咸与戴氏学派相符。仪征阮氏，友于王氏、任氏，复从凌氏、廷堪。程氏瑶田。问故，得其师说。阮氏之学，主于表微。偶得一义，初若创获，然持之有故，言之成理，贯纂群言，昭若发蒙，异于饾饤猥琐之学。甘泉焦氏与阮氏切磋，其论学之旨，谓不可以注为经，不可以疏为注，于近儒执一之弊，排斥尤严。观《理堂家训》，以摭拾之学为"拾骨学"，以校勘之学为"本子学"，排斥甚力。又以执一之学，足以塞性灵，《文集》中斥之屡矣。所著《周易通释》，掇刺卦爻之文，以字类相属，通以六书、九数之义；复作《易图略》《易诂》，惟《易章句》体例仿虞《注》，无甚精义。发明大义，条理深密，虽立说间邻穿凿，然时出新说，秩然可观，亦戴学之嫡派也。焦氏《论语通释》，出于戴氏《孟子字义疏证》。自阮氏以学古跻显位，风声所树，专门并兴。扬州以经学鸣者，凡七八家，是为江氏之再传。

黄承吉研治小学，以声为纲，其精微之说，与高邮王氏相符。凌曙治董子《春秋》、郑氏《礼》，以礼为标，缕析条分，亦与任氏之书相近。时宝应刘台拱治学，亦洁静精微。先曾祖孟瞻先生，受经凌氏，与宝应刘宝楠切劘至深，淮东有"二刘"之目，治《左氏春秋》；而宝应刘氏，亦作《论语正义》。并世治经者，又五六家，是为江氏之三传。

盖乾、嘉、道、咸之朝，扬州经学之盛，自苏、常外，东南郡邑，莫之与京焉，遂集北学之大成。江、淮以北，当康、雍之交，有山阳阎若璩，阎氏虽籍太原，实寄居山阳。灼见古文《尚书》之伪，开惠、江、王、孙之先。别有济阳张尔岐，作《仪礼郑注句读》，依经为训，章别句从。邹平马骕作《左传事纬》《绎史》，博引古籍，惟考订多疏。

自是厥后，治算学者，有淄川薛凤祚，其精密略逊梅氏；治小学、金石学者，有山阳吴玉搢、作《金石存》《说文引经考》及《别雅》。莱阳赵曾、深于金石。偃师武亿,作有《经读考异》《义证》《偃师金石记》。咸有发疑正读之功。曲阜孔氏,得戴氏之传,治《公羊春秋》,严于择别,于何氏《解诂》,时有微词,与株守之学不同。时山东学者,有周永年、孔继涵、李文藻,不若巽轩之精。而曲阜桂氏、栖霞郝氏,咸守仪征阮氏之传,探究《尔雅》郝氏作《尔雅正义》。《说文》,桂氏作《说文义疏》。解释物类,咸以得之目验者为凭。桂氏治《说文》,往往引现今物类以解之,于山东、云南之草木鸟兽,征引尤多,可谓博物之学矣。郝氏《尔雅》亦引今证古,得之目验,与剿袭陈言旧说者不同也。桂氏诠释许书,虽稍凝滞,而郝氏潜心《雅》学,注有回穴,辄为理董,与孔氏治《公羊春秋》相同。郝氏又治《山海经》。又,大名崔述,长于考辨,订正古史,辨析精微,善于怀疑,而言皆有物,咸与江北学派相似。而齐、鲁、幽、豫之间,遂为北学盛行之地矣。

要而论之,吴中学派,传播越中,于纬书咸加崇信;惠栋治《易》,杂引纬书,且信纳甲、爻辰之说,其证一也。张惠言治《虞氏易》,亦信纬学,其证二也。王昶《孔庙礼器碑跋》谓纬书足以证经,其证三也。孙星衍作《岁阴岁阳考》诸篇,杂引纬书,其证四也。王鸣盛引纬书以申郑学,其证五也。嘉兴沈涛以五纬配《五经》,且多引纬书证经,其证六也。馀证甚多。而北方学者,鲜信纬书。惟旌德姚配中作《周易姚氏学》,颇信谶纬,馀未有信纬书者。江北学者亦然。徽州学派,传播扬州,于《礼》学咸有专书;如江永作《礼书纲目》《周礼疑义举要》《礼记训义择言》《释宫补》,戴震作《考工记图》,而金、胡、程、凌,于《礼经》咸有著述,此徽州学者通《三礼》之证也。任大椿作《释缯》《弁服释例》,阮元作《车制考》,朱彬作《礼记训纂》,此江北学者通《三礼》之证也。而孔广森亦作《大戴礼补注》。而南方学者,鲜精《礼》学。如惠栋《明堂大道录》《禘说》,皆信纬书;惠士奇《礼说》,亦多空论。若沈彤《仪礼小疏》、褚寅亮《仪礼管见》、齐召南《周官禄田考》、王鸣盛《周礼军赋说》,咸择言短促。秦蕙田《五礼通考》,亦多江、戴之绪言。惟张惠言《仪礼图》颇精,然张氏之学,亦受金榜之传,仍徽州学派也。北人重经术而略文辞,徽州学派无一工文之人,江北学者亦然,与江南殊。南人饰文词以辅经术。如孙、洪皆文士,钱、王亦文人,卢、顾亦精于文辞,此其证也。此则南北学派之不同者也。昔《隋书·儒林传》之论南北学也,谓:"南人简约,得其菁英;北人深芜,穷其支叶。"今观于近儒之学派,则吴、越之儒,功在考古,精于校雠,以博闻为主，乃深芜而穷其支叶者也；徽、扬之儒，功在知新，精于考核，以穷理为归，乃简约而得其菁英者也。南北学派，与昔迥殊，此固彰彰可考者矣。

自是以后，江北、皖南，虽多缀学方闻之彦，皖南学者，如俞正燮之淹博，贯穿群言；包世荣之精纯，挚治《诗》《礼》，皆颇可观。江北学者，如汪喜荀之学，近于焦、阮；薛传均深明小学，沈龄作《方言疏》（"方言疏"，疑当作"续方言疏证"。是书二卷，有光绪十二年德化李氏《木樨轩丛书》本），陈逢衡治《佚周书》《竹书纪年》《山海经》，梅毓治《穀梁》，薛寿治《说文》《文选》，亦足与前儒竞长。若夫丹徒汪芷治郑氏《诗》，丹徒柳兴宗治范氏《穀梁》，句容陈立治何氏《公羊》，山阳丁晏通治群经，海州许桂林通历算，为甘泉罗士林之师，然皆得江北经儒之传授者也。然精华既竭，泄发无馀，鲜深识玄解，未能竞胜前儒。江、淮以北，治小学者有安丘王筠、著《说文释例》《说文句读》。河间苗夔、精声韵学。日照许瀚、商城杨铎；治小学、金石学。治地学者，有大兴徐松、作《汉书西域传补注》诸书。平定张穆，作《蒙古游牧记》诸书。咸沉潜笃实，所著之书，亦大抵条举贯系，剖析毫芒。惟朴僿塞尤，质略无文。江南学者，仍守摭拾、校勘之学，揭《说文》以为标，攘袂掉臂，以为说经之正宗。如湖州姚文田、严章甫、严徐卿、姚谌、程庆馀，上虞朱芹，仁和邵友莲，咸治小学。若赵一清之流，亦精校勘之学。惟张履治《三礼》，汪曰祯治历法，而朱骏声治《说文》，皆有心得，稍有可观。然违于别择，昧厥源流，务于物名，详于器械，考于诂训，摘其章句，不能统其大义之所极。用《中论》语。虽依傍门户，有搜亡补佚之功，然辗转稗贩，语无归宿，甚至轻易古书，因讹袭谬，而颠倒减省，离析合并，一凭臆断。且累言数百，易蹈辞费之讥；碎细卑狭，文采黯然。承学之士，渐事鄙夷，由是有常州今文之学。

先是，常州之地，有孙、洪。黄、仲则。赵味辛。诸子，工于诗词、骈俪之文，而李兆洛、张琦复侈言经世之术；又虑择术之不高也，乃杂治西汉今文学，以与惠、戴竞长。

武进庄存与，喜治《公羊春秋》，作《春秋正辞》；于六艺咸有撰述，有《易说》《八卦观象解》《系辞传论》《尚书既见》《毛诗说》《周官记》《周官说》《乐说》，以《周官记》为最精深。大抵依经立谊，旁推交通，间引史事说经，一洗章句、训诂之习，深美闳约，雅近《淮南》，则工于立言；重言申明，引古匡今，如《春秋正辞》"楚杀郤宛"一条是。则近于致用，故常州学者咸便之。然存与杂治古文，如治《毛诗》《周官经》是。不执守今文之说。如"卫辄"一条，则斥《公羊》。其兄子庄述祖，亦遍治群经，作有《尚书古今文考证》《毛诗口义》《诗记长编》《乐记广义》《左传补注》《五经疑义》《论语别记》。发明夏时《归藏》之义，作《夏小正经传考释》，以发明改元郊禘之义。以为《说文》始一终亥，即古《归藏》，为六书条例所从出；复杂引古籀遗文，分别部居，作《古文甲乙编》《说文古籀疏证》。以蔓衍炫俗。故常州学者说经必宗西汉，解字必宗籀文，摧拉旧说，以微言大义相矜。

庄氏之甥，有武进刘逢禄、长州宋翔凤，咸传庄氏之学。刘氏作《公羊何氏释例》，并作《解诂笺》及《答难》。鳃理完密。又推原《左氏》《穀梁》之得失，难郑申何；复作《论语述何》《夏时经传笺》《中庸崇礼论》《仪礼决狱》，皆比传《公羊》之义，由董生《春秋》以窥《六经》家法。又谓虞《易》罕通大义，作有《虞氏变动表》《六爻发挥旁通表》《卦象阴阳大义》《虞氏易言补》，皆申明虞《注》，则以虞《注》为全书也。《毛诗》颇略微言；初尚毛学，后改治三家《诗》。马、郑注《书》，颇多讹谬；作《尚书今古文集解》，颇匡马、郑。《左传》别行，不传《春秋》。作《左氏春秋考证》。别作《纬略》一书，稍邻恢诡。宋氏之学，与何氏略同，作《拟汉博士答刘歆书》，又作《汉学今文古文考》，谓《毛诗》《周官》《左氏传》咸非西汉博士所传，而杜、贾、马、郑、许、服诸儒皆治古文，与博士师承迥别，而今文、古文之派别，至此大明。又以《公羊》义说群经，如《论语发微》之类是。以古籀证群籍，以为微言之存，非一事可该；大义所著，非一端足竟。会通众家，自辟蹊径。且崇信谶纬，兼治子书，发为绵渺之文，以虚声相煽，东南文士多便之。

别有邵阳魏源、仁和龚自珍，皆私淑庄氏之学，从刘逢禄问故。源作《两汉经师今古文家法考》，其大旨与宋氏同，谓西汉之学胜于东汉，东汉学兴，而西汉博士之家法亡矣。谓西汉微言大义之学，隳于东京。且排斥许、郑，并作《董子春秋发微》，复有《诗古微》。说《书》，宗《史记》《大传》，上溯西汉今文家言，以马、郑之学，出于杜林《漆书》，并疑《漆书》

为伪作,虽排击马、郑,亦时有善言。说《诗》,恪宗《三家》,特斥《毛诗》,然择术至淆,以穿穴擅长,凌杂无序,易蹈截趾适履之讥。如《书古微》,以言《禹贡》数篇为最精。至于信黄石斋之《洪范》,改易经文,于《梓材》增入"伯禽",增妄说也。《诗古微》不知《韩》《齐》《鲁》师说各自不同,并举齐观,此其大失。邹汉勋与源同里,治经亦时出新义。惟不恪信《公羊》。《韵论》《历考》最精,馀亦朴实敦确,惜多缺佚。湘潭王闿运亦治《公羊春秋》,复以《公羊》义说《五经》,长于《诗》《书》,绌于《易》《礼》。其弟子以资州廖平为最著,亦著书数十种,其学输入岭南,而今文学派大昌。此一派也。

　　自珍亦治《公羊》,笃信"张三世"之例,作《五经大义终始论》,杂引《洪范》《礼运》《周诗》,咸通以"三世"之义。又作《五经大义终始答问》,以主"张三世"之义。说《诗》颇信魏说,非毛、非郑,并斥《序》文。又有陈乔枞,作《三家诗遗说考》《齐诗翼氏学疏证》。又喜治《尚书》,作《太誓答问》,以今文《太誓》为伪书,虽解说乖违,然博辩不穷,济以才藻,殊足名家;而《左传》《周官》,亦以己意抉真伪。其子龚橙,复重订《诗经》,排黜《书序》,并改订各字书,尤点窜无伦绪。仁和邵懿辰,初治桐城古文,继作《礼经通论》,以《礼经》十七篇为完书,以《佚礼》为伪作;又作《尚书大意》("尚书大意",疑为"尚书通义",有光绪二十三年《刻鹄斋丛书》残本),以马、郑所传《逸书》为伪撰,转信伪古文为真书,可谓颠倒是非者矣。惟德清戴望,受业宋氏之门,祖述刘、宋二家之意,以《公羊》证《论语》,作《论语注》二十卷,欲以《论语》统群经,精诣深造,与不纯师法者不同。此别一派也。别有仁和曹籀、谭献等,皆笃信龚氏学。

　　当此之时,江北学者亦见异思迁。泾县包慎言,慎言生居扬州。作《公羊历谱》,又以《中庸》为《春秋》纲领,欲以《公羊义疏》证《中庸》,未有成书。宝应刘恭冕,初治《论语》,宝楠作《义疏》未成,恭冕续成之。继作《何休注训论语述》,掇剌《解诂》引《论语》者,以解释《公羊》;复作《春秋说》一书,亦颇信三科之义。丹徒庄忠棫,棫亦生长扬州。作《大圜通义》,组合《周易》《公羊》之义,汇为一编,体例略师《繁露》,自矜通悟,然诞妄愚诬,于说经之书为最劣,拾常州学派之唾馀,以趋时俗之好尚。此南方学派输入江北者也。

　　而江北之学,亦有输入南方者:一曰闽中学派,一曰浙中学派。闽中士学疏陋。自陈寿祺得阮氏之传,殚深《三礼》,疏证《五经异义》,条邑朴纯。里人陈金城、陈庆镛、王捷南传其学。后起之士,有林鉴堂、作《孔子世家补订》《孟子列传纂》诸书,刻有《竹柏山房丛书》。刘端。端于《礼》学为尤精,是为闽中之正传。浙中自阮氏提倡后,有临海金鹗,作《求古录礼说》,其精审亚于江、戴。定海黄式三遍治群经,作《论语后案》。其子以周亦作《经训比义》,虽时杂宋儒之说,然解释义理,多与戴、阮相符。与陈澧稍别。以周又作《礼书通故》,集《三礼》之大成。瑞安孙诒让深于训诂、典章之学,作《周官正义》,亦集《周官》学之大成。别有德清俞樾,以小学为纲,疏理群籍,恪宗高邮二王之学,援顺经文之词气,曲为理绎,喜更易传、注,间以臆见改本经,精者略与王氏符。虽说多凿空,然言必有验,迥异浮谈。即钱唐诸可宝、黄岩王棻解经,亦宗古训,不惑于今文流言。是为浙学之别派。此皆江北学派输入南方者也。

　　然岭南、黔中,仍沿摭拾、校勘之学。岭南之士,列阮氏门籍者,虽有侯康、曾钊、林伯桐,然以番禺陈澧为最著。澧学钩通汉、宋,以为汉儒不废义理,宋儒兼精考证。惟掇引类似之言,曲加附合,究其意旨,仍与摭拾之学相同,然抉择至精,便于学童。若桂林龙翰臣、以韵学为最精。朱琦,南海朱次琦,咸学兼汉宋,与澧差同。而陈澧、朱次琦各以其学授乡里,弟子咸数十人,至今未绝。此岭南学派之大略也。黔中之学,始于遵义郑珍,校定《汗简》诸书,复作《说文新附考》《说文逸字》,长于校勘,亦兼治《仪礼》。其子小尹,亦长小学。独山莫犹人,精六书、形声之学。其子友芝,善鉴别宋本古籍,作《唐说文木部笺异》,以考二徐未改之书,章疏句栉,有补掇之功。遵义黎庶昌,近承郑氏、莫氏之学,曾乘轺日本,搜讨秘籍,刻《古佚丛书》,使亡书复显。贵阳陈矩,亦于日本得古书多种,刊以行世。此黔中学派之大略也。

　　要而论之,南方学派析为三:炫博骋词者为一派,如万斯大、毛奇龄之类是。摭拾校勘者为一派,昌微言大义者为一派。北方学派析为二:辨物正名者为一派,格物穷理 "格物"者,格物类也;"穷理"者,穷实理也,与宋、明虚言"格物穷理"者不同。者为一派。惟徽州之儒,于正名辨物外,兼能格物穷理。

若江北及北方之儒，则大抵仅能正名辨物而已，然咸精当。虽学术交通，北学或由北而输南，南学亦由南而输北，然学派起源，夫固彰彰可证者也。黄、惠、江、庄，谓非儒术之导师欤？且南北学派虽殊，然研覃古训，咸为有功于群经。惟阴阳、灾异之学，最为无稽。摭拾、校勘之学，虽无伤于大道，然亦废时玩日之一端也。此近儒考据之精，所由非汉、魏以下所能及也。惟有私学，无官学；有家学，无国学。岂不盛哉？

南北文学不同论

　　夫声律之始,本乎声音。发喉引声,和言中宫,危言中商,疾言中角,微言中徵、羽。商、角响高,宫、羽声下。高下既区,清浊旋别。善乎!《吕览》之溯声音也。谓涂山歌于候人,始为南音;有娀谣乎飞燕,始为北声。则南声之始,起于淮、汉之间;北声之始,起于河、渭之间。故神州语言,虽随境而区,而考厥指归,则析分南、北为二种。大抵北方语言,河西为一种,则陕、甘是也;河北为一种,则山西、直隶以及山东、河南之北境是也;河南为一种,则山东、河南及江苏、安徽北境是也。界乎南北之间者,则淮南为一种,则江苏、安徽之中部及湖北东境是也;汉南为一种,则湖北中部、西部及四川东部是也。南方语言则分五种:金陵以东为一种,则江苏南境、浙江东北境是也;金陵以西为一种,则安徽南部及江西北部是也;湘、赣之间为一种,则湖南全省及江西南境是也。推之,闽、广,各为一种;广西、云贵为一种。然论其大旨,则南音、北音二种,其大纲也。陆法言有言:"吴、楚之音,时伤清浅;燕、赵之音,多伤重浊。"此则言分南、北之确证也。大抵时愈古,则音愈浊;时愈后,则音愈清。地愈北,则音愈重;地愈南,则音亦愈轻。

　　声能成章者谓之言,言之成章者谓之文。古代音分南、北,如《说苑·修文篇》言舜以南风,纣以北鄙之音,互相不同。又,《家语》言子路鼓瑟,有北鄙杀伐之声;而《左传》又言:楚锺仪鼓琴,操南音,亦古代音分南、北之证。河、济之间,古称中夏,故北音谓之"夏声",《左传·襄二十九年》。又谓之"雅言";《论语》言"子所雅言","雅"即"夏"也。江、汉之间,古称荆楚,故南音谓之"楚声",或斥为"南蛮鴂舌"。《孟子》。《荀子》有言:"君子居楚而楚,居夏而夏。"夏为北音,楚为南音。音分南、北,此为明征。余杭章氏谓

"夏音"即"楚音",不知"夏音"乃华夏之音。汉族由西方入中国,以黄河附近为根据,故称北方曰"华夏";而南方之地,则古为荒服,安得被以"华夏"之称? 不得以楚有夏水,而"夏""楚"音近,遂以"夏音"即"楚音"也。章说非是。

声音既殊,故南方之文亦与北方迥别。大抵北方之地,土厚水深,民生其间,多尚实际;南方之地,水势浩洋,民生其际,多尚虚无。民崇实际,故所著之文,不外记事、析理二端;民尚虚无,故所作之文,或为言志、抒情之体。中国古籍,以六艺为最先,而《尚书》《春秋》记动、记言,谨严简直;《礼》《乐》二经,例严辞约,平易不诬。记事之文,此其嚆矢。《大易》一书,索远钩深,精义曲隐。析理之作,此其权舆。若夫兵、农标目,医、历垂书,炎、黄以降,著述浩繁,如兵家始于黄帝、鬼容区,农家始于神农,医家始于神农、黄帝及岐伯诸人,历学亦始于容成,皆见于《汉·志》,实为上古之书。然绳以著书之律,则记事、析理,实兼二长。此皆古代北方之文也。因古帝皆都北方,而南方则为苗族之地。

惟《诗》篇三百,则区判北、南。《雅》《颂》之诗,起于岐、丰;而《国风》十五,太师所采,亦得之河、济之间。故讽咏遗篇,大抵治世之诗,从容揄扬;如《周颂》及《大雅》《小雅》前半,及《鲁颂》《商颂》是。衰世之诗,悲哀刚劲。如《小雅》中《出车》《采芑》《六月》以及《秦风篇》,皆刚劲之诗也;而《小雅》《大雅》之后半,则为悲哀之诗。记事之什,雅近《典》《谟》。如《七月篇》历叙风土人情,而《笃公刘》诸篇,皆不愧诗史。北方之文,莫之或先矣。惟周、召之地,在南阳、南郡之间,此《韩诗》说。予案,《周南》言汉广、言汝坟,则周南之地,当在南阳、南郡之东。《召南》言江沱,则召南之地,当在南阳南部之西。盖文王兼牧荆、梁二州,故《国风》始于《周》《召》。故《二南》之诗,感物兴怀,引辞表旨,譬物连类;比、兴二体,厥制益繁;构造虚词,不标实迹,与《二雅》迥殊。至于哀窈窕而思贤才,咏汉广而思游女,屈、宋之作,于此起源。《鼓钟篇》曰:"以雅以南。"非《诗》分南、北之证与? 毛《传》云:"言为雅,为南也。舞四夷之乐,大德广所及。"又言:"南夷之乐曰任。"盖以"雅"为中国之乐,以"南"为四夷之乐也。不知北方之《诗》谓之"雅",雅者,北方之音也;南方之《诗》谓之"南",南者,南方之音也。此音分南、北之证,非以南夷之乐该四夷之乐也。

春秋以降,诸子并兴。然荀卿、吕不韦之书,最为平实,刚志决理,辁断以为纪，其原出于古《礼经》，孔、孟之言，亦最平易近人。则秦、赵之文也。故河北、关西，无复纵横之士。韩、魏、陈、宋，地界南北之间，故苏、张之横放，苏秦为东周人，张仪为魏人。韩非之宕跌，非为韩人。起于其间。惟荆、楚之地，僻处南方，故《老子》之书，其说杳冥而深远。老子为楚国苦县人。及庄、列之徒承之，庄为宋人，列为郑人，皆地近荆、楚者也。其旨远，其义隐。其为文也，纵而后反，寓实于虚，肆以荒唐谲怪之词，渊乎其有思，茫乎其不可测矣。屈平之文，音涉哀思，矢耿介，慕灵修，芳草、美人，托词喻物，志洁行芳，符于《二南》之比、兴。观《离骚经》《九章》诸篇，皆以虚词喻实义，与《二雅》殊。而叙事、纪游，遗尘超物，荒唐谲怪，复与庄、列相同。故《史记》之论《楚词》也，谓："蝉蜕秽浊之中，浮游尘埃之外，皭然涅而不污。推此志也，虽与日月争光可也。" 南方之文，此其选矣。又，纵横之文，亦起于南。如陈轸、黄歇之流是也。故士生其间，喜腾口说，甚至操两可之说，设无穷之词，以诡辩相高。故南方墨者，以坚白异同之论相訾。见《庄子》。虽其学失传，然浅察以衒词，纤巧以弄思，习为背实击虚之法，与庄、列、屈、宋之荒唐谲怪者，殆亦殊途而同归乎？观班固之志《艺文》也，分析诗赋，《屈原赋》以下二十家为一种，《陆贾赋》以下二十一家为一种，《荀卿赋》以下二十五家为一种。盖屈原、陆贾，籍隶荆南，贾亦楚人。所作之赋，一主抒情，一主骋辞，皆为南人之作；荀卿生长赵土，所作之赋，偏于析理，则为北方之文。兰台史册，固可按也。

　　西汉之时，文人辈出。贾谊之文，刚健笃实，出于《韩非》；晁错之文，辨析疏通，出于《吕览》；而董仲舒、刘向之文，咸平敞通洞，章约句制，出于荀卿。盖西汉北方之文，实分三体。或镕式经诰，褒德显容，其源出于《雅》《颂》，颂赞之体本之；或探事献说，重言申明，其源出于《尚书》，书疏之体本之；或文朴语饰，不断而节，其源出于《礼经》，古赋之体本之。如孔臧、司马迁、韩安国之赋是。又，《淮南》之旨，虽近庄、列，然衡其文体，仍在荀、吕之间，亦非南方之文也。惟小山《招隐士篇》，出于屈、宋。若夫史迁之作，排纂雄奇，书为记事，文则骋词；而枚乘、司马相如，咸以词赋垂名，然恢廓声势，开拓叐突，殆纵横之流欤？如枚乘《七发》，相如《子虚赋》《上林赋》是也。至于写物附意，触兴致情，如相如《长门赋》

《思大人》,枚乘《菟园赋》是也。则导源《楚骚》,语多虚设。子云继作,亦兼二长。如《羽猎赋》《河东赋》,出于纵横家者也;若《反离骚》诸作,则出于《楚骚》者也。例以文体,远北近南。

东京文士,彪炳史编,然章奏、书牍之文,咸通畅明达,虽属词枝繁,然铨贯有序。论辨之文亦然。如班彪《王命论》、朱穆《崇厚论》是。若词赋一体,则孟坚之作,虽近杨、马,然征材聚事,取精用弘,《吕览》类辑之义也,蔡邕之作似之。平子之作,杰格拮据,俶傥可观,荀卿《成相》之遗也,王延寿之作似之。即有自成一家言者,亦辞直义畅,雅懿深醇。如荀悦《申鉴》、王符《潜夫论》是。盖东汉文人,咸生北土。且当此之时,士崇儒术。纵横之学,屏绝不观;《骚经》之文,治者亦鲜。故所作之文,偏于记事、析理;如《幽通》《思玄》各赋,以及《申鉴》《潜夫论》之文,皆析理之文也。若夫《两都》《鲁灵光》各赋,则记事之文。而骋辞、抒情之作,嗣响无人。惟王逸之文,取法《骚经》。王为南郡人。而应劭、王充,南方之彦,劭为汝南人,充为会稽人。故《风俗通》《论衡》二书,近于诡辩,殆南方墨者之支派与? 于两汉之文,别为一体。盖三代之时,“文”与“语”分,排偶为“文”,直言为“语”。东汉北方之文,词多骈俪,句严语重,乃古代之“文”也;南方之文,多属单行,语词浅显,乃古代之“语”也。

建安之初,诗尚五言。七子之作,虽多酬酢之章,然慷慨任气,磊落使才,造怀指事,不求纤密;隐义蓄含,馀味曲包,而悲哀刚劲,洵乎北土之音。气度渊雅逊东汉,而魄力则过之。孔融、曹操之诗,尤为悲壮。魏、晋之际,文体变迁,而北方之士,侈效南文。曹植词赋,涂泽律切,忧远思深,其旨开于宋玉。及其弊也,则采摘艳辞,纤冶伤雅。嵇、阮诗歌,飘忽峻佚,言无端涯,其旨开于庄周。及其弊也,则宅心虚阔,失所旨归。左思诗赋,广博沉雄,慨慷卓越,其旨开于苏、张。及其弊也,则浮嚣粗犷,昧厥修辞。北方文体,至此始漓。

又,建安以还,文崇偶体。西晋以降,由简趋繁。凡晋人奏议之文、论述之文,皆日趋于偶、日趋于繁,与东汉殊。然晋初之文,羹元尚存,雕几未极。如杜预、荀勖、傅玄,咸吐词简直。若张华、潘岳、挚虞,始渐尚铺张。三张、二陆,文虽遒劲,亦稍入轻绮矣。诗歌亦然。故力柔于建安,句工于正始。此亦文体由北趋南之渐也。

　　江左诗文，溺于玄风，辞谢雕采，旨寄玄虚，以平淡之词，寓精微之理，故孙、孙绰。许、许询。二王，王羲之、王献之。语咸平典，由嵇、阮而上溯庄周，此南文之别一派也。惟刘琨之作，善为凄戾之音，而出以清刚；孙楚、卢谌之作亦然。郭璞之作，佐以彪炳之词，而出以挺拔。北方之文，赖以不堕。

　　晋、宋以降，文体复更。渊明之诗，仍沿晋派。至若慧业文人，咸崇文藻，镂雕云风，模范山水。自颜、谢诗文，舍奇用偶，鬼斧默运，奇情毕呈。句争一字之奇，文采片言之贵，情必极貌以写物，辞必穷力以追新。谢玄晖亦然。齐、梁以降，益尚艳辞，以情为里，以物为表。赋始于谢庄，诗肪于梁武。简文及元帝之诗亦然。阴、何、吴、柳，阴铿、何逊、吴均、柳恽。厥制益工。研炼则隐师颜、谢，妍丽则近则齐、梁。子山继作，掩抑沉怨，出以哀艳之词，由曹植而上师宋玉。此又南文之一派也。惟范云、任昉，文诗渊懿；江总、沈约，亦无轻靡之辞，乃齐、梁文士之杰出者。鲍照诗文，义尚光大，工于骋势，然语乏清刚，哀而不壮，大抵由左思而上效苏、张，此亦南文之一派也。

　　梁、陈以降，文体日靡。至陈后主而极矣。即刘孝标、刘彦和、陆佐公之文，亦多清新之句。惟北朝文人，舍文尚质。崔浩、高允之文，咸碻确自雄。温子昇长于碑版，叙事简直，得张、蔡之遗规；卢思道长于歌词，发音刚劲，嗣建安之佚响。如《蓟北歌词》诸作是也。子才、伯起，邢邵、魏收。亦工记事之文。岂非北方文体固与南方文体不同哉？自子山、总持江总。身旅北方，而南方轻绮之文，渐为北人所崇尚。又，初明、沈炯。子渊，王褒。身居北土，耻操南音，诗歌劲直，习为北鄙之声，而六朝文体，亦自是而稍更矣。

　　隋炀诗文，远宗潘、陆，一洗浮荡之言。惟隶事研词，尚近南方之体。杨、薛之作，间符隋炀，吐音近北，摛藻师南，故隋、唐文体，力刚于颜、谢，采缛于潘、张，折衷南体、北体之间，而别成一派。

　　唐初诗文，与隋代同，制句切响，言务纤密。虽雅法六朝，然卑靡之音，于焉尽革。四杰继兴，文体益恢，诗音益谐。自是以降，虽文有工拙，然俳四俪六，益趋浅弱。惟李、杜古赋，词句质素；张、陆奏章，析理通明。唐代文人，瞠乎后矣。昌黎崛起北陲，易偶为奇，语重句奇，闳中肆外，其魄力之雄，直追秦、汉，虽模拟之习未除，然起衰之功不可没也。习之、持正、可之，咸奉韩文为圭臬，古质浑雄，唐代罕伦。子厚与昌黎齐名，然栖身湘、粤，偶有所作，咸则《庄》《骚》，谓非土地使然与？若贞观以后，诗律日严。然宋、沈之诗，以严凝之骨，饰流丽之词，颂扬休明，渊乎盛世之音。中唐以降，诗分南、北。少陵、昌黎，体峻词雄，有黄钟、大吕之音。若夫高、适。常、建。崔、颢。李，颀。诗带边音，粗厉猛起；张、籍。孟、郊。贾、岛。卢，仝。思苦语奇，龃幽凿险，皆北方之诗也。太白之诗，才思横溢，旨近苏、张；乐府则出《楚词》。温、李之诗，缘情托兴，谊符《楚骚》；储、孟之诗，清言霏屑，源出道家，皆南方之诗也。晚唐以还，诗趋纤巧，拾六代之唾馀，自郐以下，无足观矣。

宋代文人，惟老苏之作，间近昌黎。欧、曾之文，虽沉详整静，茂美渊懿，训词深厚，然"平弱"之讥，曷云克免？岂非昌黎之文，固非南人所能效哉？小苏之文，愈伤平弱。介甫文虽挺拔，然浑厚之气，亦逊昌黎。若东坡之文，出入苏、张、庄、老间，亦为南体。苏门四子，更无论矣。北宋诗体，初重西昆，派沿温、李。苏诗精言名理，有东晋之风。此出于道家。若欧、王之诗，于北宋亦为特出。西江一体，虽逋峭坚凝，一洗凡艳，然雄厚之气，远逊杜、韩。岂非杜、韩之诗，亦非南人所克效欤？南宋诗文，多沿古制。惟同甫、水心，文体纵横；放翁、石湖，诗词淡雅，一近张、苏，一近庄、列。然咸属南人。若真、魏之文，缜密端悫。诚哉！中流之砥柱矣。若夫东莱之文，稼轩之词，亦近纵横。朱子之文，雅近真、魏。

金、元宅夏，文藻黯然。惟遗山之诗，则法少陵，存中州之正声；子昂卑卑，非其匹也。自元以降，惟剧曲一端，区分南北。若诗文诸体，咸依草附木，未能自辟涂辙，故无派别之可言。大抵北人之文，猥琐铺叙，以为平通，故朴而不文；南人之文，诘屈雕琢，以为奇丽，故华而不实。

当明代中叶，七子之诗，雄而不沉；归、茅之文，密而不茂。至于明季，几社、复社之英，发为文章，咸感愤淋漓，悲壮苍凉，伤时念乱，音哀于子山，气刚于同甫。虽间失豪放，然南人之文，兼擅苏、张、屈、宋之长者，自此始也。

　　明社既墟，遗民佚士，睠怀故都，或发绵渺之文，如吴梅村之诗、毛西河之文是。或效轶荡之体，如侯、魏之文，阎、万之诗是。咸有可观。大抵黎洲之文冗长，惟亭林诗文为最佳。船山之文，则又明文之杰出者矣。清代中叶，北方之士，咸朴僿塞冗，质略无文；南方文人，则区骈、散为二体：治散文者，工于离合激射之法，以神韵为主，则便于空疏，以子居、皋闻为差胜；此所谓桐城派也。馀咸薄弱。治骈文者，一以摘句寻章为主，以蔓衍炫俗，或流为诙谐，以稚威、容甫为最精。稚威之文以力胜，容甫之文以韵胜，非若王、袁之矜小慧也。若夫诗歌一体，或崇声律，如赵执信及后世扬州诗派是。或尚修词，如宋琬之流是。或矜风调，前有施、王，后有袁枚，皆宗此派。派别迥殊，然雄健之作，概乎其未闻也。故观乎人文，亦可以察时变矣。